气质，是使女人**闪烁光芒**、**变得强大**的隐形铠甲。

苏奕霏◎编著

做一个气质优雅内心强大的女人

内心的强大，是内心的**安定**与**平静**，是一种不纠缠、不羁绊的状态。
内心强大的女人，**不会因生活的平淡而使内心变得空洞**，
即使周围一片黑暗，她们的**内心依旧光亮**。

中国纺织出版社

内 容 提 要

气质是女人最动人的闪光点，是获得幸福的重要资本；强大的内心是女人掌控命运的钥匙，是把握人生航向的风帆。本书分上下两篇，上篇揭开气质的神秘面纱，阐述女人气质培养的方法和要点，帮助读者打造出众气质，让气质如影随形；下篇条分缕析，结合实际案例，介绍女人修炼强大内心的要点，让女人不迷茫、不自卑、存柔情、存温暖，给自己的生活加点糖，成为最优雅的女人。本书是一部现代女性内外兼修的魅力宝典，引导女性成为最好的自己。

图书在版编目（CIP）数据

做一个气质优雅内心强大的女人 / 王焕斌，齐俊杰编著. --北京：中国纺织出版社，2015.1（2023.5重印）
ISBN 978-7-5180-0893-3

Ⅰ.①做… Ⅱ.①王… ②齐… Ⅲ.①女性—修养—通俗读物 Ⅳ.①B825-49

中国版本图书馆CIP数据核字（2014）第186751号

责任编辑：闫 星　　　　责任印制：储志伟

中国纺织出版社出版发行
地址：北京市朝阳区百子湾东里A407号楼　邮政编码：100124
销售电话：010—87155894　传真：010—87155801
http：//www.c-textilep.com
E-mail：faxing@c-textilep.com
中国纺织出版社天猫旗舰店
官方微博http://weibo.com/2119887771
永清县晔盛亚胶印有限公司印刷　各地新华书店经销
2015年1月第1版　2023年5月第3次印刷
开本：710×1000　1/16　印张：15.5
字数：192千字　定价：78.00元

前言

什么叫气质？气质，说起来很宽泛，很虚无，虽然意义深刻，但是却无法进行准确精到的定义。所谓气质，如果非要给出一个解释，那就是一个人的身上散发出来的独特魅力。很多时候，我们的外貌、装扮等，别人都可以模仿，但是唯独气质，是别人模仿不来的。同样的道理，我们也无法模仿别人的气质。很多年轻的男人和女人一见钟情，并非因为他们对彼此的长相感兴趣，也并非男人英俊、女人漂亮，而是因为他们身上的气质有某些共通之处。随着时光的流逝，不管再怎么美丽的容颜，终将会变得苍老，变得布满皱纹。唯有气质，是历久弥新的。在岁月的沉淀里，气质变得越来越厚重，变得无可比拟，变得充满魅力。由此可见，气质对于女人是多么地重要。

很多人说，对于女人而言，气质就像是一盘菜里所加的香料。尽管它并非必不可少，但是它却是一道菜的点睛之笔。没有气质的点缀，美貌会变得枯燥，变得轻浮。一道菜之所以给人留下舌尖上的独特感受，一个女人之所以给人留下与众不同的印象，都是因为味道与气质。没有了气质，再美丽的女人也会变成一盘只有色香而索然无味的菜品，让人不由得产生厌倦的感觉。

尽管我们常常能够一眼就分辨出一个人是否有气质，但是气质的形成却没有那么简单。我们无法定义气质，它既不是一种仪态，也不是一种走路的方式，更不是所谓的穿衣风格，也不是让很多人头疼的为人处世的方式。很多时候，我们虽然看到一个人浑身名牌、穿金戴银，也会觉得她没有气质。相反，有的时候，只要一袭简单的白色长裙，或者是一条宽松的亚麻裤，也能给人留下独特的感受。气质是一种让人小中见大的引力，

一个有气质的女人，能够使人在看到她的第一眼时对她产生好感。对于气质，人类学家David曾经说："气质就是穿插在一个人为人处世的方式中，能提升整体存在感的品质，是她给别人留下的深刻印记：她的外表、她的言笑、她的生活方式……"

在物质极大丰富的现代社会，很多人都狭隘地以为气质就是一种贵族范儿。其实，气质并非仅仅是金钱的堆砌。著名影星赫本天生就有着优雅的气质，她几乎引领了那个时代的潮流和风尚。然而，使她得到全世界影星热爱的并非是她的时尚，而是她的善良、和善。尽管很多女星都模仿过赫本，但是她们却只有形似，而没有神似。

修炼气质是一段艰难而又漫长的旅程。细心的人能够发现，很多练习舞蹈的女性往往在举手投足间散发出一种优雅的气质，而且，他们的形体也更加优美。喜爱读书的女性也有一种独特的书香气，书香气就是一种气质。现代社会，各种各样的健身与锻炼方式也有修炼气质的效果，例如瑜伽。在修炼瑜伽的过程中，我们不仅舒缓身体，也舒缓心灵。要想培养自己具备与众不同的良好气质，我们就要从各个方面提升自己。良好的气质，使我们原本平淡无奇的人生变得更加精彩，使我们寡淡无味的生活变得活色生香。

除了要具备优雅的气质之外，为了应对现代社会忙碌而又压力巨大的生活，我们还要炼就一颗强大的心。尽管有很多人都说女人似水，但是现代社会却对女人提出了更高的要求。作为女人，我们既要像水一样温柔无形，也要像水一样柔韧。生活对现代女性提出了更高的要求，她们不仅要像男人一样出去工作，还要和传统女性一样照顾家庭。比起传统的仅仅负责相夫教子的女性来，现代女性承担了更多的社会角色和家庭分工。面对这样的生活，我们必须练就一颗强大的内心，应对瞬息万变的生活。

女人，你的名字叫优雅，也叫强大。

编著者

2014年4月

目录

上篇　做气质优雅的女人

下篇　做内心强大的女人

上篇

做气质优雅的女人

第1章　做气质美女，成为别人眼中的风景线

从古至今，上至王孙贵族，下至平民百姓，不管是出身高贵的女子，还是出身贫贱的女子，几乎无一例外地在追求美丽。尽管有人很早就说过“红颜薄命”，但是却似乎一点儿也不妨碍女人们对美丽的狂热。如今，随着社会和时代的发展，除了注重外貌的美丽以外，人们越来越重视内在美，这就要求女人们在追求外表美丽的同时，也要提升内在的修为。当内在的美达到一定的境界时，就会焕发于外，变成不老的容颜——气质。

气质是女人的不老容颜

红颜易老，红颜薄命，红颜祸水……自古以来，关于红颜的争议始终没有停止过。有人说美应该注重外在，有人说美应该体现内心，无论怎样，女人们，始终对于美丽有着无可抵御的梦。那么，如果能够把内在美与外在美结合起来，岂不是女人的福音？也许有人会说，世界上哪里有这么十全十美的事情。其实，这件事情并非不可能。细心的女人会发现，当时光如逝水一般匆匆溜走，剩下的，除了你眼角的皱纹以外，还有你眼睛里那一抹永远不会褪色的光辉。那就是气质，是女人由内而外散发出来的

美丽光芒，是永远不会随着岁月老去的容颜。拥有了气质，不管你是年方二八，还是八十老妪，你都将是人群的焦点！

乔乔与张坤已经结婚7年了，如今，乔乔始终觉得张坤对自己缺少了一些热情。他们的生活就像白开水一样平淡，日子过得不温不火的。乔乔是一名小学教师，每天都过着学校——家的两点一线的生活。张坤原本也是老师，还是乔乔同一个学校早两届的师哥。原本，他们的爱情是被大家所看好的，然而，这一切都随着张坤的辞职下海而结束。因为觉得两个人都拿教师的工资不够生活，乔乔和张坤经过商量，决定由乔乔继续留守在教师的岗位上，而张坤则为了改变家庭生活而辞职下海经商。张坤刚辞职时就在小县城做些生意，后来，他渐渐地开始扩大经营范围，不时地出差。没几年，他在市区开了一家分店。从此，他开始了两地跑的生活。既然是为了照顾生意，乔乔也没有意见，一个人在家带孩子、上班。转眼之间，几年过去了，突然有一天，张坤满面愧色地向乔乔提出了离婚，说他爱上了别人。乔乔脑海中突然闪现出一张年轻美貌的女人的脸。不想，张坤却告诉乔乔对方是一个比自己大十几岁的女人。乔乔不明白，为何自己会输给一个半老徐娘。张坤却说这个女人的身上有一种吸引自己的东西。

乔乔知道，强扭的瓜不甜，虽然自己这些年为这个家付出了很多，但是她还是选择了放手。不过，她提出了唯一的要求，就是离婚前要和那个女人见一次面，还不许张坤在场。为了奔向新的生活，也因为对乔乔的愧疚，张坤同意了乔乔的要求，他把见面地点约在一家咖啡馆。见面之后，乔乔才真正知道自己输在了哪里。这几年，因为一个人既要带孩子又要操持家务，所以，她已然变成了一个地地道道的家庭妇女，满面尘灰烟火色，而她却浑然不觉。如今，面对这个丝毫看不出比自己大十几岁的女人，她才猛然意识到自己的邋遢。眼前的这个女人，尽管四十出头，但是皮肤保养得很好，而且脸上画着精致的妆容。最重要的是，她始终带着恬然的微笑。她很淡定，谈吐高雅，经过一番谈话，乔乔不得不承认，如果自己是男人，也愿意选择这样一个有着独特气质的女人。

离婚之后，乔乔改变了自己的生活模式，她不再只埋头于家务和工

作，而是更多地爱自己。闲暇之余，她学会了化妆，经常去练瑜伽、健身，还报名参加了一个绘画班，为了圆自己年少时的画家梦。渐渐地，她改变了，她由内而外地焕发出新的活力。很快，她也找到了属于自己的幸福。

如果没有及时的醒悟、潇洒的放手、果断的改变，乔乔的未来将会怎样地悲戚？幸运的是，在面对那个比自己大十几岁的“小三”时，乔乔并没有只顾着歇斯底里，而是冷静地找到了自己与她的差距。毫无疑问，每个人天生都是爱美的，尤其是男人。因此，要想留住男人的心，我们就必须学会改变自己，使自己拥有不老的容颜——气质。其实，不仅婚姻生活中需要我们如此，在生活和工作中，我们也依然需要有不老的容颜。没有人喜欢衰老、惨败，只有气质，能让你即使年华逝去，也依然散发出独特的韵味。大家都知道台湾著名作家三毛，她从来不施粉黛，更不会刻意装扮自己，但是，她清新脱俗的气质，却在她离开人世之后，长久地存在于人们的心里，使人们一想起她，就感到栩栩如生。对于女人来说，还有什么比这更大的成功呢！

记住，时间面前，人人平等。要想战胜时间，战胜衰老，我们就要由内而外地修炼自己的气质，使自己拥有不老的容颜。只有拥有了高贵的举止、高雅的气质，那么不管你什么年纪，你都将是人群的焦点。

智慧女人用气质征服男人

如果能在造物主赐予自己生命之前做出选择，那么，相信每个女人都会选择拥有漂亮的脸蛋、妖娆的身材、如雪的肌肤。然而，这只是个假设。现实情况是，这个世界上有的女人很胖，有的女人很瘦，不胖不瘦、匀称苗条的只是凤毛麟角。但是，有的女人虽然美丽却有其他的身体缺陷，身体完美无瑕的女人几乎没有，即使有，也是经过人工雕琢的。谁让上帝那么没有耐心呢？他总是不愿意精雕细琢地对待自己的每一个孩子，大多数时候，他是率性的，潇洒地把自己随意造出的孩子大手一挥扔到人世间，再也不去管他对自己的容貌、身体是否满意。这个苦恼，自然需要我们自己承担。既然容貌是天生的，无法改变，那么，我们为什么不能从其他方面去弥补自己的不满意呢？虽然很多东西是注定的，但是也有很多东西是后天形成的，是握在我们手中的，是我们能够通过自身的努力完善和改变的。诸如，气质。气质比美丽的容貌更加重要，因为容颜容易随着时间的流逝而无可挽回的老去，气质却是一颗历久弥新的珍珠，时间越长，它所散发出的光泽就越柔和，越纯粹，越是让人无法抗拒。因此，假如你对自己的容貌、身材不满意，你需要雕刻自己的气质。即使你对自己的先天条件很满意，你也应该在对待一切皆平等的时间面前早做功课，早点儿为自己营造另一种不老的美丽。

这个世界上，除了女人，就是男人。因此，即使在提倡男女平等的今天，与男人的相处依然是女人毕生的功课。从呱呱坠地开始，女人就要面对生命中的第一个男人——父亲。随着年龄的增长，女人要和男性的同学、同事、朋友打交道。到了待字闺中的时候，还要与即将成为自己丈夫的男人交往，因为结婚之后，一辈子要与这个男人执手不离。众所周知，男人是一种喜新厌旧的动物，他们追求新鲜和刺激，不愿意墨守成规地过一辈子。受欢迎的女儿，总是能得到父亲更多的宠爱；受欢迎的女人，不管是在学习，还是在工作、生活中，都能得到男人的青睐。那么，哪种女人最受男人的欢迎呢？毫无疑问，美丽是必需的。提到美丽，很多女人都想到了整容，觉得只有整容才能改变自己天生的相貌。其实，生命是父母赐予我们的最珍贵的礼物，我们有什么权利去随意地改变呢？要想美丽，要想在生命长河中得到众多男人的青睐，你完全可以使自己具有由内而外、永远不老的美，那就是气质。对于男人来说，气质出众的女人或许不能让他在初见时就一见倾心，却能让他在漫长的岁月中品味香醇。如果说美丽的容貌在男人心中点燃的是一团团灼热燃烧却很快就会熄灭的火

焰，那么独特的气质则像涓涓细流一般浸润男人的心田，使男人一见就无法忘记，即使朝夕相处，也不会觉得厌烦。

无数的事实证明，与众不同的气质比美丽的相貌更加重要。与其在自己的脸上涂脂抹粉或者动刀，掩饰或者改变自己天然的相貌缺陷，不如多多修炼自己的内心，提升自己的气质。和用化妆品或者整容手术来改变自己的女子比起来，用培养气质使自己变美的女子具有更高的精神境界，使男人怦然心动并且永远不会厌倦的正是这种气质。气质，是女人征服男人的“杀手锏”。

佳妮是学播音专业的，大学毕业后，她先是在电台工作，后来又辗转来到电视台，做一些幕后的工作。其实，佳妮根本不甘心永远地藏在幕后，她的心里有个梦想，就是成为像杨澜一样的主持人。为此，她一天也没有中断过学习。每天，她总是早早起床读英语，每当有闲暇时，她都会参加各种各样的学习班。为了提升自己的气质，她还四处旅游，在名山大川中培养自己的灵性，吸收天地的精华。她报名学习绘画、声乐，目的就是使自己成为一个内外兼修的人。终于，功夫不负有心人。一个偶然的机会，佳妮知道某地电视台向全国公开招聘主持人，因此，她带着自己的相关资料毫不犹豫地去了。

经过一番奋力的拼杀，佳妮凭着自己过硬的条件过五关，斩六将，进入了最后的面试。当时，和佳妮一起参加最后面试的有五个女孩，这五个女孩的自身条件都比佳妮好。从这个方面来看，佳妮胜算的机会很小。而且，佳妮还听说主考官是位男士，早就扬言要找一个最漂亮的女主持。面对这样激烈的竞争，佳妮丝毫没有退缩。面对来势汹汹的对手，她侃侃而谈，自信满满。面对主考官的提问，她坦然地说：“我认为，作为主持人，虽然容貌是很重要的，但却不是唯一重要的标准。作为主持人，应该有很强的与观众互动的能力，并且要有广博的知识、良好的修养以及独特的气质。我经常旅游，走遍了祖国的名山大川；我看过很多书，为的就是能够了解更多的知识，与观众交流……”看着眼前自信从容的佳妮，再听听佳妮如滔滔黄河之水的讲述，主考官不由得心动了。最终，佳妮如愿以

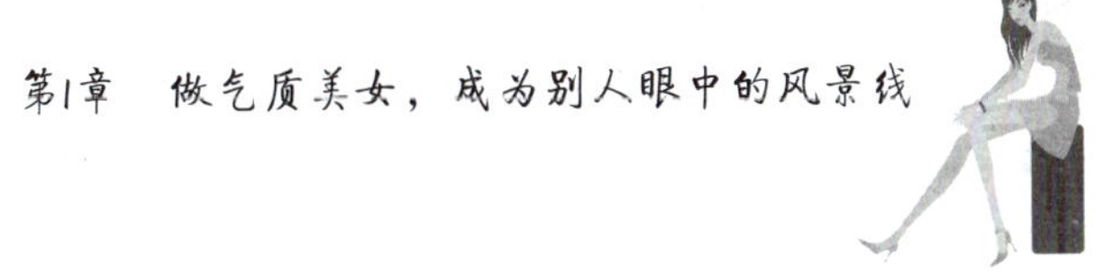

偿地得到了自己想要的，成为了一名主持人。

从外表来看，比起一起参加复试的几个[illegible]美女，佳妮的确不是相貌最出色的。然而，她却凭借着自己的气质战胜了竞争对手，顺利得到了自己想要的工作，从此开创了自己人生的新天地。事后，与主考官成为同事的佳妮问主考官：“您当初为什么选择我呢？”主考官的回答很出乎佳妮的意料，他说：“尽管你的容貌不是最漂亮的，但是你有着独特的气质，使我感觉面对你的时候如沐春风，不由自主地被你的谈吐所吸引。”这就是气质的魅力。

魅力气质，女人特有的味道

在品评一道美味佳肴的时候，我们总是以“色香味”俱全作为对其至高无上的评价。所谓色，是我们的眼睛所看到的；所谓香，是我们的鼻子所闻到的；那么，味呢？所谓味，并非我们只用眼睛和鼻子就能真切体会到的，而需要我们亲自去品尝。如果色和香是一道菜的品相，那么味无疑是一道菜深刻的内涵。很多时候，一道家乡的菜能够勾起我们强烈的思乡之情，一道曾经与特定的人共同品尝的菜能够燃烧起我们心底里最浓烈的思念，一道看似平淡的菜甚至能让我们反省人生。那么，作为女人，你是想成为一道徒有其表而让人如鲠在喉的菜，还是想成为一道色香味俱佳让人吃过一次就再也无法忘记的菜？毫无疑问，大多数女人都会选择成为后者。选择是容易做出的，想要达到自己的目标，却需要我们长久的努力。大凡有魅力的女人，都如一道佳肴一样让人食之难忘，甚至不管吃多少遍都不会觉得腻烦。那么，如何形成自己独特的“味道”呢？自古以来，无数的文人墨客都不惜笔墨地来形容女人，而“味道”恰恰能表现女人所有的内涵。看似简单的两个字，却需要女人用尽一生来修炼自己，提升自

我。一个具有磁石般强大气场的女人无疑是有味道的，这种味道，美貌只能为其锦上添花，却绝对无法取代它。由此可见，“味道”是比美貌更加重要的东西。而所谓味道，直白地说，就是女人的气质。气质表现在女人身上，简直如神来之笔。对于一个美丽的女人而言，气质能使她看起来内外兼修，美丽永存；对于一个相貌平平的女人而言，气质能使她原本平庸的五官瞬间变得生动起来，使她无奇的身段变得婀娜多姿。可以说，气质之于女人就像翅膀之于天使，有了翅膀，天使才能飞翔。

也许有的女人会说，一道菜味道再怎么好，如果看起来让人没有食欲，没有好的品相和气味，那么大家又怎么有兴趣去品尝呢？这正如女人，没有吸引别人眼球的外貌，让别人看过就不想再看了，又怎么能有机会展示自己的内涵呢？其实不然。气质并非美女的专利，而是世间每一个愿意提升自己的女人都可以具备的。气质与修养也不是与金钱和势力联系在一起的，不管是从事什么工作，不管你多大年纪，即使你是这个社会中最底层最平凡的一员，你也依然能够拥有自己独特的气质与修养。这一切，完全取决于我们自己。把自己烹饪成一道精致而又别致的菜，是我们女人应该做的。

张子默大学毕业后进入世界五百强企业工作，几年之后，他就凭着自己的实力进入了中层管理阶层。面对着这样一个青年才俊，很多家有千金的领导都瞪大了眼睛。张子默的顶头上司段经理就很器重张子默，一则是因为张子默的能力确实很强，是段经理工作上不可缺少的左膀右臂；二则段经理还有点儿私心，他想让张子默成为自己的女婿。原来，段经理的女儿娉婷今年26岁了，正是谈婚论嫁的好年纪。但是，因为在国外镀了几年金，娉婷的思想很前卫，也根本看不上那些围在她身边的男人。一次公司聚会，段经理特意把女儿带来，并且介绍她和张子默认识。其实，张子默早就知道了段经理的心思，不过他并不排斥，毕竟人生处处都有缘分。乍一看到娉婷，张子默不由得眼前一亮，难怪段经理总是在他面前夸赞自己的女儿，娉婷的确长得非常出众。高挑的身材，白皙的皮肤，精致的五官，再加上时尚的打扮，使她鹤立鸡群，在人群中一眼就能看到。不过，

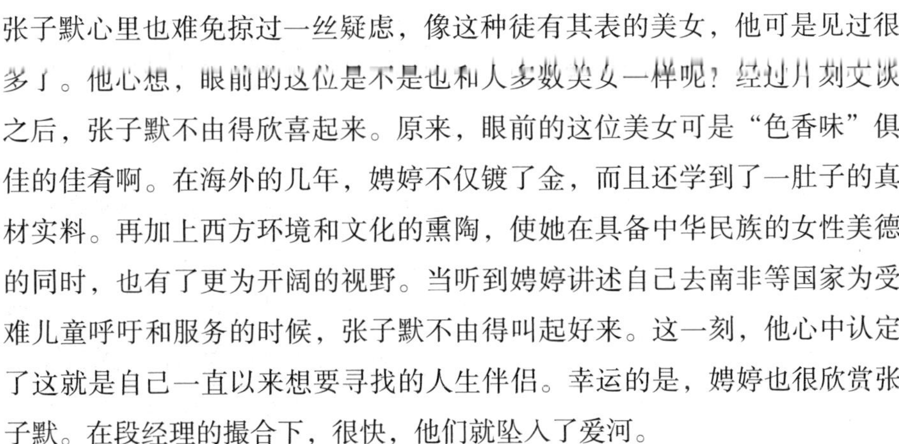

张子默心里也难免掠过一丝疑虑，像这种徒有其表的美女，他可是见过很多了。他心想，眼前的这位是不是也和大多数美女一样呢？经过片刻交谈之后，张子默不由得欣喜起来。原来，眼前的这位美女可是“色香味”俱佳的佳肴啊。在海外的几年，娉婷不仅镀了金，而且还学到了一肚子的真材实料。再加上西方环境和文化的熏陶，使她在具备中华民族的女性美德的同时，也有了更为开阔的视野。当听到娉婷讲述自己去南非等国家为受难儿童呼吁和服务的时候，张子默不由得叫起好来。这一刻，他心中认定了这就是自己一直以来想要寻找的人生伴侣。幸运的是，娉婷也很欣赏张子默。在段经理的撮合下，很快，他们就坠入了爱河。

气质是女人魅力的源泉，如果没有气质，再漂亮的女人也会变成徒有其表的花瓶，也许能够暂时吸引他人的注目，但是却终将会因为自己的空洞而使人厌烦。只有由内而外散发出来的魅力，才能使女人具有永恒的吸引力。张子默是幸运的，在阅尽美女之后，他找到了一个内外兼修、味道独特的女孩成为自己的终身伴侣。也许有人会问，如果没有娉婷的美貌呢？即使有着丰富而又深刻的内涵，有机会展示出来吗？当然有。人与人的交往并非都只是一面之缘，即使只是一面之缘，也并非只是远远地一看，总要打打招呼，寒暄几句。只要你修炼到家了，那么你的魅力就会从你的言谈举止中流淌出来，无法阻挡。

现代社会，女人已经取得了和男人平等的社会地位，不管在家庭还是在工作中，都是无可取代的。现代女性，千万不要把眼光紧紧地盯着自己的外貌，而要注重自己内在的修为。时光如逝水，容易也终将老去，只有味道，才是值得女人永远追求和珍视的宝藏。拥有独特魅力的女人，是任何出身高贵、有钱有势的女人都无法与之相提并论的。

每个女人都有自己独特的美

提起美丽，也许有的人会想起一些词语，如“皮肤白皙”“樱桃小口”“美目含波”“身姿窈窕”“时尚佳人”等。的确，这些都是形容美丽的，不过，这些词语所形容的只是表面的美丽。关于美丽，我们还应该想到“谈吐不俗”“举止高雅”“知识渊博”“视野开阔”“善良”“博爱”，等等。这些词语，才是形容内在美的。对于美，就像这个世界上没有完全相同的两片树叶一样，这个世界上也没有完全一样的美。不管我们是有意为之还是无心插柳，事实是，每个人的美丽都是不一样的。世界上有千般万般的美丽，一个人即使再怎么得造物主的宠爱，也不可能集万千美丽于一身。这也就告诉我们，作为女人千万不要贪心。对于美丽，也许我们只需要拥有一点点就够了。

在任何人的眼中，馨雅都不是一个美丽的女人，这一点是毫无疑问的。尤其是初次见面的人，往往会对馨雅的长相侧目。馨雅算不上漂亮，甚至有点儿丑，她的皮肤很黑，五官之中，眼睛很小，嘴巴大大的。乍一看，有人会觉得她不像中国人，而像是从南非来的。在黄种人中，想要找到这样一个黑得纯粹的人是很难的，馨雅偏偏就是。年少时，馨雅曾经无数次为自己的容貌感到自卑，看着一个个女同学打扮得花枝招展的模样，馨雅恨不得找个地缝钻进去。每到学校集会的时候，就是馨雅的“受难日”，因为总会有其他班级的同学大惊小怪地对馨雅指指点点，似乎馨雅是刚刚转来的新同学一样。这种情况一直持续到馨雅上大学。入了大学之后，馨雅的日子就好过多了。毕竟，她考进的是北京的高校，在这样一个开放的大都市，人们对很多事情都淡然处之，很少有人大惊小怪。终于，馨雅得到了自己想要的被人忽视的生活，至少没有人再对她指指点点了。大学四年，馨雅除了上课，就泡在图书馆里。她很喜欢看书，畅游在知识的海洋里，她常常觉得自己像鱼儿一样自由。转眼之间，大四了，馨雅和大多数同学一样开始联系工作单位。接连面试了十几家单位之后，馨雅不由得有点儿灰心丧气了。这些单位都很看好馨雅的硬件，却唯独觉得馨雅的形象不太好。当某某杂志社打来电话时，馨雅甚至想直接回绝。但是，想到残酷的就业前景，馨雅还是决定硬着头皮再去试一试。

这是一家省级刊物，销量很好，是很多中文系的同学都梦寐以求的。看着气派的办公楼和进进出出的光鲜亮丽的白领丽人，馨雅自惭形秽，甚至没有勇气叩开主编的门。最终，她一狠心，一跺脚，想着既然来了，就试一试吧，行就行，不行拉倒。这样想了，馨雅反而坦然了。面对主编天马行空的谈话，馨雅思如泉涌，那些沉淀在她心里的知识全都喷薄而出，最终，主编对馨雅的谈吐拍案叫好，让馨雅第二天就来试用。这可是千载难逢的好机会啊，知道馨雅如此轻松地得到了试用的机会，很多同学都羡慕不已。还不到两个月试用期，馨雅就和杂志社签订了劳务合同，工作的事情敲定了。成为同事之后，馨雅和主编成为了很好的朋友。一次，馨雅问主编："从客观的角度来说，和我比起来，其他面试的人显然更适合代表咱们杂志社出去采编，为什么你当初会选中我呢？"主编似乎看透了馨雅的心思，哈哈大笑说道："你是想说你很丑？其实，你很优秀。我简直很惊讶你居然读过那么多书，了解那么多天文地理、上下五千年的知识。虽然采编人员应该有着容易让人心生好感的外表，这样才能更好地与采访对象打交道，但是，采编人员更要有着不俗的谈吐，这样才能激发出采访对象内心深处深刻的东西。这一点，别人是无法与你相比的。"看着馨雅依然有点儿疑惑的模样，主编接着说："你知道吗？当你在我面前侃侃而谈的时候，你的美丽无与伦比。从你眼中，我看到了绿色的原野、湛蓝的天空，也看到了几千年前的被埋没的历史车轮，你简直是一部博古通今的书，又像是一部世界旅游手册，不管我说到什么，你都能够激发我内心深处能够使我焕发神采的东西。你是美丽的，知道吗？你拥有独特的美丽，是不具慧眼的人所无法欣赏到的。"

尽管在大多数人的眼中都不是美女，甚至还会时常被称为丑女，但是这一切都没有妨碍馨雅成为一个独具魅力的女人。她的美丽，是因为她曾经在大多数同学都忙着恋爱、狂欢的时候畅游书海，她的美丽是因为她自

知不漂亮的谦逊，她的美丽沉淀在一切浮华背后，她的美丽是有着慧眼的人才会赏识和珍视的。

就像馨雅一样，每个女人都有自己独特的魅力。当觉得自己长得不漂亮的时候，不要悲伤，不要哭泣，因为你仍然拥有魅力，只是你自己还未曾发现而已。女人，一定不要盲目地模仿别人，而要找到属于自己的魅力，这样你才能找到自己的伯乐。

升华气质让女人掌握命运

现代社会，人们的自主意识越来越强，尤其是女人，从封建社会的被压迫到翻身做主人，几乎与之前的命运有着天壤之别。然而，女人在走出家庭走入社会享受权利的同时，也承担着越来越多的社会角色和责任。在封建社会，女人只要讲究三从四德、相夫教子就行，而现代社会，女人不但依然承担着照顾家庭的角色，还开始承担社会角色，与男人一样在工作中也要表现出色，巾帼不让须眉。这就对女人提出了更高的要求。为了顺应时代，女人必须不断地提升自己，这样才能更好地承担家庭和社会责任，才能在工作中与男人平分天下，才能更好地把握自己的命运。要想生活得更好，除了要提升自己的水平、提高自己的能力外，女人还应该由内而外地修为。不管是在生活还是在工作中，女人都免不了要与人打交道。和男人比起来，女人似乎天生就更加注重自己的外表的美丽。然而，不管容貌再怎么美丽，随着年岁的流逝，女人终将会难以避免地老去。这时，怎样抗拒易逝的年华，抵抗容颜的衰老，成为女人不朽的研究课题。而要想在这个竞争激烈的社会中为自己博得一席之地，为自己的家人提供更好的生存状态，也要求女人更大力度地把握自己的命运，永不屈服。这一切的一切，都让女人倍感焦灼，想尽一切办法要使自己更加从容地应对命运

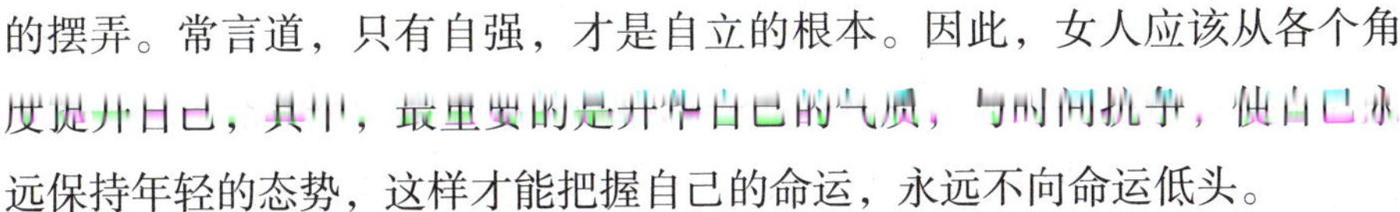

的摆弄。常言道，只有自强，才是自立的根本。因此，女人应该从各个角度提升自己，其中，最重要的是升华自己的气质，与时间抗争，使自己永远保持年轻的态势，这样才能把握自己的命运，永远不向命运低头。

生活中，总是有太多的不如意。每个女人都想要美丽的外表，还想要深刻的内涵，更想要独特的气质。然而，同时拥有这三要素的女人却很少。需要明确的是，即使你很丑，但是只要你很温柔，也依然会有人喜欢你。即使你不够美丽，但是如果你有着自己独特的气质，坚强独立，从来不依附于别人，那么，你就能够以柔嫩的双手牢牢地把握自己的命运，丝毫不逊色于别人。懂生活的女人，知道怎样提升自己的气质。即使面对生活的惊涛骇浪，也依然能够淡定从容地欣赏日出日落，而不会惊慌失措。命运总是青睐强者，哭泣或者告饶从来不会使我们得到命运的眷顾。

芳菲出生在一个教师家庭，从小过着平凡而又普通的生活。尽管父母的工资都不高，但是芳菲却很注重生活的品质。从小，她就喜欢听音乐，还常常和父母一起游览名山大川。在一次意外的车祸中，芳菲的父母去世了。他们并没有留下多少积蓄给芳菲，因此，正在读大学的芳菲不得不一边上学，一边打工。尽管如此，芳菲也没有向命运低头。她坦然地面对遭受重大变故的生活，从不抱怨。毕业后，芳菲回到家乡当了一名教师，她住在父母留下的一居室中，每天都充满希望地面对生活和工作。每天，她都把屋子收拾得整整齐齐，干净整洁。她还合理地安排自己不算高的工资，买了自己喜欢的窗帘，还买了一套高档的音响，闲暇的时候就听听音乐。芳菲很注重提升自身的素养，尽管她所学的知识已经足够她担任小学音乐教师的职务，但是她依然不断地学习，提升自己的能力。芳菲还报名参加了绘画班，每周都去学习油画。当然，她家中最引人注意的还是那个大大的书柜，芳菲很爱读书，她读过的书很多，因此她的知识也非常广博。每天，当芳菲化着优雅的淡妆、穿着得体的服装去学校上班时，路人总是不由得对她侧目。

工夫不负有心人，芳菲如此地注重提升自己，她的气质越来越独特，使人有耳目一新之感。一个偶然的机会，学校校长的在部队当军官的侄子

来找校长，无意间看到了芳菲。他迫不及待地请求校长介绍他们认识，并且开始热烈地追求芳菲。就这样，芳菲拥有了属于自己的爱情，使军官惊讶的是，这个生活在小县城的女子丝毫没有庸俗的气息，而是仿若降落人间的仙子。很快，他与芳菲走进了婚姻的殿堂，并且把芳菲带到部队里一起生活。

假如芳菲在遭遇生活变故后一蹶不振，那么，她还能有如此的奇遇吗？答案肯定是否定的。很多时候，不是命运放弃了我们，而是我们放弃了命运。要知道，只要我们自强不息，永不放弃对生活的热情和希望，我们就能够最终赢得命运的青睐。而且，我们必须知道，提升自己的气质未必需要大量的金钱，即使平凡如你我，只要愿意，依然能够用很少的钱活出精彩来！提升气质，我们未必需要奢侈，而是重在内心的修为。只有心灵的精致与高雅，才能使我们的精神世界更加精致与高雅，才能使我们达到生活的外在与心灵的内在和谐统一，才可能使我们真正拥有高雅的气质，从而把握命运。

气质气场，使女人畅游职场

古语说，女为悦己者容。其实，这句话已经不适应现代社会了。因为女人的世界已经不再像以前那样只有男人，而且只有唯一的男人。如今，女人已经走出家庭，走入社会，不管是生活还是工作，女人再也不是大门不出二门不迈的封建家庭妇女了。女人要面对更多的人，她们不仅要照顾家庭，还要承担工作，在职场上与男人平分天下。因此，女人一定要“容”，却不单单是为“悦己者”，而是为了交际的需要，为了自己的发展。

当然，女性与男性从生理的角度来说存在着本质的不同，因此，这就是女人在与男人一较高低的时候难免占据劣势。对于这种现状，很多聪明的女人从来不会以卵击石，而是避重就轻，扬长避短。那么，女人的优势在哪里呢？女人的优势就在于女人的柔韧。假如说男人是强硬的，像钢铁一样，那么女人则是百炼钢，是绕指柔。她虽然没有钢硬，但是却比钢柔韧。即使再怎么摔打，也依然故我。在避免性别劣势的同时，假如女人能够注重提升自己的气质和魅力，那么女人将在职场上如鱼得水，游刃有余。

从小，杨慕就深知自己不是漂亮的女孩子。因此，当看到身边的女同学忙于梳妆打扮、与男生约会时，杨慕总是默默地学习。她几乎把自己所有的时间和精力都用于了学习，却从未发现，自己已经发生了翻天覆地的变化。果然，高考时，杨慕以全校第一名的好成绩考进了国内的名牌大学，之后又读了研究生。研究生毕业后，她对知识依然如饥似渴，最终如愿以偿地远赴德国留学。学成归国后，她去一家世界五百强企业应聘。然而，面试官一见到杨慕就流露出难以掩饰的失望之情。杨慕知道，自己丑小鸭的模样一定让面试官大失所望，不过，她可没有失望。只见她充满自信地侃侃而谈，并且坦诚地表达了自己对于未来生活和工作的规划。毫无疑问，杨慕的学识和阅历是担任此职务的最佳人选。当杨慕发表完自己的独到见解之后，面试官已经被她渊博的知识、流利的表达与从容自信的神态打动了，当即决定录用她。

在随后的职业生涯中，杨慕曾经多次遭遇过这样的情形：初次见面，客户总是流露出失望或者不屑的神情，然而，一番接触下来，他们无一例外地被杨慕的气质、修养与学识折服，心甘情愿地与杨慕合作。一年下来，杨慕已经成为业界名人，并且被破格提拔为公司中层管理者。

性别是职场女性的劣势，也是职场女性一个得天独厚的优势，因此，聪明的女人总是善于把这种先天的优势发挥出来，以便为自己的职业生涯添砖加瓦。要注意的是，这里的先天优势指的并不是美貌，而是智慧女性身上所散发出来的独特气质。女人，要想得到别人的尊重与仰慕其实很简单，那就是修炼自己、提升自己，使自己具有与众不同的气质，用独特的魅力征服别人。当然，这种气质并非一朝一夕就能具备的，它需要女性朋

友们不断地学习，具备渊博的知识，不断地思考，具有超凡的智慧，还要拥有淡定谦逊的品格，能够正确地认识自己，宠辱不惊。一旦具有了这种气质，女人就会在自己的周围形成强大的磁场，得到朋友、同事甚至是老板的赏识。

埃及艳后曾经用美貌征服过凯撒大帝，然而，当屋大维成为霸主时，她却选择了自杀，这是因为她深知五十多岁的她已经没有足够的美貌去征服男人的心了。平凡的女人们，你们的美貌又能维持多久呢？不管对于多么漂亮的女人而言，美貌都是暂时的，它也许能够为我们带来一时的荣耀，但是却无法带给我们一生一世的成功。要想永远保持女性的魅力，我们就要在岁月中不断地修炼自己的心灵，丰富自己的内涵，提升自己的气质。这才是聪明女人的做法！

远离书籍，女人的气质迟早枯竭

自古以来，作为人类文化与文明的载体，书承担着重要的社会角色。从古至今，要想学习，就必须与书相伴。因为书不仅是人类文明的集合，也是人类精神的财富。作为女人，更应该注重读书。和那些化妆品比起来，书无疑是女人最有效的美容圣品。爱读书的女人，即使貌不惊人，也因为浑身的书香气而仪态从容。爱读书的女人，也许没有行过万里路，却因为读了万卷书而知识渊博、视野开阔。爱读书的女人，在时间的长河中未曾因为时间的逝去而衰老，而是在岁月的沉淀中变得越来越有味道。读书，使女人更加博学、宽容、练达；读书，使女人脸上的皱纹都变得熠熠生辉，因为那是智慧的刻刀留下的。无论身在何处，爱读书的女人都像是一道别样的风景，引人注目。

大文豪高尔基曾经说过：“学问能够改变气质。”中国也有句古话

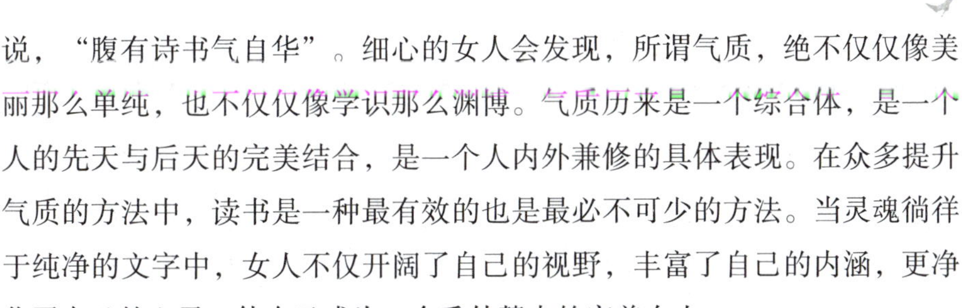

说，“腹有诗书气自华”。细心的女人会发现，所谓气质，绝不仅仅像美丽那么单纯，也不仅仅像学识那么渊博。气质历来是一个综合体，是一个人的先天与后天的完美结合，是一个人内外兼修的具体表现。在众多提升气质的方法中，读书是一种最有效的也是最必不可少的方法。当灵魂徜徉于纯净的文字中，女人不仅开阔了自己的视野，丰富了自己的内涵，更净化了自己的心灵，使自己成为一个秀外慧中的完美女人。

经历了黑色的七月，马莉终于如愿以偿地进入了大学校园。然而，新的烦恼随之而来。在高中年代，同学们全都埋头于学习，因此，马莉从未发现自己对于男生吸引力的欠缺。然而，从大一开始，马莉就发现身边的女同学一个个都有了护花使者，只有她，依然形只影单。至此，她才开始为自己的丑小鸭面貌而感到失落。是的，马莉长得不漂亮，而且还有点儿丑。她知道男生正是因为这一点才不追她的，却不知道怎样才能改变现状。

一个偶然的机会，马莉有幸去听中文系刘教授的课。刘教授在全校赫赫有名，因为她已经七十岁的高龄了，却依然被称为“最美丽的女人”。岁月并非青睐刘教授，没有在她的脸上留下刀刻的痕迹，相反，刘教授满面皱纹，依稀可以看出年轻时也并非美人。她满头银发，却风采依旧。她身材略微发福，然而风姿不减当年。很多外系的同学都慕名前去听刘教授的课，每次刘教授上课时，连教室外面都站着人。这次，马莉也是托一个老乡专门给她占座，才有幸坐在教室的前排听刘教授的课。如果说上课之前马莉还很疑惑刘教授为什么有这么大的魅力，那么一节课下来，马莉知道刘教授的魅力所在了。只要一张口，刘教授就是字字珠玑。在她柔声细语的讲述中，唐诗宋词的风采、文人墨客的爱情全都栩栩如生。不管同学们提出什么问题，刘教授都能毫不犹豫地做出解答，而且她所给出的答案总是与众不同，别具匠心。课下，马莉等了很久，终于等到同学们散去了，她才逮着机会问刘教授：“教授，您的课就像有魔力一般，能把同学们深深地吸引住。您是如何做到的？”刘教授笑了，只给了马莉两个字的回答——读书。

听了刘教授的话，马莉茅塞顿开。读书，读书！要想使自己像刘教授一样独具魅力，既然无法改变自己的容貌，就要通过读书来改变自己的内涵。从此，马莉不再苦恼于没有男生约会自己，而是一头扎进学校的图书馆。一旦走入社会，想再看书就没有这么容易了。既然有着如此便利的条件，为什么要把宝贵的时间浪费在早恋上呢？也许，只有先提升自己，才能最终拥有绚烂的爱情。渐渐地，马莉变了，她不再因为自己的长相而自卑，而是睿智从容。毕业的时候，饱受书籍熏染的马莉成了全班同学中的佼佼者，最终如愿进入一家报社工作，成为了独具风采的记者。

书籍是这个世界上最强大的力量，它能滋养人们的心灵，也能改变人们的灵魂。在《读书使人优美》一文中，著名作家毕淑敏说："好书对于女人，是家乡的一方绿色水土，离了它，你自然也能活，但与书隔绝的日子，心无家园。半生过下来，女人就会变得语言空虚、眼神恍惚、心胸狭窄、见识短浅了。"要想拥有由内而外散发出的独特气质，女人就应该多多接受书香的熏染。要知道，即使时光荏苒，容颜老去，这种气质却只会历久弥新，在岁月的长河中沉淀成一颗颗璀璨温润的珍珠。

第2章 做性感女人，锻造女人气质的杀手锏

女性与男性是截然不同的，这种不同不仅表现在生理的角度，也同样表现在心理的角度。女人的气质包含很多不同的方面，其中，温柔性感无疑是女性区别于男性的重要一点。女人就像是水，水是无形的，四处流淌，随着容器的形状不同而改变自己的形状。水又是非常坚韧的，不管形状怎么改变，它都坚守自己的特质。女人似水。

温柔是女人最特别的气质

不管时代怎么发展，不管女人承担着怎样的社会角色和家庭角色，男人与女人始终有着最本质的区别。假如用一个词语来描绘男人和女人，那么形容男人的这个词应该是坚强，而形容女人的则应该是温柔。很难想象，一个女人即使再怎么美丽，如果没有温柔的特质，那么她就很难成为一个真正的具有独特魅力的女人。这也是很多女强人往往婚姻不幸福的原因。她们习惯了在商场中叱咤风云，却全然忘记了自己女人的特质——温柔。这种遗忘，周边的同事朋友们尚且能够忍受，但是作为丈夫却很难忍受。长久以来，人们习惯的婚姻模式是男主外、女主内，即使现在有很多人能够接受女主外、男主内，但是却很少有男人能够接受一个比自己更强

悍的女人。所以，女人，不管再怎么成功，不管能力多么强，都别忘记了回到家中温柔地依偎在老公怀中。即便是在职场上，作为女性，与男性有着生理意义上的差距，如果和男性竞争者硬碰硬，也难免会两败俱伤。这时，如果女人能够适当示弱，使出温柔的一刀，那么，女人就一定能够反败为胜，甚至兵不血刃地占据制胜点。从这个角度来说，女人有着性别劣势，也同样有着性别优势，而这种优势和劣势，恰恰是一把双刃剑。

中国历史悠久，上下五千年的文明滋润了东方女性独有的美丽、温柔。如今，有很多西方男性专门想找东方女性做老婆，恰恰也是因为东方女性的柔情似水。温柔，不是怯懦。作为女人，我们不应该以温柔为自己的短板，而应该以温柔为自己的长项。只要应用得当，温柔，就会变成利器，帮助我们获得成功。从这种意义上来说，温柔一刀的魔力可见一斑。温柔的女人从不会歇斯底里，温柔的女人举止沉稳，神情淡雅，温柔的女人尽管看似柔弱，内心深处却非常坚强。她们擅长以静制动，以不变应万变，更擅长用温柔征服世界。

不管从哪个方面来说，娜娜都比丹丹有优势。娜娜人长得很漂亮，身材高挑，不管往哪里一站都如鹤立鸡群；丹丹相貌平平，中等身材，属于扔到人堆里就找不到的那种。娜娜毕业于名牌大学，所学专业也很热门，所以一进公司就成为技术骨干；丹丹的学校很一般，所学专业也不太好，因此只能在公司前台担任接打电话和收发文件、端茶倒水的职务。娜娜的父母都是大学教授，一个教音乐，一个教古典文学，家庭环境非常好；丹丹的父母都是面朝黄土背朝天的老农民，一辈子守在小山村里。也许正是因为这些不同吧，和沉默寡言的丹丹比起来，娜娜简直就像是一团火，遇到一点儿火星子就能燃烧，高兴的时候非常热情，生气的时候则冷得像冰窖。而丹丹呢？她一天之中很少说话，只是笑眯眯地做事情，和每个同事都处得挺好的，是一个可有可无的人。

今年，公司新调来一个经理，才刚刚30岁，正是年轻有为。一瞬间，公司里所有的单身女性对这个经理议论纷纷，都想拿下这个钻石王老五。其中，尤其数娜娜的胜算最大。毕竟，娜娜各个方面都是最优秀的。然而，一年多下来，除了工作需要外，经理从未理会过娜娜的强烈攻势。一天中午，吃工作餐时，经理故意当众宣布他已经有了女朋友。这让娜娜万分羞愧，大家可都知道她在追求经理啊。因为不甘心，娜娜私底下问经理他的女朋友是谁，推辞不过娜娜，经理只得告诉了她。这下子，娜娜大跌眼镜。原来，经理口中所谓的女朋友居然是丹丹。任凭娜娜想破了脑袋，也不知道自己哪点不如丹丹。在娜娜的再三追问下，经理说："如果丹丹是你，她就不会这么追问。即使喜欢我，她也只是默默的，从来不打搅我。不可否认，不管哪个方面，你都比丹丹优秀。唯独一点，丹丹比你温柔。"

原来，当公司的所有单身女孩都绞尽脑汁地追求经理时，只有丹丹依然很淡定。她每天都默默无闻地做着自己分内的工作，还时常帮助其他同事分担工作。而且，当经理开始追求丹丹时，她居然以不合适为由拒绝了他，这使他更加心动。看着这个每天都嘴角带笑的恬静女孩，经理加大了追求的攻势，费了九牛二虎之力才得到了丹丹的芳心。

温柔也是一把刀，而并非疲软无力的怯懦。丹丹虽然很温柔，但是却有自己的原则，正是她的拒绝，才让经理更加喜欢她。可以说，几乎没有男人能拒绝温柔的女人，因为男人天生就是一个狩猎者，他们喜欢依人的小鸟，而不喜欢在与强劲的同性厮杀之后再面对强悍的女人。其实，不仅仅是在两性关系中男人喜欢温柔的女性，即使是在职场上，男人也不喜欢和咄咄逼人的强势女人打交道。女人一定要明白，比体力，女人根本不是男人的对手，比思维，男人也丝毫不比女人逊色。唯有温柔，才是男人最缺少的，也是最想要的。只要女人能够好好运用温柔一刀，就能使温柔成为自己的利器，为自己的生活、工作创造便利条件，使男人心甘情愿地臣服于女人。

在男人心目中，追求自己所爱的人是一种至高无上的权利，也是一项神圣的使命。在追求和征服女人的过程中，他们感受到莫大的乐趣，甚至觉得实现了自己人生的价值。所以，作为女性，尤其是在和男人打交道的时候，一定不要忘记温柔的重要作用。

善良的女人由内而外的温柔

“人之初，性本善”，与这句话所表达的观点不同，也有人坚信“人之初，性本恶”。说这句话的人坚信每个人的心底里都住着一个魔鬼，只有善良，才能控制住这个魔鬼，使人性焕发出善良的光芒。对于温柔的女人而言，善良无疑是一种美好的品质。人们常说，女人不是因为美丽才可爱，而是因为可爱才美丽。假如可爱的女人还拥有善良的品质，那么女人就更加可爱可敬了。

善良不管对于男人还是对于女人而言都是一种美好的品质，因为女人本身的特性，善良之于女人往往显得更加重要。很难想象有人会愿意和一个邪恶的女人打交道，因为有人说过邪恶的女人比魔鬼还可怕。善良的女人非常宽容大度，处世无私。她们有着纯洁的心灵、善良的本性，在生活中，总是为别人着想，极尽可能地关心他人。与这样的女人相处，如沐春风，谁又希望错过机会呢！

对于男人来说，拥有一个善良的妻子是幸运的。因为男人在外拼搏的时候看似坚强，其实他们的内心非常脆弱，他们需要有一个爱的港湾休养生息。善良的女人不会在男人疲惫归来的时候唠唠叨叨，更不会指责男人的付出没有得到应有的回报，她们只会体贴入微地为男人献上一顿可口的热菜，端上一杯热茶，抚平男人心中的创伤。对于孩子而言，拥有一个善良的母亲是幸运的。面对孩子的顽劣，一个善良的母亲有足够的爱和耐心教导孩子如何长大成人，有足够的宽容包容孩子的顽劣。一个善良的母亲会不计成本地陪着孩子慢慢长大，使孩子在母爱的光辉中感受这个世界的美好。对于这个社会而言，拥有一群善良的女人是幸运的。因为有了女人的善良，那些暴戾的气息渐渐地消散于无形，她们使世界变得更加慈爱祥和，使人与人之间多了理解和宽容，使爱洒满人间。因为有了善良的女人，家庭变得更加稳固，社会也变得更加安宁。

和林强结婚之后，用杜鹃的话说，她没有过上一天好日子。刚刚结

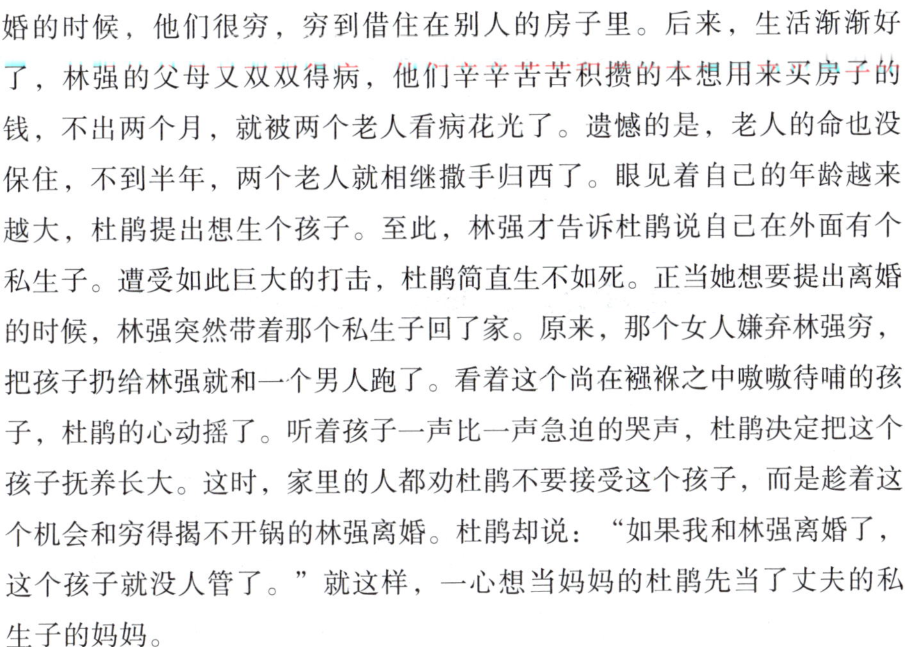

婚的时候，他们很穷，穷到借住在别人的房子里。后来，生活渐渐好了，林强的父母又双双得病，他们辛辛苦苦积攒的本想用来买房子的钱，不出两个月，就被两个老人看病花光了。遗憾的是，老人的命也没保住，不到半年，两个老人就相继撒手归西了。眼见着自己的年龄越来越大，杜鹃提出想生个孩子。至此，林强才告诉杜鹃说自己在外面有个私生子。遭受如此巨大的打击，杜鹃简直生不如死。正当她想要提出离婚的时候，林强突然带着那个私生子回了家。原来，那个女人嫌弃林强穷，把孩子扔给林强就和一个男人跑了。看着这个尚在襁褓之中嗷嗷待哺的孩子，杜鹃的心动摇了。听着孩子一声比一声急迫的哭声，杜鹃决定把这个孩子抚养长大。这时，家里的人都劝杜鹃不要接受这个孩子，而是趁着这个机会和穷得揭不开锅的林强离婚。杜鹃却说："如果我和林强离婚了，这个孩子就没人管了。"就这样，一心想当妈妈的杜鹃先当了丈夫的私生子的妈妈。

这件事情之后，林强万分感动。他跪在杜鹃面前痛哭流涕，悔不该自己这样对待善良的杜鹃。从此之后，林强一心一意地和杜鹃过日子。很快，他就凭着自己修鞋的手艺在大城市开了个修鞋铺，把杜鹃和孩子都接到了身边。不久之后，他们又有了自己的孩子，一家四口过着其乐融融的生活。

如果杜鹃一气之下和林强离了婚，不仅孩子没有人管了，他们自己的前途也是未知数。婚姻，在现代社会渐渐变成了快餐，上午拿结婚证下午拿离婚证的人也不少见。然而，人与人之间十年修得同船渡，百年修得共枕眠。如果夫妻双方一旦遇到坎坷挫折就分道扬镳，那么谁又能保证遇到的下一个一定比这一个好呢？因为善良，杜鹃选择了原谅，选择了承担，最终成就了自己，拥有了一个圆满的家庭。而林强，也因为杜鹃的善良，消除了他心中的魔障，使他下定决心好好和杜鹃过日子。这未必不是最好的结果。善良，不仅是原谅别人，也是宽宥自己，不仅能保全别人，也会成全自己。

女人们，请你们一定要记住，如果你没有美貌，那么你一定要拥有智

慧；如果你没有智慧，那么你一定要拥有善良。只有做一个善良的女人，温柔才会如你心底的清泉一样汩汩而出，才能滋润你的心灵和人生。

聪明女人要懂得以柔克刚

曾经有人说过，男人是靠拳头征服世界的，而女人则是靠征服男人征服世界的。那么，女人又是靠什么征服男人的呢？当然是温柔。在女人似水的柔情面前，几乎每个男人都会怦然心动。男人也许能够抗拒女人的美貌，却无法抗拒女人的温柔，因为男人天生有着保护女人的冲动，越是温柔的女人，越会激起他们的保护欲，使他们欲罢不能。懂得这个道理的女人，知道温柔是造物主赐予女人的法宝，她们总是擅长用温柔来征服男人，进而征服整个世界。

古人云："天下莫柔弱于水，而攻坚强者莫之能胜，以其无以易之。弱之胜强，柔之胜刚，天下莫不知，莫能行。"这句话的意思是，天底下没有比水更柔弱的了，但是水却能够战胜很多强硬的东西。水之所以有如此强大的力量，正是因为它的柔软无形。常常有人用水来比喻女人，是因为女人同样也是柔情似水。如今，女人承担的社会角色越来越多，她们不仅要承担照顾家庭的重任，还有相当一部分女人走出家庭，走入社会，与男人一样在职场上打拼。因此，女人面临的各种各样的矛盾和纷争也越来越多。其实，单从体力上来讲，女人是肯定打拼不过男人的。即使同为女人，也存在着体力的不同。聪明的女人从不会以卵击石，更不会以软碰硬，她们会避实就虚，充分发挥女人温柔的天性，用温和的话语化解对方的怨气，用体贴入微的行为消除彼此心中的隔阂，做到以柔克刚，巧妙制胜。这才是真正有智慧的女人。

说起老郭，单位里几乎每个同事都曾领教过他的暴脾气。老郭是炼钢厂的，一辈子和钢铁打交道，使他原本就耿直的性格变得更火爆。然而，使大家疑惑不解地是，老郭和老伴孙阿姨却从没吵过架。有一次，在年终聚餐的时候，单位的老同事都开玩笑地请教孙阿姨的“驭夫”之道。孙阿姨不好意思地笑了，说：“寻常过日子的人家，哪有不磕磕碰碰的呢？无非就是谦让一些罢了。”显然，孙阿姨淡淡的几句话并不能打消大家的好奇心，在大家的继续追问下，孙阿姨只是笑而不语，老郭却笑着说：“我是石头，她是水。日久天长，水滴石穿。”

听了老郭的话，同事们恍然大悟。原来，面对着和一头倔驴一般的老郭，孙阿姨的“绝招”就是“温柔”啊！面对老郭的火爆脾气，每次火山爆发的时候，孙阿姨总是选择回避，一直等到老郭心平气和之后，孙阿姨才耐心温和地与他谈心。因此，几乎每次吵架都是以老郭的略占上风而开始，却最终以孙阿姨的和风细雨完胜而结束。而老郭呢，因为对妻子大发脾气而感到很惭愧，所以事后总是积极采纳孙阿姨的建议，使事情得到完满的解决。有的时候，老郭也会把兔子一样温驯的孙阿姨给彻底惹火，不过即使在这种情况下，孙阿姨也不会失去理智，而是假装凶狠地说：“你再气我，我就不做饭给你吃！”虽然话说得很狠，但是孙阿姨的语气却依然是温柔的。每到这时，老郭知道孙阿姨真的生气了，就赶紧缴械投降，主动认错，为自己换来一顿可口的大餐。

上述事例中，孙阿姨一辈子与脾气火爆的老郭相处，可谓是把温柔这个利器用到了极致。否则，日子总要过下去，该怎么办呢？论打架，孙阿姨肯定打不过一辈子打铁炼钢的老郭；论嗓门，孙阿姨也压不过天生大嗓门的老郭。幸好，孙阿姨知道利用造物主赐予女人的百变利器——温柔。孙阿姨的温柔就像是那熊熊燃烧的火焰，把老郭这块钢铁不断地熔化萃取，最终使其成为绕指柔。世间万物，自有其自身的发展规律，万事万物之间，也有着一定的相处之道。柔能克刚，这是符合世界万物变化的规律，也是颠扑不破的真理。聪明的女人们，只要你们能够恰到好处地运用“温柔”法宝，就一定能够将所有的困难与矛盾迎刃而解，给自己一个幸福完满的人生。

性感，使女人成为精灵

假如说世间有很多词语来形容女人的美丽，那么不得不说这个世界上很少有词语能够准确贴切地形容女人的性感。性感，是一种风味，也是一种意韵，只有真正领会它的人才能知道个中滋味。长久以来，社会对于女人们的要求就是端庄娴淑。尤其是在封建社会，女人更要遵守三从四德，以夫为纲。甚至笑的时候，也不能露出牙齿。三寸金莲，还要层层地裹起来。这种情况下，何谈性感呢？因此，在封建社会，略懂风情的女子总是被冠以水性杨花的罪名。随着社会的发展，女性地位的提高，女人们渐渐解放了，她们不再躲在层层深闺之中，而是走出家庭，走入社会，像男人一样在职场上打拼。然而，凡事物极必反。如今，很多人觉得性感就是“露”。因此，越来越多的女人袒胸露乳，丝毫不在意别人惊诧的目光。难道性感就是纯粹地露吗？其实不然。最美丽的不是暴露无遗的，而是欲语还休的。女人的性感也并非仅仅限于服装的表现，很多时候，女人的神情、动作，甚至是一个微妙的眼神，都能表现无尽的风情。如果说女人的美丽还能用词语来形容的话，那女人的性感就真的是一种说不清、道不明的意韵了。性感的定义绝非是美丽的面孔、高耸的双乳、摇曳的身姿、雪白的大腿，性感不仅仅与女人的外表有关，更与女人的内在密切相关。性感也绝非是端庄的反面，一个女人可以很端庄，也可以很性感，要分不同的场合而定。只有百变的女人，才能适应不同的场合，展现自己多面的魅力。

从低俗的角度来说，很多人把性感理解为与性有关，表现为外表的诱惑，这样的性感充其量只是风骚。从高雅的角度来说，性感注重的是一种综合的感觉，不会因为年老色衰而消失，而是内在的特质，是一种掩饰不住的风情，是高雅脱俗的，随着时间的沉淀而更加充满张力，惹人沉醉。

玛丽莲·梦露——这个令无数男人为之疯狂的性感女神。她在荧幕上把性感演绎到极致的同时，也错误地使很多人对她留下了“胸大无脑”的

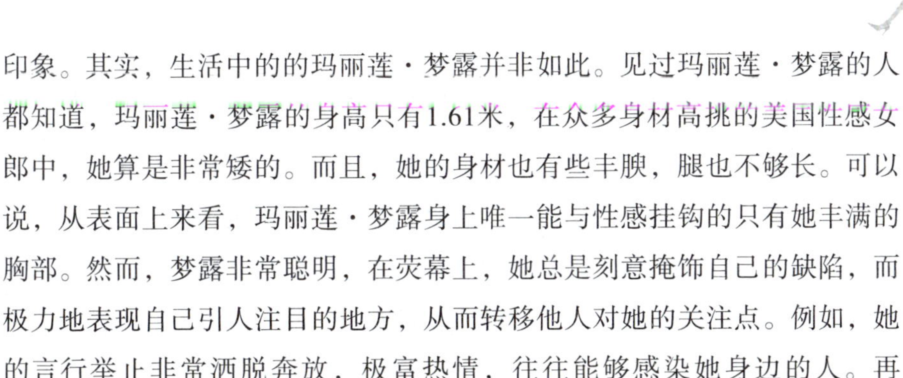

印象。其实，生活中的的玛丽莲·梦露并非如此。见过玛丽莲·梦露的人都知道，玛丽莲·梦露的身高只有1.61米，在众多身材高挑的美国性感女郎中，她算是非常矮的。而且，她的身材也有些丰腴，腿也不够长。可以说，从表面上来看，玛丽莲·梦露身上唯一能与性感挂钩的只有她丰满的胸部。然而，梦露非常聪明，在荧幕上，她总是刻意掩饰自己的缺陷，而极力地表现自己引人注目的地方，从而转移他人对她的关注点。例如，她的言行举止非常洒脱奔放，极富热情，往往能够感染她身边的人。再如，她总是表现出非常愉快的神情，而且发出爽朗的笑声，给人留下良好的印象。这一切，都赋予她无穷的魅力，使她浑身上下散发出独特的性感气质。

原来，即使像玛丽莲·梦露这样性感的女人也有着很多无法弥补的先天缺陷，由此可见，性感并不仅仅是由身体决定的。只要我们多多留心，就能够发现很多性感的人其实长得并不算漂亮，也不够妖艳。性感其实是一种气质，是由很多方面综合而成的独特气质。性感并不能通过模仿而得到，学习别人搔首弄姿只会使我们贻笑大方。性感是需要内涵的，我们必须修身养性，提升心灵，才能形成性感的气质，使自己成为一个人间的精灵。

表面上的性感很容易通过打扮和装饰得到，尤其是现代社会，整容技术越来越先进。然而，这种性感是低俗的。只有提升心灵，从内心的丰盈而溢出来的性感才是真正的性感，才能赋予女人独特的韵味，使女人表现出与众不同的气质。只有这样，为性感倾倒的将不仅只是男人，而且还有女人。

温柔性感，让气质完美绽放

说起性感，也许有人的脑海中会马上出现一个穿着比基尼的女人，

有着高耸的乳房、翘翘的屁股、猩红的嘴唇和迷离的眼神，而且还半躺半靠地摆出一副半推半就的姿势，煞是撩人。对于那些荷尔蒙过高的男人而言，这样的画面确实会令他们血脉膨胀，然而，这仅仅是针对荷尔蒙分泌过度的男人。从本质上来说，这只是通过火辣的感官刺激引起了男人的性欲，而并非真正的性感。真正的性感是一种风情，是柔媚到骨子里的魅惑，是需要细细品味的。而这种性感，假如加入温柔的催化剂，就会使任何男人都无法抗拒。

很多人都知道，那种热辣的画面上往往都是西方女性的面孔，也许，这就是西方社会所理解的性感吧。几千年的文化差异使中西方文化有着巨大的不同，例如，东方女性的性感就完全不同于西方女性的野性。如果说西方的性感在于裸露、热辣，那么东方女性的性感则讲究“犹抱琵琶半遮面”的神秘韵味。在东方人的观念中，完全的裸露就失去了挑逗的意味和想象的空间，只有半遮半掩欲露还羞的神态才是最撩人的。和西方思想中的直接比起来，东方人更讲究含蓄。男人天生就是征服者，这也就注定了他们对于轻易得到的往往不太珍惜。从远古时代开始，他们就沉迷于狩猎，因为他们喜欢征服。如果一个女人的性感激起了男人的兴致，而一个女人的温柔则能够使男人心中的这团火熊熊燃烧，欲罢不能。温柔与性感的融合，实在是对付男人的杀手锏。

妙雪是一个成功的女强人，她不仅事业有成，而且家庭幸福，简直羡煞旁人。然而，最近，她的婚姻遭遇了危机，原因是她老公有了外遇。即使经过了三番五审，妙雪依然不明白自己究竟哪点儿输给了那个未曾谋面的小三。据老公交代，那个小三的年纪并不小，和妙雪同龄。至于外貌，看上去更是没有精心保养的妙雪看着年轻。最重要的是，她是一个家庭妇女，离婚之后，拿着前夫给的抚养费，整天伺候孩子。这一点，更是无法与事业有成、春风得意的妙雪相比。如果老公找了一个年轻漂亮的女孩，妙雪还觉得情有可原，毕竟是审美疲劳在作怪。可是，面对这样的一番情形，妙雪无论如何也解不开心里的疙瘩。最终，妙雪同意离婚，不过唯一的要求却是让老公明确指出她哪点儿不如那个小三。看着妙雪痛苦纠结的样子，老公说："其实，你各个方面都比她优秀。你很成功，也不缺乏女人味，甚至算得上是一个性感的女人。假如不是你的老公，我也一定会被你迷上的。然而，在你面前，我始终觉得自己不像个男人。但是在她面前却不一样，她很娇弱，需要人保护，我很想保护她。而且，她从来不指使我干这干那，她很依赖我。和她在一起的时候，我觉得自己非常舒服，她就像水一样，轻轻地围绕在我的身边。"

听了老公的话，妙雪突然间意识到自己输在哪里了。原来，妙雪因为生意的原因，渐渐变得很强势。尽管她时时注意着把自己打扮得非常性感，以便老公不会对着她日久生厌，然而，她却渐渐变得强势，在家里很少有小鸟依人的时候，成为了一个不折不扣的女王。事已至此，妙雪才知道，只有性感，是无法拴住男人的心的。男人，最终需要的是一个温柔的女人，当然，如果这个女人再性感一些，那就再好不过了。

一个女人是否性感，决定了她是否摇曳生姿。一个女人是否温柔，决定了她是否柔情似水。而这两样对于男人来说，温柔也许有着更大的吸引力，毕竟男人是一种充满力量的高等动物，他们需要在雌性面前表现出自己的雄壮。当然，如果一个温柔的女人再有着由内而外散发出来的性感，那么，她当然会是男人所无法抗拒的。如果妙雪能够再温柔些，就一定能够成为男人心目中的完美女神。然而，凡事难以两全其美，这就注定了女人需要不停地走在修行的路上。

聪明女人懂得示弱

如今，越来越多的女人走入社会，在家庭生活和工作中与男人平分天下，甚至略胜一筹。因此，"女强人""女汉子"等词语层出不穷，都是用来形容这些强势、能干的女人的。然而，尽管如此，女性与男性依然有

着本质的不同，从生理角度来说，女人的确存在着很多弱势。然而，只要女人足够聪明，学会适时示弱，就能够转劣势为优势。

自从韩国电影《野蛮女友》播出之后，一时间在红男绿女之间引起了很大的反响。因为看到强悍的女主角非但没有遭到男友的摒弃，反而获得了幸福的爱情，所以很多做事不假思索的女人开始东施效颦，仿效其强悍的作风，处处颐指气使，霸道横行，而把小鸟依人、善解人意抛到了脑后。她们却没有想到，并非每个男人都像剧中的男主人公一样有受虐的倾向，更没有好脾气忍受女友一次次蛮横无理的对待。如此一来，怎么能保证现实生活中的野蛮女友有一个好的结局呢？其实，不管时代再怎么发展，人与人之间的相互尊重都是首要的交往条件。即使再灼热的爱情，也会在日复一日的不平等关系中渐渐褪色。所以，明智的女人也许会一次两次撒娇，三次四次不讲理，却绝不会任意横行，随意践踏对方对自己的爱。其实，女人要想让男人呵护自己，并不需要强悍地逼迫对方。逼迫，只能使男人心不甘情不愿地顺从女人，又如何能够长久呢？聪明的女人会示弱。只有示弱，才能使男人从心底里油然而生对女人的怜爱，从而更加心甘情愿地呵护女人，保护女人，照顾女人，一生一世地为女人所“奴役”，这样的爱与付出才能天长地久。换言之，即使女人侥幸用强悍驯服了男人，那么，这样的男人还叫男人吗？他们必定失去了男人应有的阳刚之气，变得有几分阴柔，几分怯懦。对于这样的男人，女人还会认为他值得爱，值得托付终身吗？

大卫是一个非常大男子主义的人。自从和妻子丽萨结婚之后，大卫几乎成了国王。对于这样的婚姻生活，丽萨非常失望，总是和大卫为此而争吵。这不，他们又在吵架了，甚至还控制不住自己打了起来，家里锅碗瓢盆碎了一地。原因其实很简单，丽萨正在做饭的时候水龙头突然坏了，她被喷涌而出的自来水浇了个透。而大卫呢？却正窝在客厅的沙发里看电视，全然没有听到厨房内的大动静。这时，丽萨按捺不住心中的委屈，冲到大卫面前大喊道：“你下了班回来就只知道看电视，水龙头坏了，你是男人，你赶紧去修！”听到丽萨这么说，大卫不由得也上火了，由此，两

个人爆发了结婚后的第N次家庭战争。后来，他们的争吵渐渐升级了，大卫变得夜不归宿。

丽萨很苦恼，她觉得自己在家庭里承担了太多的义务，但是大卫还不领情。为此，她去找大卫的妈妈诉苦，也想从妈妈口中更加了解大卫，从而缓和婚姻的矛盾。听了丽萨的讲述，妈妈笑了。她什么都没有说，而是讲了一件事给丽萨听：“年轻时，我和你爸爸也经常吵架。每次，只要我让他干什么，他都气鼓鼓的。我很不理解，就去问我的婆婆。听了我说的话之后，我的婆婆说：‘莉莉，你能改变一下你说话的语气吗？比如，你不要说你赶紧去干什么，而要说你能帮帮我吗，然后再说下面的内容。’我很惊讶，问婆婆，这么简单就能解决问题吗？婆婆毫不犹豫地点了点头。如今，我把这句话传授给你，只要试一试，你就知道它的魔力了。”回家之后，丽萨看到大卫正在电脑上玩游戏，正准备发火，突然想起婆婆说的话，因此换上柔弱的神情说：“亲爱的，今天我正在生理期，工作也很累，你能帮帮我做饭吗？”大卫惊讶地抬起头看了一眼丽萨，赶紧把电脑关了，走进厨房开始洗菜。丽萨心中窃喜，原来，婆婆的这句话真的有着神奇的魔力啊！从此以后，丽萨似乎找到了和大卫的相处之道，每当想让大卫干什么的时候，她总是装作需要帮助的样子，而大卫呢，也总是高兴地和丽萨一起分担。

其实，并非那句话有着什么魔力，而是同样的一个请求，以不同的语气说出来，听的人就有不同的感受。女人需要记住的是，男人不喜欢被人命令，而喜欢帮助别人。了解了这一点，你就不会动辄指责男人太懒惰了，要知道，他的勤快只对那些需要他帮助的且被他深爱的女人。而要想做到这一点其实很简单，那就是示弱。会示弱的女人是聪明的，会示弱的女人才能调动起男人的力量，使其成为自己的保护神。

女人，扮演好自己的角色

女人，你的名字叫什么？自古以来，关于女人，似乎就有着无数的纷争。在远古时代，女人负责留在山洞里看孩子、做家务；封建社会，女人没有社会地位，被“三座大山”压着，只能过着大门不出二门不迈、相夫教子的生活，受“女子无才便是德”的封建思想的影响，大多数女人都没有权利学习，只能充当无知的角色；现代社会，女人推翻了大山，翻身做主人，成为了家庭和社会的半边天。然而，由此引发的问题也接踵而来。封建社会中，男人三妻四妾是合法合理的，现代社会实行一夫一妻制，虽然男人不能再拥有三妻四妾了，离婚率却随着社会的发展节节攀升。这时，女人在享受一夫一妻制带来的平等地位的同时，也不得不常常开动脑筋，研究研究如何才能更好地拴住男人的心。这只是在家庭中的问题，在工作中，女人也与男人平分秋色，甚至巾帼不让须眉，在很多行业都表现得比男人更好。因此，自古以来人们对于女人“上得厅堂，下得厨房”的要求已经被时代的车轮远远地抛下了，女人必须从多方面全方位地提升自己，才能更好地面对生活和工作中的一切。

在工作中，女人既是下属，也是上司，甚至还有可能是老板。在生活中，女人所需要承担的角色就更多了，既要是女儿，又要是母亲；既要是媳妇，又要是婆婆。这只是针对子女和长辈而言的，针对男人而言，女人的角色就更多了。也许有人会说，对男人而言，女人就是女人呗，婚前是女友，婚后是老婆。此话差矣。如果女人只是简单地遵循女友-老婆的道路去走完自己的一生，那么，婚姻往往是不幸福的，或者至少是不完美的。女人对于男人，首先要是朋友。只有成为志同道合的朋友，才有可能成为心灵默契的爱人。婚后，女人不仅要成为男人名正言顺的妻子，还要成为男人的红颜知己、能见光的情人、妾，甚至是妓。为什么这么说呢？首先，红颜知己是男人精神层面上的伴侣，如果能把妻子和红颜知己的角色融合起来，那么将会是多么美好的一件事情啊。对于自己要求更高的女

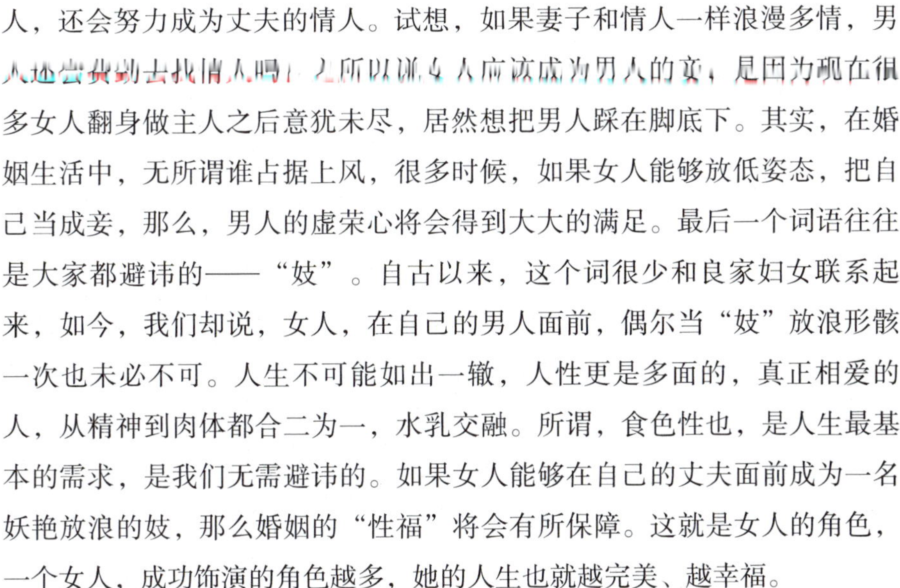

人，还会努力成为丈夫的情人。试想，如果妻子和情人一样浪漫多情，男人还会费劲去找情人吗？之所以说女人应该成为男人的妾，是因为现在很多女人翻身做主人之后意犹未尽，居然想把男人踩在脚底下。其实，在婚姻生活中，无所谓谁占据上风，很多时候，如果女人能够放低姿态，把自己当成妾，那么，男人的虚荣心将会得到大大的满足。最后一个词语往往是大家都避讳的——“妓”。自古以来，这个词很少和良家妇女联系起来，如今，我们却说，女人，在自己的男人面前，偶尔当“妓”放浪形骸一次也未必不可。人生不可能如出一辙，人性更是多面的，真正相爱的人，从精神到肉体都合二为一，水乳交融。所谓，食色性也，是人生最基本的需求，是我们无需避讳的。如果女人能够在自己的丈夫面前成为一名妖艳放浪的妓，那么婚姻的“性福”将会有所保障。这就是女人的角色，一个女人，成功饰演的角色越多，她的人生也就越完美、越幸福。

苏宁是大学里出了名的校花，不过，这朵校花并没有像大多数美女那样动不动就摆出高傲的姿态。相反，她很保守，可以用“端庄贤淑”来形容。在学校里，尽管追求她的人很多，但是她却从不心动，总是以“学习期间不谈恋爱”为由拒绝。大四那一年，在父母的批准下，苏宁终于恋爱了。让大家百思不得其解的是，苏宁千挑万选出来的如意郎君居然是张凯。要知道，在苏宁的众多追求者中，张凯可谓是最不出色的那一个。不管哪个方面的条件，张凯都无法与其他竞争者媲美，而苏宁的理由是“张凯老实本分，是个值得托付的好男人”。就这样，看着抱得美人归的张凯，男同学们都深觉惋惜，女同学则拍手叫好，因为她们最大的威胁名花有主了，她们可以放开胆子去追求那些曾经暗恋苏宁的优秀男生了。

苏宁原本以为张凯娶到了自己一定会好好珍惜的，不想，他们婚后的甜蜜生活只过了没几年就结束了。当知道张凯在外面有了情人时，苏宁觉得难以置信。然而，看着张凯摆在她面前的离婚协议书，她才意识到这一切都是真的。她不明白张凯为什么提出离婚，他们俩虽然不见得多么浪漫，但也算是般配，而且苏宁的条件还比张凯好得多。直到离婚以后，苏宁才知道自己败在了“性福”上。原来，苏宁从小就接受父母的传统教

育，对于男女之间的事情，她非常刻板，不愿意主动，更拒绝情趣。刚结婚时，张凯还以为苏宁是脸皮薄，后来有了孩子后，苏宁索性与孩子单独住在主卧中，而把张凯赶到了书房。就这样，一年，两年……渐渐地，张凯觉得生活越来越索然无味，最终与单位里一个百般风情的离异女性走到了一起。

作为人最基本的欲望，几千年来，在封建传统思想下，性始终被压制着，是一个不能被提及的隐晦话题。然而，性本身却并没有因为避讳而变得无足轻重，相反，它始终是男男女女要面对的一个问题。苏宁无疑是一个好姑娘，然而，她对性的认识却是不正确的，这一点最终导致她的婚姻走向了失败。男人不仅需要端庄贤德的妻子，更需要风情万种的妾、妓。夫妻之间心灵相通，作为妻子，应该放开自己，让自己的男人有着无穷的新鲜感与激情。这样的生活才是完美的，才能使男人的心牢牢地拴在女人身边，才能使夫妻之间的感情水乳交融，越发浓醇。

第3章 做勇敢女人，气质优雅来自内心强大

女人应该像水一样温柔，女人更应该像水一样柔韧。水，不管随着容器的形状如何地改变自己，它的本质都是水，都不曾有丝毫的改变。女人也应该这样修炼自己，使自己成为坚韧勇敢的女子，只有这样，才能立足于竞争越来越激烈的社会，才能真正地与男人一起撑起这一方天空。

坚强，是女人的代名词

几乎没有任何人能够顺顺利利地度过一生，这是因为人生本就是一次充满磨难的旅行。从呱呱坠地开始，我们就以哭声来面对人生的开始，似乎深知人生的困难，而又不得不走这一遭。然而，这丝毫不妨碍我们享受人生，毕竟，人生中除了苦难还有甘甜。身为女人，似乎注定要承受更多的苦难。因此，常常有人感叹做女人难。确实，现代女性虽然为自己争取到了和男人平等的地位，但是同时不得不面对更多的挑战和压力。时至今日，女人在找工作的时候依然会被告知“我们只招男性”。面对这样的现实，女人，你怎么办？在忙碌的工作之余，女人还要承担繁重的家务，还要照顾孩子的饮食起居和学习。当遭遇老公的误解和孩子的责难时，疲惫

不堪的女人，你怎么办？如今的社会是开放的，人们对于婚姻的态度也越来越轻浮，当遭遇婚姻变故的时候，为了家庭几乎付出了自己全部心力的女人，你怎么办？看似柔弱的女人，其实每时每刻都在面临着生活和工作的挑战。怎么办？是躲进男人的庇护之下，成为一颗攀附于树的藤萝？还是躲进家庭的壁垒，成为一个两耳不闻窗外事的家庭妇女？这些都不是理智的选择。聪明的女人不会逃避，而是选择坚强面对。如果说软弱无能曾经是女人的代名词，那么现在我们要说，女人，你的名字叫坚强。

其实，并非是现代社会逼着女人越来越坚强，从古至今，不管是西方社会还是东方社会，都曾经出现过很多内心坚强的奇女子。例如，花木兰代父从军，在战场上非但没有因为女儿身而退却，反而表现出色，顺利凯旋；《乱世佳人》中，在饱经命运的摧残之后，斯嘉丽从一个娇娇小姐变成了一个有担当的坚强女子；简·爱自幼命运多舛，却从未放弃过自己内心深处的希望，最终赢得了爱情……在历史长河中，那些坚强的女子恰如沙滩上熠熠闪光的贝壳，俯拾皆是。

女人要想坚强，首先要有一颗强大的内心，要有自立自强的勇气，要有坚韧不拔的毅力，要有远大的生活目标。随波逐流的女人不会坚强，因为她根本不知道何谓坚持；目光短浅的女人不会坚强，因为她的人生没有导航灯。女人，必须把命运掌握在自己手里，才能从容地应对人生，笑到最后。

在黑色的七月，慧敏遭遇了自己人生之中迄今为止经历的最大打击，她再次落榜了。如果说第一次落榜的慧敏还没有感到绝望，那么这一次，慧敏不禁开始怀疑自己：我真的行吗？然而，慧敏是坚强的。她知道，上天不会因为她的痛苦就善待她，她只能靠自己去扳回命运之舟的舵。在家中调养生息了一个星期后，慧敏没有丝毫犹豫，在父母不舍的目光中，踏上了南下的列车。

慧敏来到了广州，进入一家服装厂工作。慧敏的心里是有打算的，在她的家乡，有很多女孩子十几岁就不上学了，重活干不了，小活又不愿意干。因此，慧敏想出来学习学习技术，回家开一个服装加工厂。这样不仅

可以自己创业，也可以让那些小姑娘们在家门口就能挣到钱。慧敏知道，如果在家里就能挣到钱，谁又愿意千里迢迢地背井离乡呢？进入工厂以后，慧敏处处留心，她一边工作，一边偷偷地学习技术，还报名参加了成人高考。转眼间，三年过去了，慧敏不仅积攒了一笔钱，还学到了制衣的技术，而且还拿到了专科文凭。三年，她的高中同学都在读大三，她已经回到家乡开了一家小型服装加工厂。很快，因为慧敏经营有道，她的工厂规模越来越大。当同学们大学毕业忙着找工作的时候，慧敏已经成为了不折不扣的老板。

生活中，几乎每个人都有遭受厄运的时候，拥有怎样的人生，完全看我们面对厄运时的态度和选择。假如慧敏选择一蹶不振，那么等待她的将是和大多数农村女孩一样的命运，外出打工几年，回来嫁人，浑浑噩噩地过一辈子。慧敏没有选择这样的生活，她选择在哪里跌倒就在哪里爬起来，最终，她走在了所有人的前面。

其实，成功有很多种，我们无需眼睛只盯着人生的旮旯。人生是开阔的，所谓条条大路通罗马，这条走不通就走那条，只要能抵达成功的彼岸，小路也能成为阳光大道。

女人的幸福靠自己把握

自古以来，女人都以依附者的形象出现，直到现代社会，女人才开始以独立的姿态傲然于世。然而，即便如此，我们依然会在各种各样的媒体上看到关于男人女人的报道。陈世美与秦香莲的故事似乎演绎了世世代代，依然乐此不疲。当遭遇陈世美的时候，你会怎么做？现代社会，女人已经不像以前那样孤陋寡闻了。不管是从学识，还是从见识，很多女人都毫不逊色于男人。既然如此，女人们，就让我们把握自己的幸福吧！正如

时下流行的那句话一样，如果幸福没有来敲门，那么我们就去敲幸福的门。只要你有足够的勇气，你就一定能够得到幸福！

生活中，很多女人凭借着自己暂时的美貌去傍大款，其实这是一种对自己极其不负责任的行为。要知道，青春和美貌对于女人而言尽管是一种资本，但是却是贬值最快的资本。即使是最昂贵的化妆品和保养品，也无法使年轻美貌伴随女人的一生。因此，要想更好地把握自己的人生，把握幸福，作为女人，必须不断地充实自己，丰富自己，提升自己的气质。大家都知道，气质才是女人不老的容颜，才是历经岁月沉淀历久弥新的容颜。

张哲是大家公认的才子，他不仅人长得帅，而且人品好、能力强。因此，单位里的很多女孩都默默地喜欢张哲。不过，其中尤其数张咪和刘畅的胜算最大。张哲挺喜欢这两个女孩的，只不过，他很难在她们中间做出选择。从外形上看，张咪显然略胜一筹，不过，刘畅的温柔也是大多数男人所无法抗拒的。正当张哲犹豫之际，一件事情使他毫不犹豫地选择了刘畅。

一直以来，张咪虽然心里很喜欢张哲，但是却从没有说出来。她有着女孩子的矜持，总担心自己主动表白会使张哲不珍惜自己。而刘畅呢？刘畅心里可没有那么多的封建思想，她认为谁追谁都无所谓，只要相爱的两个人在一起就是最好的结局。因此，看似温柔的刘畅总是找机会向张哲表白，并且常常主动约张哲去吃饭、看电影。日久天长，张哲因为和刘畅接触得比较多，心里的天平渐渐地开始倾向于刘畅。正值张哲生日的时候，刘畅居然出人意料地当众向张哲求婚，并且郑重其事地拿着一对情侣戒指。看着众人热切的眼神，听着众人善意的哄笑，张哲如何能拒绝这样一个主动追求幸福的女孩子呢？他感动地接过戒指，戴在了刘畅的手上。此时此刻，后悔莫及的张咪只能躲在角落里暗自落泪。

和那些逆来顺受的女人比起来，如今，命运显然更加青睐那些敢于追求自己幸福的女性。和以前的由男性求婚比起来，如今，越来越多的女人开始占据婚姻的主动权。她们敢爱敢恨，从来不会畏手畏脚。很多时候，

幸福就像千载难逢的机会一样转瞬即逝，抓住了就抓住了，抓不住则再也不会再折来过。刘畅和张咏在张哲心目中的地位原本差不多，只是因为刘畅敢于表露自己的内心，所以，她才能够使张哲心中的天平倾向自己，最终得到张哲的心。

现代女性应该积极乐观，主动地寻找属于自己的幸福，因为幸福需要自己争取到并且牢牢握在手中的，而不是靠别人的恩赐得来的。

女人有创造奇迹的力量

一直以来，女人就是柔弱的代名词，一提到女人，人们就会想到娇嫩的花朵，想到无骨的水。殊不知，花朵虽然娇嫩，野花却是生命力很强的。水虽然无形，却能够深入最狭窄的地方。女人也是如此，她们温柔的时候就像是一只慵懒的猫，而一旦内心深处的潜能被激发出来，她们的力量就会超出所有人的想象。特别是当突然遭遇人生变故的时候，女人们的力量往往远远地超过男人。她们总是默默地承受着一切苦难，什么也不抱怨，什么也不奢望，只是承受，尽自己所能地去改变。这时，很多以坚强自诩的男人都会在她们面前自惭形秽。女人，谁说你的名字叫弱者！你的坚强，你的淡定，你的从容，一切都使人折服，使人为之动容！

一千多年前，巴伐利亚公爵霍尔夫的温斯堡被康纳德国王率领的军队包围了。他们被军队密密实实地如同箍铁桶一般围了起来，缺衣少食，根本没有活路。而且，这次围攻的时间很长，最终，公爵走投无路，不得不在饥寒交迫之中宣布缴械投降。这时，霍尔夫与军官们几乎已经绝望了，他们不认为自己还有生的希望，一个个的全都做好了赴死的准备。然而，温斯堡的女人们的表现却截然不同。她们不准备放弃，她们想要继续活下去。几经谈判，康纳德国王同意放女人们一条活路，保证不伤害堡内所有

的女人，并且仁慈地允许她们带走用双手可以拿走的一切东西。

终于，投降的那一天无可抗拒地来了，温斯堡的女人们鱼贯走出城堡。眼前的这一幕让康纳德国王以及他的军队大吃一惊：每个走出来的女人都低低地弯着腰，她们的腰甚至弯得垂到了地上。原来，在生死存亡的关键时刻，她们没有带任何金银珠宝，而是以柔嫩的双手抱着他们的男人。对于这些身材娇小的女人而言，男人们强壮的身躯太沉重了，几乎使她们不堪重负。但是，没有任何一个女人愿意丢下自己的男人，为了使男人们免受胜利之师的报复，她们愿意不惜一切代价带走自己的男人。

康纳德国王被这一幕深深地感动了，他凝视着这些伟大的女性，决定与霍尔夫公爵签订停战协议，从此维持和平的关系。从此以后，温斯堡改名叫韦博图山，在德语中的意思是“女人的坚贞”。

这是一个令人闻之动容的故事，读过这个故事的人，都被女人内心的坚贞柔韧所爆发出的强大力量而折服。这份力量来自哪里呢？它来自女人内心深处博大而深沉的爱。在幸福的日子里，女人们更多表现出来的是小鸟依人、似水柔情，而一旦命运发生逆转，女人们内心深处的坚强就会表现出来，爆发出令人难以置信的力量。可以说，女人的力量来自爱的源泉，来自坚强与柔韧的心。

用一颗强大的心笑对人生

生活从来不会让一个人从生下来到死去都保持微笑，因为生活的本质是苦难与甜蜜的融合。正因为如此，所以人从呱呱坠地的那一刻起，就先学会了哭。当遭遇生活的玩笑，当命运使你哭笑不得的时候，你是哭着放弃，还是笑着坚持？你是哭着逃离，还是笑着迎难而上？毫无疑问的一点

是，不管你哭得多么撕心裂肺，命运都不会对你有丝毫垂怜，相反，在哭泣之中，等待你的也许是更加残酷的事实。这个世界上没有一条路永远不垫脚，那么你能始终站在原地不思进取吗？对于这一切的问题，聪明的女人都能做出正确的选择。

人们常说，性格决定命运。其实很多时候，是态度决定命运，对待生活的态度决定了你拥有怎样的人生。对于同样的境遇，往往采取不同态度面对的人有了不同的结果。如此说来，不管命运如何对待你，终究还是你自己决定了自己的命运。因此，笑吧，只有笑，才能使你更具勇气去与命运博弈。被苦难降服的女人不会拥有幸福的人生，因为她已经有了悲观的态度；战胜苦难笑对人生的女人才能拥有幸福的人生，因为她具有战胜苦难的唯一的武器，那就是坚强。凤凰浴火涅槃，在忍受刻骨的煎熬之后才能含笑飞天。笑对人生苦难的女人就和涅槃的凤凰一样，在经历血与火的洗礼后，迎来新生。

1998年7月，17岁的中国体操队运动员桑兰参加了在美国纽约举办的第四届世界友好运动会。在跳马时，桑兰不小心头冲下摔到地上，导致颈椎神经受到严重的损害。从此以后，原本身轻如燕的桑兰再也无法摆脱轮椅的束缚，因为她瘫痪了。

桑兰曾经是一颗耀眼的明珠。她小小年纪就荣获中国的跳马冠军，准备冲击奥运会冠军。然而，很多时候，往往是那几秒钟的时间决定了人一生的命运。在那一次跌倒之后，桑兰的命运发生了翻天覆地的变化。面对着这个残酷的现实，年轻的桑兰痛不欲生，她觉得自己的世界毁灭了。然而，看着挚爱自己的父母，看着那些关心自己的人，桑兰选择了坚强。她哭过，她的心甚至在滴血，然而，她最终接受了残酷的命运，并且勇敢地改变了命运。正是因为她的坚强勇敢，正是因为她的不放弃，她迎来了自己充满阳光的未来。

时至今日，桑兰已经在轮椅上度过了人生中最美好的十几年。每天，她都在坚持做康复训练。与此同时，她还修读了大学新闻传播，并且在“星空卫视”主持《桑兰2008》体育节目。桑兰“站起来了”，在人们的

心中，她永远是那个翻跟头翻得最好的女孩。站起来的桑兰就像是一缕缕明媚而温暖的阳光，激励着无数人笑对人生。

一个17岁的女孩，正值花季，原本身轻如燕，如今却不得不坐在轮椅上度过漫长的人生，世界上还能有比这更加残酷的打击吗？甚至，我们会恍惚觉得这一切都是命运所开的一个玩笑，用来考验我们的勇气。然而，不管我们怎么想，命运都如此残酷地摆在了我们的面前，我们能做的只是面对，坚强地面对，微笑着面对，永远不放弃希望。只有这样，我们才能战胜命运，把握自己的人生。

生活从来不相信眼泪，生活更不会同情弱者。即使你流干眼泪，也没有人能够解除你的痛苦，相反，消极的情绪会使你更加绝望无助。很多时候，我们要强颜欢笑，因为笑过之后我们会发现，在我们的笑容里，命运的阴霾渐渐散去，阳光折射进来。灾难是欺软怕硬的“纸老虎”，笑容是战胜灾难的唯一利器。一旦灾难来临，我们就要打起精神来面对它，绝不能退缩。

爱生活，爱自己

在这个世界上，有着太多的不可预知的因素，因此，只要活着，我们就总是遭遇各种各样的出乎意料的惊喜或者伤害。惊喜当然是每个人都欢迎的，尤其是对于大多数喜形于色的女人而言，突如其来的惊喜往往使她们觉得发自内心地温暖。然而，命运不总是坦途，生活的滋味也不永远是甜蜜。当面对接踵而至的不幸和伤害时，你会选择怎么做？一直以来，女人都是弱者的代名词，如今，虽然女性渐渐地走上社会，与男人共同撑起这一方天空，女性也依然处于弱势的地位。这就注定了女人在很多关系中处于被保护和照顾的角色，也就注定了她们遭遇伤害的机会会多得多。正因为这一点，

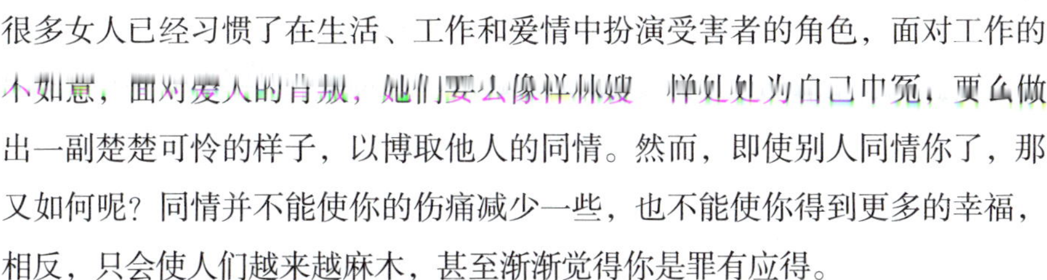

很多女人已经习惯了在生活、工作和爱情中扮演受害者的角色，面对工作的不如意，面对爱人的背叛，她们要么像祥林嫂一样处处为自己申冤，要么做出一副楚楚可怜的样子，以博取他人的同情。然而，即使别人同情你了，那又如何呢？同情并不能使你的伤痛减少一些，也不能使你得到更多的幸福，相反，只会使人们越来越麻木，甚至渐渐觉得你是罪有应得。

对很多女人而言，生命中有太多的“被伤害、被冷落、被漠视、被拒绝、被抛弃……”其实，这只告诉了女人一个真相：女人，你只有把握自己的命运，才能避免被伤害。如果你始终任人摆布，那么，你就无法摆脱被伤害的厄运。由此可见，女人必须使自己的内心变得足够强大，使自己的内心充满希望，试着更好地爱自己，爱这个曾经带给你无数伤害的世界。一旦你试着改变自己，你会发现，你的生活渐渐充满阳光，你的人生也在无形之中改变了方向。你的爱不是软弱的，你对自己的爱使你更加珍视自己，不会轻易地悲伤绝望，你对世界的爱使你胸怀博大，更加宽容善良。而这一切，都是一个女人获得幸福最基本的要素！

娟娟很小就失去了父亲，和母亲相依为命。为了养活娟娟，母亲带着娟娟从农村来到了城市，支起了一个修鞋铺。刚开始的时候，母亲并不会修鞋，她先是跟着一个老师傅当学徒，后来才自己支起了修鞋铺。在繁华的大都市，一个鞋匠总是承受着别人的白眼。即使是来修鞋的人，也总是嫌弃地坐着母亲准备的小马扎上。当然，有的时候也会遇到善良的人，他们深知孤儿寡母的不容易，并且很敬重自力更生的母亲，因此，他们总是给予母亲笑脸。就这样，在别人的笑脸与白眼中，娟娟渐渐长大了。

上到小学三年级，每到周六日休息的时候，娟娟就和母亲一起去鞋摊，给母亲帮忙。日久天长，周围的住户都认识了这母女俩。有一次，有一个男人来到娟娟母亲的摊位上修鞋，他走了之后，母亲发现这个男人把钱包落下了，但是，母亲并不确定这是否就是那个男人的钱包。母亲细心地把钱包收了起来，并且查看了里面的东西。过了一天，男人一大早就急急忙忙地来找钱包，母亲把钱包拿了出来，当男人伸手拿钱包的时候，母亲犹豫了，她紧紧地攥住钱包，问：“您的钱包里有什么？”男人一听这

话火了，怒斥道："你管我钱包里有什么呢，赶紧给我！"母亲说："你得告诉我钱包里有什么，我才能确定这是不是你的钱包。"男人不耐烦了，骂骂咧咧地说："你是不是不想还给我啊！你说这钱包是你捡的，我还说是你这个穷鬼趁着我修鞋的工夫偷的呢！你还问我钱包里有什么，我还要看看钱包里的东西丢没丢呢！"渐渐地，围拢过来看热闹的人越来越多，得知事情的原委后，大家都七嘴八舌地说："就是应该验证一下，不能随便把钱包给认领者。""这个鞋匠人挺好的，不会干那事！""知人知面不知心啊，要是没人来找估计就自己留着了吧！""这个鞋匠做的是对的！"……听着这些话，母亲的泪水在眼眶里直转悠，然而，她还是坚持让男人说说钱包里有什么。男人见拗不过母亲，只得说出了钱包里的东西。验证完之后，母亲痛快地把钱包还给了男人，男人这才知道误解了母亲。

娟娟一直站在一边看着，看到柔弱的母亲遭人误解，她真想上去揍那个男人一顿。然而，母亲的一番话改变了娟娟的想法。母亲说："娟娟，人活在这个世界上，什么时候都不能自暴自弃。其实，咱们这么穷，有人也许会说咱们完全可以留下那个钱包，然而，如果这么做，虽然能解得一时之急，但是咱们的一辈子就毁了。我们应该爱惜自己，不但爱惜自己的身体，也要爱惜自己的名誉。即使咱们受了再多的委屈，也不要抱怨。就像今天的那个男人，不要恨他，站在他的角度去想，他的心情也是可以谅解的。只要我们心中有爱，我们这辈子就没白活。你想，如果人和人之间充满了抱怨，那么活着还有什么意思呢！"

作为修鞋匠，这位母亲尚且知道爱自己、爱世界的道理，大多数女人都应该告诉自己这一点。只有这样，我们才不会轻易放弃希望，才不会对别人充满怨恨。曾经有一位名人说过，"假如你不给自己烦恼，别人永远都无法给你烦恼。"的确，如果我们自己想笑，就没有任何人能使我们哭泣；只要我们心中充满希望，就没有任何人能使我们绝望；只要我们爱自己，爱世界，就没有人能够伤害我们。

幸福就在转角处

人生就像是一叶扁舟，漂浮在无边无际的大海上。有的时候，海面上风平浪静，使我们误以为整个航程都能如此幸福地与明媚的阳光、煦暖的春风相伴。然而，有的时候，突然之间，海面上风云迭起，使小舟在波峰浪尖上颠簸，简直像要掉下去一般。这个时候，你怎么办？面对着满天乌云，面对着狂风暴雨，你选择闭上眼睛尖叫、弃船而逃还是勇敢地掌好舵，与风浪作斗争？假如你闭上眼睛尖叫，那么必然使眼下的情势更加危急，因为一个看不到方向的舵手是无法驾驶好生命之舟的；假如你弃船而逃，那么等待你的必然是戛然而止的命运，因为茫茫无边的大海会像吞噬一只蚂蚁一样吞噬你。你当然应该勇敢地掌好舵，与风浪作斗争，这样至少你还有一线生机。也许有人会说，大海的力量那么强大，我们怎么能战胜大海呢？尤其是当脚下是惊涛骇浪，头顶是电闪雷鸣的时候，简直就没有活路了。其实不然。有过在海上航行经验的人都知道，很多时候，惊涛骇浪、狂风暴雨看似凶猛，却很快就会结束。这种情况下，往往是轻易放弃的人失去了活着的机会。而只要你能够坚持坚持再坚持，你就会看到无限的生机。很多时候，女人之所以不幸，恰恰是没有坚持自己的梦想。人生需要毅力和勇气去面对种种不幸和打击，幸福的花朵更需要坚持不懈的浇灌与精心呵护才能绽放。

生活就像是一场马拉松赛跑，只有能熬过体能极限的人，才能战胜自己，越跑越轻松，最终达到终点。尽管很多女人都有着不同的追求，其实，女人们的追求完全可以用两个字概括，那就是幸福。为了避免与幸福擦肩而过，我们一定要坚持，坚持，再坚持。也许，幸福就在转角处等着我们。

人到中年遭遇婚姻的变故无疑不是一件令人绝望的事情，尤其是当这种事情发生在传统的东方女性身上的时候，则更使人显得沮丧。如今，米利就被这种绝望的情绪纠缠着。原来，米利和老公离婚了。原因是他的老公犯了相当一部分四十多岁的成功的中年男人都会犯的错误，那就是“被

狐媚子勾去了魂”。这是米利的说法，因为她不知道作为人民教师的自己还能以怎样恶劣的语言来形容那个可恶的小三。离婚前，很多亲戚朋友都劝米利千万不要一时冲动而离婚，因为四十多岁的男人无疑是绽放的迎春花，鲜嫩无比，而且倍受欢迎，但是四十多岁的女人却成了晚风中摇曳的狗尾巴草，只有不懂风情的孩童才会当成宝贝一样采摘来玩儿。然而，米利不愿意委屈自己，尽管她知道自己离婚的命运未必好到哪里去，她也不愿意委曲求全睁一只眼闭一只眼地度过下半生。就这样，米利离婚了。离婚以后，米利做好了惨淡度过后半生的最坏打算。说来也奇怪，做好最坏打算后，米利原本忐忑不安的心反而静下来了。她每天都安然地享受着一个人的生活，日子过得有滋有味。

当然，有的时候，一个人待在家里，想念着千里之外正在读大学的儿子，米利的心里也会觉得空落落的。虽然她现在的生活过得也不错，但是还有如此漫长的下半生，要是一直都这样过下去，米利还真有点儿不甘心。其实，米利虽然四十多岁了，但是风韵不减，有一种成熟的独特韵味。再加上米利平日里特别喜欢看书，因此，她浑身都散发出一种恬然安静的气质，仿佛刚刚印刷出版的书一样，尽管内容厚重，给人的感觉却有淡淡的小清新。

日子一天一天过去，米利渐渐厌倦了这种生活，被沮丧、倦怠的情绪包围着。正当她以为自己的一辈子就这样时，她突然迎来了生命的春天。原来，她应一位家长的请求帮一个孩子补课。这个孩子是单亲家庭，缺乏母爱。经过一段时间的相处之后，孩子深深地爱上了这个像母亲一样的老师。让人欣慰的是，孩子优秀的父亲也爱上了米利。很快，米利就坠入爱河，重新组建了新的家庭。

事例中的米利原本已经对生活绝望了，然而，正当她被沮丧、倦怠的情绪包围时，她却突然迎来了自己生命的春天。这份幸福来得太突然，甚至米利自己也不知道会发生这样浪漫的邂逅。很多时候，命运就是这样，它会突然和我们开玩笑，使我们觉得绝望或者是欣喜。尤其是当我们觉得一切都无望的时候，其实幸福离我们并不远。只要我们能够坚持，就能遇见守候在转角处的幸福。

第4章　做知性女人，言谈举止流露女人的气质风情

女人，在封建社会的生活是很简单的，只要遵守三从四德和“三纲”就行。然而，随着时代的进步，女人不再只留守于家庭，因此，女人的社会角色越来越重要。那么，女人还能过大门不出二门不迈的闭塞生活吗？走上社会的女人，面对着纷繁复杂的社会现状，面对着形形色色的人们，内心里还能波澜不惊吗？这一切都对女人们提出了更多更高的要求。不管时代怎么变迁，女人始终都应该保持女人的本色，那就是美好。做一个仪态大方的女人，做一个独具魅力和风情的女人，是世世代代的女人们永远不变的追求。

安静的女人最美好

和沉默寡言的男人比起来，女人似乎天生就喜欢说话，因此才有了“三个女人一台戏”的说法。特别是在人多的场合，女人们聚集在一起，好像总有说不完的话。小到今天买了什么化妆品，大到谁谁谁结婚了，这些都是女人们在一起的谈资。当然，她们在议论自己的同时，也从来没有忘记顺带嘴地说说别人家的事情。如此一来，女人们间的谈话总是带着家长里短的尴尬。还有些女人因为工作的原因，很少说家长里短，但是这也

并不妨碍她们的滔滔不绝，因为她们可以议论议论同事，还可以讨论讨论谁和谁怎么了。在说这些的时候，只有极少数的女人能够保持低调，窃窃私语，大部分的女人则是一说到兴头上就开始张扬，放大嗓门。在很多公众的场合，女人们除了不由自主地提高嗓门之外，有的时候还会故意提高嗓门，这是为了吸引他人的注意。女人天生就爱出风头，这完全是虚荣心在作祟。尤其是在熟悉的女人们之间，每个人都恨不得压倒别人，自己独占鳌头。实际上，吸引别人的注意力是需要实力的，大嗓门非但无法使身边的人对你心生好感，反而会招致他人的厌恶。要记住，女人不是麻雀，不能叽叽喳喳。女人也不是大喇叭，要记得放低自己的声音。和聒噪的女人比起来，安静恬然的女人更加引人注意。特别是在大多数女人都争先恐后地抢风头时，安静的女人更使人耳目一新。在喧嚣的夜晚，她们犹如一朵悄悄绽放的睡莲，让看到她们的人不由得心生爱怜。在阳光明媚的午后，她们犹如刚刚吐露花蕊的迎春花，嫩黄嫩黄的，让人甚至不忍心多看两眼。这就是安静的魅力。安静的女人似乎有着无穷的吸引力，让人不由自主地想要靠近她，呵护她，保护她。安静的女人从不张扬，更没有刻意掩饰自己，她们相信珍珠总会发出光泽，因此，静静地守候在那里，绽放着独属于自己的风采。

小芳在一家时装公司上班，担任前台的工作。时装公司里因为业务需要，经常要举办走秀活动，因此总是隔三岔五地就云集着一些美丽时尚的模特。这家时装公司的老板是一个三十多岁的年轻人，年纪轻轻就事业有成，是众多美女心目中的钻石王老五。为了博得帅哥老板的芳心，模特们，包括公司里稍有姿色的女职员们，一个个都挖空了心思想讨好老板，接近老板。然而，老板从来没把谁放在眼里。正当大家都在猜测到底谁能入老板的法眼时，知情人士爆料，老板在追小芳。听到这个消息，大家简直笑翻了天。因为小芳既不漂亮，也不时尚，看起来和公司的整体氛围有点儿格格不入，老板怎么可能看着这些美女不要而去追求她呢？然而，事实最终证明，老板的确在追求小芳。

原来，老板是青年才俊，年轻有为，再加上处在时尚的圈子，所以他的身边总是环绕着形形色色的美女，她们或者漂亮，或者妖艳，一个个

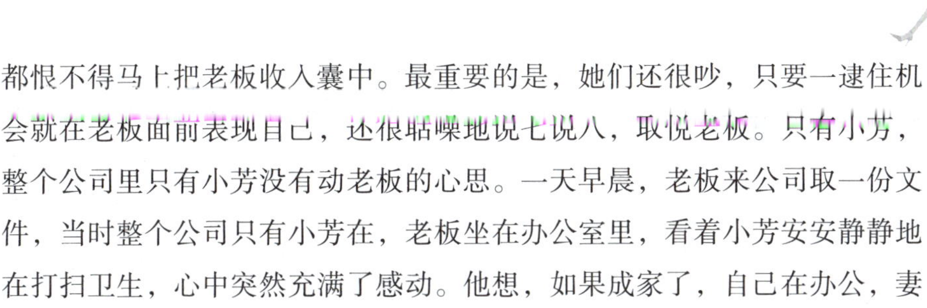

都恨不得马上把老板收入囊中。最重要的是，她们还很吵，只要一逮住机会就在老板面前表现自己，还很聒噪地说七说八，取悦老板。只有小芳，整个公司里只有小芳没有动老板的心思。一天早晨，老板来公司取一份文件，当时整个公司只有小芳在，老板坐在办公室里，看着小芳安安静静地在打扫卫生，心中突然充满了感动。他想，如果成家了，自己在办公，妻子在安安静静地做家务，那该是多么美好的情景啊。就因为这个念头，老板决定追求小芳，给自己一个安安静静的家。

事例中的小芳其实根本不想与那些美女们竞争去追求老板，然而，有心插花花不成，无心插柳柳成荫，老板反而对小芳动了心。究其原因，是小芳安安静静的美好打动了老板。也正是因为如此，小芳这个灰姑娘等到了自己的白马王子。

和那些吵吵闹闹、大肆张扬的女人比起来，安静的女人正如清水出芙蓉，有着一份天然去雕饰的美好。当男人在社会上打拼累了，回到家，他们只想享受一份安静的温馨。家就像一个港湾，是男人休憩的地方。谁愿意从舞厅回到迪厅呢？玩累了，我们只想找到一个安静的地方睡觉。安静的女人总是很从容，即使遇到什么事情，她们也不会咋咋呼呼、惊慌失措，更不会不停地抱怨。选择安静的女人，是明智的；选择安静的女人，是幸福的。蒙娜丽莎之所以迷人，恰恰是因为她的沉静，微笑着的沉静。女人们，请成为喧嚣人群中一朵安静的睡莲吧，即使你什么也不说，你散发出来的清香也会使人们情不自禁地沉醉其中。

幽默的女人更受欢迎

曾经有一位名人说，幽默是一种健康的、优美的品质。几千年来，传统的东方人似乎对于幽默总是有些麻木，而西方人则更加注重幽默。一个

西方女孩找男朋友的时候，提出的第一个标准就是幽默。对于她们而言，和一个缺乏幽默感的男人在一起生活简直是一种折磨，是对婚姻生活的亵渎。其实，绝不仅仅是男人需要幽默，女人也需要幽默。对于一个幽默的女人而言，生活中没有什么迈不过去的坎，因为她们总会用幽默应对这一切，即使情况再糟糕，她们也能以乐观的心态面对，最终战胜苦难。幽默不是简简单单的开玩笑，而是需要机智和博学才能做到的。在人际交往的时候，几乎每个人都不愿意和一个愁眉苦脸的人相对，而是喜欢面对一个风趣幽默的人。因此，幽默的人永远是受欢迎的。

中国有句老话：笑一笑，十年少。幽默能给我们的生活增添更多的情趣，使我们的生活更加生动，富于乐趣。还有人说过，笑是两个人之间最短的距离。试想，当你面对一个陌生人的时候，假如你能够在很短的时间内使对方笑出来，那么你无疑就离对方更近了一步。女人，更应该具有幽默的能力。女人本来就容易使人产生亲近感，面对一个柔弱的女子，很少有人心怀戒备。倘若这个女人还有着幽默的能力，那么她无疑能够更快地使人敞开心扉。在人与人相处的时候，假如女人能够运用幽默的手段来消除窘境、化解尴尬，那么，大家的关系一定会越来越融洽。既然幽默有着如此的神奇魔力，想必大多数女人都希望自己具备幽默的能力吧。幽默不是简单的逗乐，更不是自我的调侃，要想具备幽默的能力，女人首先要充实自己，使自己变得博学；其次还要开阔自己的思维，这样才能随机应变，把幽默运用得风生水起。

天下所有的夫妻都会面临争吵，琼斯和约翰也不例外。他们刚结婚不久，度过蜜月期之后，如今正处于磨合期。他们最近常常吵架，虽然每次吵架之后他们都很懊恼，但是这丝毫不影响他们再次吵架。这不，他们刚刚又吵了一架，琼斯哭喊着要和约翰离婚。这次，约翰也没有示弱，他大声说道：“离就离！”琼斯原本以为约翰会向自己道歉，听到约翰的话后，琼斯愣住了。她可不想真的离婚，从某些角度来说，约翰还算是个不错的丈夫。但是，话赶话地到了这儿，她可没有台阶下。她只得说：“我要带走这个家里最贵重的东西！”约翰依然不为所动地说：“随便，你把房子拆走也行！”琼斯哭泣着进卧室去收拾东西，她一边收拾一边哭泣，头脑在飞速运转着，想给自己找个台阶。只见她拎着包抽泣着走出卧室，对约翰说：“还有一件贵重的东西我也要带走！”约翰似乎还没有消气，他说：“请便！”琼斯听到约翰的回答后走到约翰身边，说：“走吧！”约翰不明就里，反问道：“要走的是你，不是我！”琼斯娇嗔地说：“你就是我最贵重的东西，我要把你也带走！”听了琼斯的话，约翰呆住了，过了片刻，他笑了起来，把琼斯拥进自己的怀中。毫无疑问，他们的隔阂消除了，剩下的只有深爱。

琼斯很聪明，面对着自己在盛怒之下说出的“离婚”，她利用幽默巧妙地化解了。可以试想一下，倘若琼斯真的一气之下离开了家，那么她和琼斯的婚姻就不会那么稳固了。其实，很多时候我们都和琼斯一样，说的未必是自己的真心话，却总是言不由衷，因为我们还要顾及自己的面子、自尊心等。倘若我们也有琼斯这样的智慧，也能利用幽默化解危机，那么，我们的生活就会少一些误会，多一些欢笑和幸福。

不管对于男人还是对于女人来说，幽默都是一种必不可少的能力，能够使我们化解尴尬、消除隔阂，使我们的人际关系更加和谐融洽。为了使我们成为一个受欢迎的人，我们应该努力提升自己，使自己成为一个幽默的人！

卡特母亲的回答充满了幽默的力量，闪耀着智慧的光芒，让人不由得折服于她的灵活机智与随机应变。但幽默并不是口头上的功夫，单纯地卖弄嘴皮有时反而会显得浅薄。幽默是一种真正的生活智慧，是一种乐观、积极、永不言弃的人生态度，是上天赐予女人的最珍贵的法宝，只有善良、宽容、豁达的女人才拥有的宝贵的精神力量。

有人说，一个没有幽默感的女人，就如同鲜花没有香味，只有形而无神。而幽默的女人尽管可能并不漂亮，但是她风趣诙谐的语言、嬉笑怒骂的俏皮，都令她活色生香，充满了迷人的魅力。这样的女人走到哪里都是招人喜欢的，因为和她在一起，既可以品味生活的趣味，也可以体验人生的智慧。而这样的女人，无论处在什么样的境地，都充满了韵味与情趣，因为她会笑着体会生活、轻松解决一切难题，最终收获快乐、幸福与成功！

小声说话，让别人用心倾听你

生活中，每个人的脾气秉性都不一样。有的人是慢性子，说起话、走起路来慢慢吞吞，不急不缓；有的人是急性子，说起话、走起路来风风火火，声音能顶破天。大多数急脾气的人都是大嗓门，这是因为他们生怕别人听不清他们所说的话或者对他们所说的话不重视。其实，有理不在声高，很多时候，声音大未必是好事。人都有趋向性，当一个人以足以震破耳膜的分贝在你耳边大喊大叫的时候，你会愿意听吗？如果耳朵有门，恐怕大多数人都会选择关闭耳朵。耳朵的确有门，有一扇看不见的无形的门。了解了这一点，倘若你想让别人倾听你，那么，千万不要大声说话。很多时候，小声说话的效果比大喊大叫好得多。

一个女人，不管脸蛋长得多么漂亮，也不管学识多么渊博，如果总是大喊大叫，人们就会毫不客气地对其冠以“河东狮”“母老虎”的称号。在这些称号的遮蔽下，再美丽再美好的女人也会瞬间失去魔力。那么，聪明的女人们，你们知道自己应该怎么做了吧？

雪绒是一个非常好的女人，不仅聪明能干，而且孝敬公婆，把儿子和老公也照顾得无微不至。不过，雪绒是个急脾气，经常因为一点点小事就对着儿子、老公大喊大叫。尤其是儿子，正好7岁，是个讨狗嫌的年纪，因此，雪绒几乎每天都要对着儿子怒吼几次。虽然雪绒是为了儿子好，例如催促儿子吃饭，催促儿子抓紧时间洗漱早点睡觉，但是，儿子非但不领情，还渐渐地对雪绒不理不睬。

有一天早晨，雪绒不小心起晚了，赶紧喊儿子起床。为了不迟到，雪绒不停地催促儿子“快点穿衣服”“快点吃饭”“快点洗脸”。在雪绒的催促声中，儿子居然不紧不慢地躺到沙发上说要再睡一会儿。面对这样的情形，雪绒急得不得了，索性给了儿子一巴掌。在儿子的哭泣声中，雪绒终于把儿子按时送到了幼儿园。晚上一回家，儿子就向老公告了状，老公等到儿子睡觉后狠狠地说了雪绒一顿。雪绒也很委屈，她不明白自己哪里做错了。老公看着闷闷不乐的雪绒，说："其实，你可以换一种方式。你总是这么大喊大叫，一则孩子会和你学的；二则孩子很有可能以后对你的话就充耳不闻了。你可以想一想，难道你喜欢别人对着你喊叫吗？"听了老公的话，雪绒陷入了沉思。第二天早晨，她刚想大声催促儿子，突然想起老公的话，因此她改用温柔的语气小声说："宝贝，你可以快点儿吗？"儿子看着似乎变了一个人的妈妈，疑惑不解，却还是加快了动作。渐渐地，雪绒改变了自己说话的方式，变大嗓门成小嗓门。奇怪的是，儿子非但没有不听话，反而越来越乖，越来越听雪绒的话了。

常言道，有理不在声高。很多时候，我们总是潜意识地通过提高嗓门来引起别人的注意。殊不知，对于一个听力正常的人而言，大嗓门意味着不尊重，意味着不耐烦。而且，假如我们始终都用大嗓门和别人说话，那么，别人就会对我们的话越来越充耳不闻。

采用逆向思维，要想让别人凝神倾听我们说话，我们不如改变大嗓门的说话习惯，用小声说话。如果对方真的对你说的话很在意，那么他一定会侧耳倾听，不愿意错过每一个字。由此可见，说话的声音不在于大小，而在于你说话的内容。从另一个角度来说，温柔的话语是每一个人都愿意听的，尊重是每一个人都愿意得到的。

微笑，使你如春花般温暖和煦

现代社会，各种功能的化妆品层出不穷，为了追求美丽，女人们费尽心思。然而，时光流逝，一去不返，随之带走的还是女人们曾经美丽的容颜。即使化妆品再怎么具备神奇的魔力，也无法使时间逆转，也无法使女人们青春永驻。那么，有没有一种化妆品能够使女人们即使苍老也能保持魅力呢？也许大家会说："不管花多少钱，都买不到这样的化妆品。"其

实，即使一分钱不花，女人们也能轻松拥有这种具有神奇魔力的化妆品。它不是别的，而是微笑。提到微笑，最经典的莫过于蒙娜丽莎的微笑。她带着充满魅力的、神秘的微笑，就那么静静地站立着，使人不由自主地想要亲近她、靠近她。蒙娜丽莎虽然很美丽，但是她吸引人们的并非是她的美丽，而是她的微笑。

很多人都曾经有过这样的经历，遇到一个陌生人的时候，只要你对着他微笑，他就会情不自禁地也回应你微笑。其实，人和人的交往常常是从一个微笑开始的。即使一句话不说，微笑也能实现人和人之间美好的交流。如果说世界各国之间语言存在着障碍，那么微笑则像音乐一样是无国界的，是没有任何障碍的。那么，对于一个微笑的女人，人们又怎么会不真心地喜欢呢？一个女人，不管她是美还是丑，不管她是年轻还是老迈，只要她带着微笑的妆容，就能够使人亲近，使人欢喜。英国诗人雪莱曾经说：“微笑，是快乐的源泉、仁爱的象征，也是人与人之间亲近的媒介。有了微笑，人类的感情就沟通了。”由此可见，微笑是陌生心灵之间的桥梁，是人与人之间友情的催化剂。女人，请微笑吧，给自己最温暖的妆容！

自从参加工作以后，莉莉就很郁闷。原因是，不知道为什么，公司里的同事似乎都不太喜欢她，尤其是女同事。每次见面，她们总是冷着脸和莉莉打招呼，有的时候，莉莉因为工作的原因需要和她们交涉，她们也总是爱答不理的。每次看到其他女同事在咖啡间里有说有笑的样子，莉莉都觉得自己像是一个外星人降落到地球那样格格不入。

一个偶然的机会，莉莉帮助一个女同事完成了迫在眉睫的工作，才总算有了自己的第一个友好相处的同事。经过一段时间的交往后，莉莉显然已经和那位女同事成了朋友，她们经常一起吃午饭、喝咖啡。莉莉终于忍不住问女同事：“为什么大家都不喜欢我呢？看到我的时候总是很冷漠的样子。”听到莉莉的话，女同事说：“其实，大家的心里也有和你一样的疑问。之前，我们经常在你背后谈论你为什么对大家都冷冰冰的。”莉莉很惊讶，问：“我很冷淡吗？所以大家才对我冷淡？”女同事回答道：

“当然啊！你自己不知道啊！你总是冷着脸，很少笑，再加上你是单位招进来的第一个研究生，所以大家还以为你很高傲，不愿意搭理别人呢！”莉莉听到这里不禁开始反思自己，的确，她之前从没意识到这个问题会给她带来如此大的困扰。她确实很少笑，从来都是这样的，大学的时候，大家都知道她是一个面冷心热的人，然而，现在她已经走入了社会，没有人会有耐心像大学同学一样去了解她的为人秉性。因此，大家都以冷漠来回应她的冷漠。听了女同事的话后，莉莉才恍然大悟。从那一刻开始，她提醒自己要始终保持微笑，见到每一个同事都微笑。日久天长，大家也都开始微笑着对待莉莉，而莉莉呢，在自己的微笑之中，她渐渐变得热情开朗。

微笑具有如此神奇的魔力，它不但使大家开始回应莉莉以微笑，而且使莉莉原本冷漠的性格渐渐变得热情开朗。一个微笑收获的成果，简直使人振奋。对于每一个人而言，要想与别人更加亲近，微笑显然是比一切礼物都更好的惊喜。只要你对别人微笑，也许一次两次别人不会回应你，但是三次四次之后，别人一定会给予你更多更真诚的微笑。和那些昂贵的礼物比起来，微笑无疑是成本最低的礼物，你只需要牵动嘴角的肌肉，给予人发自内心的善意，你的目的就达到了，你与别人之间就有了沟通和友好相处的桥梁。微笑吧，你将具有无穷的魅力！

保持曲线，让自己摇曳生姿

没有人知道高跟鞋是谁发明的，然而，几乎全世界的女人都成为了高跟鞋的追捧着。很多女人宁可节衣缩食，也要为自己买一双双适脚的高跟鞋。曾经有研究者经过研究证实，女人最吸引人的并非是脸蛋，而是身材。那么，身材如何表现呢？除了合体服饰的包裹之外，摇曳生姿的步伐

无疑最能体现女人纤细的腰肢、高挑的双腿和无限的风情。女人走路的姿势是最能体现女人姿态之美的，会走路的女人走起路来简直比眉目传情更能表达自己的神韵。自古以来，无数的文人墨客绞尽脑汁地形容女子美好的走路仪态，例如婀娜多姿、步生莲花、摇曳多姿、弱柳扶风等，这些都是形容女人美好的走路姿态的。这些词语，几乎都满含了创造或者使用这个词语的人们对于女人的怜爱，这种怜爱来自女人美好的姿态。

尽管像男人一样虎虎生风的走路姿势是如今很多中性女人的追求，然而，女人还是应该有着独属于女性的步姿。优雅的女人不管身在何处，也不管面对怎样的情境，都不忘自己步态的美好。她们走起路来非常曼妙，是一道引人注目的风景线。的确，优雅的女人无论何时都十分注意自己的步态，那如莲花般轻轻摇曳的步履，轻盈而又曼妙，无论走到哪里，都是一道靓丽的风景线，更是一幅意味深长的画，抑或一首回味悠长的歌，给人们以无限的美的感受。正是因为知道优雅步姿对自己的重要意义，女人才会前仆后继地成为高跟鞋的狂热追求者。一旦穿上高跟鞋，女人就会情不自禁地挺胸抬头，收紧小腹，表现出典型的S形曲线，使自己走起路来充满女人的韵味。高跟鞋还能增强女人的自信，即使是身材矮小的女性，一旦穿上高跟鞋，也马上信心倍增，觉得自己鹤立鸡群。因此，没有高跟鞋的女人总是缺少了那么些女人味。高跟鞋，是女人鞋柜里永远的主角。

小丫从警校毕业后，被分到派出所工作。因为她为人诚恳，工作任劳任怨，所以没过几年，她就被提拔为副所长。眼看着事业的发展非常顺利，她的个人问题也被提上了日程。一天，正所长非常认真地找她谈话，代表组织关心她，嘱咐她要尽快解决婚姻大事。就这样，小丫无法再逃避了，只得踏上了相亲的征途。其实，小丫长得还是不错的，端正的五官，眉清目秀。但是，她足足相了有十次亲，都没有一个男人看上她。这是为什么呢？不仅那些热心的“媒婆们”很纳闷，小丫自己也很纳闷。

在大学毕业十年的聚会上，小丫终于找到了答案。那天，她因为开会，所以是最后一个赶到聚会地点的，当小丫出现的时候，那些关系比较好的同学全都围到了她的身边。看到小丫还是一身运动服，穿着运动鞋，一个同学不由得起哄道："一看你这样，不用问也知道你变成大龄剩女丁！"小丫纳闷地问："你怎么知道的？"那个同学笑着说："你看看你，还是学生打扮，一点儿女人味都没有。穿着运动鞋，大步流星，哪个男人能追得上你呢？"同学的一句话点醒了小丫，原来，她并不是长得丑，也不是条件太差，只是因为缺少女人味。聚会之后，小丫回家的第一件事就是去买了双高跟鞋。当她第二天穿着高跟鞋去单位上班时，所里的同事们都惊讶地瞪大了眼睛，他们第一次意识到他们的副所长是一个风情的女人。没多久，小丫就找到了自己的幸福归属，这一切都要感谢她买到的整整一鞋柜的高跟鞋。

尽管小丫找到如意郎君未必全都是高跟鞋的功劳，不可否认的一点是，男人们更喜欢风情的女人。当然，这里的男人并非仅仅指恋爱关系的情侣，也包括男同事、男性朋友。试问，谁不想有一个赏心悦目的朋友呢？因此，女人，不仅为了悦己者，也为了自己的工作、生活更加顺利，要使自己成为一个受人欢迎的女人。当然，除了穿高跟鞋之外，女人最重要的是要养成正确地步姿。行走的时候，应该步态轻盈，仪态端庄。眼光要直视前方，胸部要挺起来。要想成为摇曳的垂柳，腰肢一定要柔软，有谁见过僵硬的垂柳呢？女人腰肢的摆动会使看到的人觉得赏心悦目。当然，凡事不能太过，刻意地摇摆腰肢非但不美观，反而有东施效颦的嫌疑，使人心生反感。总而言之，女人应该步态轻盈，这样才能给人以美感，使自己成为一道永不褪色的风景线。

见多识广，使人耳目一新

很多人把漂亮的女人喻为花瓶，尽管花瓶很美丽也很昂贵，但是，这却不是一个善意的比喻。所谓花瓶，无非是外表华贵、腹内空空的代名

词。而且，花瓶是易碎的，经不起锤炼。假如女人成为花瓶，也就意味着女人徒有其表，是地地道道的“绣花枕头”。女人一旦真的成为这样空洞无物的躯壳，一生就很难获得成功。要知道，尽管漂亮的外表能够使人一眼看去心生好感，但是却无法长久地吸引别人。人与人之间的交往绝非“养眼”能够概括的，重要的是心灵与心灵的交流，感情与感情的共鸣，志同道合的人才能走得更长远。也许有人会因为一时的新鲜喜欢漂亮而又空洞的女人，但是，有内涵的人却不愿意喝一杯淡而无味的白开水。他们愿意女人是一本书，让他们用一生去读。和空洞的女人比起来，那些见多识广的女人就像是一杯浓茶，抑或一杯浓郁的咖啡，随着品味的人不同，她们也将变幻出无穷的滋味。因此，女人应该注意修炼自己的内心，丰富自己的内涵，使自己与时代接轨，与社会融合，与人产生心灵的共鸣、思想的碰撞。

大学毕业之后，珠珠应聘进一家世界五百强企业工作。因为企业中人才济济，所以珠珠进入单位后始终默默无闻。她每天都做着重复的工作，但是，她却依然充满希望，努力争取提升自己。她一边在工作中学习，一边利用工作之余开阔视野，或者出去走遍千山万水，或者沉浸在阅读之中，让书本带领自己贯穿古今。日久天长，珠珠简直成了一部百科全书。

在公司的年会上，和那些穿着华贵晚礼服的同事比起来，珠珠就像一个灰姑娘。她很低调地坐在一个角落里，安然地享受着喧嚣的人群和推杯换盏的热闹。突然，一位男士被淡定的珠珠吸引住了。他很纳闷，一般的女孩被如此地冷落，可能早就落荒而逃了，但是珠珠却很淡定，她似乎很享受这样安静地融合在人群中，似乎也不觉得落寞。出于好奇，男士走到珠珠身边，邀请她共舞。男士原本以为珠珠会拒绝，不想，珠珠恬然接受了。在共舞的时候，男士开始尝试着和珠珠聊天。这一聊不要紧，他简直被珠珠吸引住了。这个看似平淡无奇的姑娘视野非常开阔，而且不管谈论什么事情，她都有自己独到的见解，甚至比很多男人都更加深刻。就这样，他们相谈甚欢，整个晚上，男士始终和珠珠在一起。后来，珠珠才知道这位男士是董事长的公子，他们演绎了灰姑娘和白马王子的故事。很多人都不解为什么董事长的公子不与门当户对的高贵的公主结婚，而选择了貌不惊人的珠珠，只有他自己知道珠珠是一本多么耐读的书。

作为董事长的公子，一定见惯了美丽的“公主”，她们或者是花瓶，或者是高傲的不可亲近的，或者是虚荣的。这也就是他为什么对珠珠心动的原因。见多识广的女人总是给人以耳目一新的感觉，很多男人都以为女人是胸大无脑的，他们也常常幻想着能与自己的妻子谈古论今，相谈甚欢。虽然珠珠的容貌并不出众，家世也不显赫，但是珠珠有着充实的内心，有着令董事长的公子怦然心动的地方。如今，男人们不再盲目地追求美丽的女人，他们开始注重自己内心的感受，希望找到灵魂的交流。因此，花瓶式的女人越来越没有市场，内心充实的女人越来越受欢迎。毕竟，美貌只是暂时的，而生活绝不仅仅是初见那么简单。女人应该学会丰富自己的内心、武装自己的大脑，只有这样，才能使自己独具魅力。

第5章 做情调女人，修炼永不褪色的魅力气质

浪漫的女人有着独特的气质，她们如梦似幻，仿佛脱离了人世间的烟火气息。也许有很多女人会说，浪漫需要条件，尤其是物质和金钱的支撑。其实不然。浪漫来自于你的心底，只有心中有了浪漫之光的女人，人生才会丰富多彩，才会流露出永不褪色的魅力气质。

浪漫的女人独具魅力

女人的魅力展现在很多方面，其中，浪漫是最能使人心荡神驰的。说起浪漫，大家都会想起罗曼蒂克的英文词语，更会想起很多浪漫的场景。有小资情调的人也许会想起在烛光摇曳的西餐厅里，一边听着高雅的音乐，一边品尝着鱼子酱配红酒；喜欢融入大自然的人也许会想到，在阳光明媚的春日，背上背包，穿上旅游鞋，和心爱的人一起登山野营，或者也有旅游者觉得在西藏的夜空中躺在地上遥望星空才是浪漫；追求金钱的女人也许会觉得让自己所爱的人一掷千金地为自己买黄金珠宝才是一种浪漫，而追求精神世界的富足的女人可能会认为浪漫很简单，就是和自己所爱的人共吃一碗泡面……就像一千个人眼睛里就有一千个哈姆雷特一样，每个人都有自己对于浪漫独特的理解。不管怎么说，一个女人都应该有自

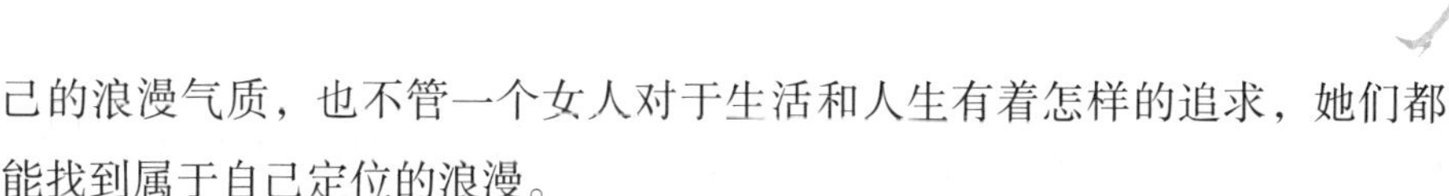

己的浪漫气质，也不管一个女人对于生活和人生有着怎样的追求，她们都能找到属于自己定位的浪漫。

很难想象，一个没有浪漫气质的女人如何面对生活的磨砺。众所周知，生活是残酷的，不会永远那么美好，更不会永远那么浪漫。假如一个女人没有任何浪漫的细胞，那么在生活柴米油盐酱醋茶的琐碎之中，她必然日渐苍老，而且心灵也会渐渐枯萎。浪漫之于女人，就像是水之于鲜花。如果没有水的滋润，鲜花就不会那么娇嫩欲滴，绽放光彩，如果没有浪漫的浸润，女人的人生也必将干枯，趣味索然。由此可见，浪漫对于女人的生活是多么重要。

台湾著名女作家三毛从来不是一个漂亮的女人，然而，她由内而外散发出来的浪漫气质，使她成为了一个独具魅力的美丽女人。在干燥缺水的撒哈拉沙漠中，三毛从来没有抱怨荷西，而是幸福地浪漫地生活着。她似乎与生俱来就有一种能力，即能从平淡无味的生活中品味出浪漫的滋味。她一个人去沙漠里捡骨头、珍奇的石头，她用废弃的汽车轮胎改造坐垫，这可是世界上独一无二的。她还把妈妈从台湾寄给她的粉丝做给荷西吃，并且告诉荷西那是雨。她和当地的女子们都相处得很好，所以得到了她们珍贵的馈赠。她就这样迅速地融入了恶劣的生活环境中，滋润地生活着。这一切，都得感谢她有着一颗浪漫的心。面对两个别人视若无睹的拉车人，三毛会默默地站在一边观看，为他们的本分和善良感动；即使是对于一双希腊式的凉鞋，她也满怀着感恩的心拥有它们，只因为它曾经毫无怨言地陪伴她走过无数的路、去过无数的城市。三毛的浪漫来自于她心底的纯良，对爱的忠贞和感恩。

对于比自己小6岁的荷西，三毛那份至死不渝的爱情更是让人们为之动容。当爱情正值好光景的时候，荷西因潜水意外失去了年轻的生命，对此，三毛痛不欲生地说："他等了我6年，爱恋了我12年，诀别时没有跟我说一声再见。我所有的感情都随荷西去了。"这是一份怎样的浪漫，足以让如今人世间那些充满了物质欲望的爱情无地自容。

对于大多数人都难以忍受的沙漠中贫瘠的生活，三毛毫无怨言地陪

伴在荷西的身边。她不但不以为苦，还写出了闻名世界的撒哈拉沙漠的故事。从三毛的身上我们不难发现，浪漫和物质无关，而在于个人内心的感受。在三毛笔下，沙漠中的陋室变成了充满异域风情的行宫，海角的枯石变成了变化万千的幻景。不是因为三毛经历的生活让我们感动，而是三毛对于生活的感悟和用心使我们觉得感动。

浪漫的女人有着自己独特的美丽，所以，女人们，不要抱怨生活的贫困，也不要抱怨没有足够的金钱供你挥霍。记住，不管什么时候，也不管身处何处，浪漫都来自于你的心底。只有你心底流着浪漫的甘泉，你的人生才会得到浪漫的滋润，你也才会具有独特的魅力。

女人也可以创造婚姻的浪漫

在这个世界上，有两种人，一种是男人，一种是女人。可以说，是男人和女人构成了整个世界。由此，由男人和女人组成的家庭也成了社会的主要构成体。记得一篇和政治有关的文章中说，只有由男人和女人组成的家庭稳定了，这个社会才能稳定。从这句话中不难看出，家庭稳定和谐幸福之于社会的重要性。

对于婚姻的失败或者是不美满，很多女人都把责任归咎于男人不够浪漫。例如，我身边的朋友就经常说“你看，我老公简直是个榆木疙瘩，一点儿都不浪漫。”“你看，人家两口子都经常出去看电影、旅游，我老公只会让我在家里看电视。”“生活太无趣了，都是因为我老公一点儿都不浪漫。”其实，浪漫绝不仅仅是男人的责任。现代社会，尽管女人也走入社会，开始养家糊口，但是从整体方面来看，男人依然承担着主要的养家的重任。相比之下，女人即使工作，也只是起到辅助养家的作用，或者在家里相夫教子，有很多闲暇的时间。在这种情况下，与其等着整日忙于工作的男人浪漫，还不如女人们主动浪漫一把呢。其实，女人在婚姻生活中的浪漫并非是一件复杂的工程，只要是稍微有心的女人就都能做到浪漫地过日子。

单身的时候，丽娜还过着逍遥滋润的生活。她是家里的独生女，父母都有退休金，不用她负担，所以，她自从参加工作，都是自己挣钱自己花。每个月，她都会给自己买时髦的衣服，还经常和朋友一起下馆子吃一些有特色的美食。然而，结了婚之后，丽娜离好日子似乎越来越远了。

丽娜嫁给了自己的大学同学郑强。郑强的老家在农村，父母都是面朝黄土背朝天的农民，过着紧紧巴巴的生活。结婚之后，他们因为工作单位都在上海，所以准备在上海买房。在上海居住过的人都知道，这是一个寸土寸金的地方，大学毕业的年轻人要想在这里买房，该是如何艰难啊！尽管如此，丽娜和郑强借遍了亲戚朋友，凑够了五十万元的首付，还贷款一百万元，买了套五十多平方米的房子。买房之后，他们俩成了地地道道的房奴。后来，丽娜又意外地怀孕了。如此一来，他们的日子就越发捉襟见肘了。不过，尽管日子过得很紧张，丽娜也从来没有后悔和婚前没房没车的郑强走在一起。每个月，他们的每一分钱都要花在刀刃上。虽然如此，丽娜依然把生活过得有滋有味。

一次，郑强的生日到了，丽娜很想给郑强过一个别具特色的生日。想来想去，她想到了一个绝妙的主意。郑强生日的那天清晨，丽娜早早地起床，带着儿子去了花卉市场，为郑强挑选了一支刚刚从南方运过来的娇嫩欲滴的玫瑰。后来，她又派儿子去郑强的工作单位，充当信使把这支代表他们甜美爱情的玫瑰送给了郑强。见到爸爸之后，他们5岁的儿子奶声奶气地说："您好，请问是郑强先生吗？我是爱情永恒鲜花公司的，这是您的爱人丽娜女士给您订的生日玫瑰，象征你们永不凋零的爱情。"听到孩子的这些话，全公司的人都笑喷了，纷纷羡慕郑强有这样一个浪漫的妻子。

事例中的丽娜派5岁的儿子给郑强送鲜花祝贺生日就是一种浪漫。这种浪漫非常便宜，只需要一支鲜嫩欲滴的玫瑰。对于丽娜的表现，郑强一定会一辈子记忆犹新。可想而知，这个难忘的生日一定会让他们的婚姻生活

更加幸福美满，也会使他们在年老的时候依然甜蜜如新。

在婚姻生活中，男人和女人是平等的。不仅仅男人承担着养家糊口的重任，女人也应该主动地为婚姻增添色彩。如果每个女人都能像丽娜一样坦然面对生活的坎坷和挫折，无怨无悔，而且还能用心地为婚姻生活增添浪漫的色彩，那么这个世界上一定会多一些和谐与幸福的家庭，少一些牢骚与抱怨。

情调，拥有“性”福生活的必杀技

曾经有人经过调查证实，爱情就像娇艳的玫瑰一样，保鲜期其实是非常短暂的，这也就注定了婚姻生活的艰难。对于任何女人而言，即使是美丽的女人，都同样面对着为婚姻保鲜的难题。也许有人会说，有爱就能战胜一切。实际上，这是没有真正经历过婚姻的人才会说的。只有真正地和所爱的一起面对生活，人们才能体会到其中的酸甜苦辣。实际上，婚姻牵涉的面是非常广的，至于细节问题，则是更加琐碎。婚姻不仅仅需要爱情，从本质上来说，爱情只是人们打开婚姻大门的钥匙。至于走进婚姻以后体验到的是爱还是苦恼，抑或喜乐参半，每个人都有自己的感受。除了爱情之外，婚姻还有很多琐碎的细节，只有把这些细节做好了，婚姻才能更加和谐幸福。举个最简单的例子而言，民以食为天，假如两个人在一起生活，每顿饭都靠下馆子解决问题，那么这个家一定会缺少家的气息。再举例而言，假如两个人结婚之后都不会做家务，那么，看着乱糟糟的家，还有心情感受生活的美好吗？除去这些方面之外，和爱情相对的，婚姻生活中和爱情一样重要的就是“性”福。

长久以来，人们总是谈性色变，以为只有高尚的不食人间烟火的爱情才是最重要的。殊不知，充满烟火气息的“食色性也”之中的“性”，也是同样重要的。除了那些生理或者心理有问题的人以外，没有任何婚姻能够摆脱性而存在。退一步说，即便存在，也会有不美满不和谐的。如果说爱情是心灵与心灵的碰撞，那么性则是灵与肉的交融。凡夫俗子们，有谁能够真的脱俗呢？在婚姻生活中，聪明的懂得浪漫的女人往往生活得更加幸福，因为她们的浪漫情调是拥有“性”福生活的必杀技。

度过新婚的甜蜜期，艾薇发现她的生活几乎陷入了一个怪圈，那就是她和她的老公李杜自从走进婚姻之门以后，似乎越来越疏远了。刚开始的时候，艾薇根本不知道自己的婚姻为什么刚刚开始就走入了怪圈，后来，闺蜜咪咪的一句无心的话点开了艾薇。

原来，艾薇有洁癖，每次和咪咪一起去吃饭的时候，她总是反复地用随身携带的消毒纸巾擦餐具。这个周末，她和咪咪约好了一起去逛新天地。中午的饭点上，她们便一起在附近的餐馆吃饭。看着艾薇一次又一次地擦餐具，咪咪不由得问她：“你的洁癖这么严重，和李杜在一起的时候只顾着打扫卫生了吧！”尽管咪咪只是无心的一句话，却让艾薇如梦初醒。每次休息日在家的时候，艾薇总是尘垢满面地忙着打扫卫生，而且，李杜只要稍微把她整理的东西弄乱一些，她就会马上气急败坏地说李杜一顿，并且赶紧去把被弄乱的东西复原。就这样，一个美好的周末就在艾薇的牢骚和抱怨中度过。而李杜呢，因为不堪忍受，后来每逢周末的时候就索性躲出家门，自己在外面四处游荡。如此一来，日久天长，他们夫妻间的感情越来越疏远了。和咪咪分手后，艾薇赶紧回家。这次，她没有忙着打扫卫生，而是趁着李杜没回家的时候，把自己好好收拾了一番。而且，她还精心准备了牛排、红酒、鲜花和巧克力，当然，她也没忘记穿上一身性感的内衣。李杜回家之后看着像变了一个人似的艾薇，不由得惊讶万分。然而，在艾薇营造的浪漫氛围中，他很快就进入角色，与艾薇共享了一顿浪漫的烛光晚餐，在温柔乡里缠绵着度过了周末的愉快夜晚。

对于一个全然忘我的打扫卫生的黄脸婆，有哪个男人能提起兴致来呢？再加上这个黄脸婆不断地挑剔你把她刚刚打扫好的家又弄乱了，只怕你会更加兴趣索然。幸好艾薇还够聪明，从咪咪无心的话中反省了自己的

不足，并且很快就弥补了自己的不足，使自己再次激起李杜的性趣。

人们都说婚姻是需要经营的，的确如此。很多女人觉得在家里的时候没有必要打扮自己，因此就满面尘灰烟火色地度过周末。其实，现代人工作日的时候基本都忙于工作，晚上回家之后和爱人相对的时间很短暂，因此，周末是大多数夫妻缠绵悱恻、分秒相伴的时间。这时，聪明的女人一定不会让自己的丈夫性趣索然，而会发挥自己浪漫的能力，为彼此营造一个温柔乡。

浪漫未必只有奢侈才能做到

对于生活，很多人的目标是“财务自由”。看似简单的四个字，却是很难实现的人生“乌托邦”。何谓财务自由呢？按照世俗的思想来理解，就是想花多少钱都有。说到这里，大家应该都知道财务自由是多么至高无上的人生境界了吧。人有很多欲念，所谓财务自由，就是这些欲念的满足丝毫不受金钱的限制。看看那些腰缠万贯的富翁依然不懈地追求金钱，你便知道财务自由的实现是多么艰难。所以，要想真正做到财务自由，首先要合理地控制自己的欲望。只有心里云淡风轻了，人生才能豁然开朗。

当我们对女人提出浪漫生活的理念时，会有很多过日子精打细算的女人说，浪漫，可不是嘴巴上说说的事情，是需要真金白银作为启动资金的。的确，现代生活，几乎干任何事情都离不开钱。然而，这也并不表示浪漫就等于奢侈。其实，很多时候，浪漫只在我们举手投足之间。有些女人觉得收到999朵玫瑰才是浪漫，而有些女人觉得收到一束路边采到的野花是浪漫；有些女人觉得收到珠宝钻石才是浪漫，而有些女人觉得收到一个草编的戒指是浪漫；有些女人觉得在大house里享用烛光晚餐是浪漫，而有些女人觉得和自己心爱的人共吃一碗热汤面是浪漫……总而言之，对于浪漫，每个女人都有自己不同的理解和感受。虽然在金钱和物质支撑下的浪漫显得更加华贵，但是，在用心和感动之间感受到的浪漫则更加历久弥坚。浪漫，既是在一个男人正值好年华的时候嫁给他，更是在一个男人一贫如洗时的陪伴。浪漫，是一杯红酒，更是一碗热汤面；是一份奢华，更是一种相濡以沫的情怀。

张强居然追到了单位里的一枝花——杜薇，这让很多人都大跌眼镜。要知道，张强是来自小山村的大学毕业生，在这个城市里上无寸瓦，下无片土。而杜薇呢？她爸爸是大学里的教授，妈妈是医院的妇科主任。她是独生女，从小就娇生惯养，享受着父母无微不至的照顾，生活方面更是从来没有为钱犯过一次愁。从读大学的时候开始，围在杜薇身边的男孩子就数不胜数，其中不乏高干子弟。然而，杜薇对他们从来都嗤之以鼻，说他们是纨绔子弟。尽管大家都知道杜薇“不食人间烟火”，眼界很高，但是也没有想到她居然会下嫁给张强。其实，只有张强知道自己是凭借什么取胜的。

原来，杜薇从小衣食无忧，根本不为物质而发愁，这就使得她长大之后在选择人生伴侣时也从未把经济条件摆在第一位。那些追求她的高干子弟们，一个个争先恐后地给她送花，送贵重的首饰。这些，杜薇全都不放在眼里。只有张强的追求方式使杜薇感到新奇，甚至非常感动，所以最终才会在感动之余选择嫁给张强。那么，张强是如何追求杜薇的呢？张强没有钱买鲜花，即使有钱，他也舍不得。因此，他周末约杜薇一起去爬山，采了一束阳春三月里的迎春花送给杜薇。看着那嫩黄嫩黄刚刚开放的迎春花，杜薇觉得自己的心里也充满了明媚的阳光。求婚的时候，张强没有钱买昂贵的钻戒，索性，他用他和杜薇一起喝完的易拉罐的指环当戒指，并且许诺杜薇自己将来一定会送给她一个鸽子蛋。这可把那些富家子弟气死了，他们拿来了真金白银，却不如张强送的易拉罐的指环和一个遥远的承诺，偏偏杜薇很喜欢张强的这种浪漫。正是在张强“浪漫”的攻势下，杜薇幸福地与之牵手走进了婚姻的殿堂。

张强虽然没有钱，但是他比那些有钱的富家子弟更浪漫，所以杜薇才会选择嫁给张强。从以上事例中我们不难发现，张强的浪漫花费不了多少

钱，但是他那颗真诚的心却是无价的。在爱情中，只要我们是真心的，是用心的，就一定能够金诚所至，金石为开。

女人们，虽然故事里写的是男人的浪漫，其实道理是一样的。相比之下，女人用自己温柔细腻的心，轻轻叩开男人的感情之门，一定会更需要浪漫。即使走入了婚姻，日渐枯燥的婚姻生活也同样需要女人浪漫地经营。浪漫很简单，也不昂贵，只要我们用心，用情，浪漫就会一直陪伴我们的生活，滋润我们的人生。

女人适时撒娇，男人无法抵挡

自古以来，一提起男人，人们就会自然而然地想到“强悍”“勇猛”等词语。这些词语用在男人身上是褒义词，假如用到女人身上，就成了贬义词。如今，甚至连曾经风靡一时的“女强人”一词也不再是单纯的对女人的夸赞，很多时候，女强人往往意味着缺乏女人味或者过于强势。提起女人，人们想到的是“温柔”“善良”“娇气”等词语。的确，假如一个女人像男人一样勇猛无惧，那么，这个女人就不会是一个有女性魅力的人。也许有些人会觉得“娇气”的女人总是说起话来就发嗲，干起活来就喊累，走起路来也是弱柳扶风，宛如东施效颦。其实不然。女人的娇气指的是娇柔、娇弱和娇媚，根本不同于不能吃苦、说话发嗲、干活喊累，更不同于矫揉造作。所谓撒娇，就是女人用使人怜爱的方式把“娇气”表现出来，从而使强壮威武的男人主动地拜倒在她的石榴裙下。正如有人曾经说过的，男人靠征服世界来成就自己，女人靠征服男人来征服世界。女人的撒娇之于男人，恰恰是那一抹最让男人心驰神往的温柔、性感。假如一个女人不会撒娇，动辄就和男人硬碰硬，那么可想而知这个女人的生活将会多么的僵硬，也必然缺乏情趣。

看过《粉红女郎》的人都知道“万人迷”陈好。和那个处事僵硬、处处和男人一决高下的男人婆比起来，万人迷简直太聪明了。其实，饰演万人迷的陈好在学生时代也是个不折不扣的男人婆。她性格强势，处处不甘愿落后于男人，简直就是现实版的男人婆。在总结了自己为什么读书时候没人追的原因之后，陈好才知道男人喜欢小鸟依人的女人，而不喜欢性格刚毅的女人。了解了这一点之后，陈好学会了撒娇，修炼出了发自骨子里的性感，最终才能成为无数男人的梦中情人。那些占据着得天独厚的条件的女星尚且如此需要撒娇的帮忙，更何况是咱们这些普通而又平凡的女人呢？假如不会撒娇，女人就会失去人生相当一部分的幸福。

撒娇女王非林志玲莫属。其实，细细看来，林志玲并不是绝色美女，也不是性感女神，而只是一个清纯的邻家小妹。但是，她却能够迷倒无数的男人，成为男人心目中的女神。这是为什么呢？原因就是在林志玲不仅爱撒娇，而且会撒娇。

提起林志玲，大家都会想到她的“嗲”。她说话的时候不仅有着天生的娃娃音，而且还在声音里加进了女性的柔媚，使男人一听到她的声音简直骨头都酥软了，根本无力抗拒。其实，林志玲不仅仅用撒娇的方式来对待自己身边的朋友、亲人，而且，她也用撒娇的方式来对付娱乐圈中人人都避之不及的记者。了解娱乐新闻行业的人都知道，娱记简直是最难打发的记者，所以才会被冠以“狗仔队”的美名。每当被记者追问尴尬问题的时候，有些女星或者恼羞成怒，或者避而不谈，只有林志玲聪明地向记者撒娇，使记者根本不好意思像个狗皮膏药似的紧紧贴着她不放，更不忍心故意刁难林志玲。

没有绝美的相貌，也没有火辣的身材，林志玲之所以能够成为无数男人心目中的性感女神，完全得益于她炉火纯青的撒娇本领。其实，男人天生就充满了雄性激素，他们喜欢成为主导，喜欢女人想一泓水一样温柔地荡漾在自己的身边。作为女人，只要能够把撒娇的技能发挥好，就能够为自己的女性魅力加分，就能够为自己的幸福添砖加瓦。面对娇态可掬、性感妩媚的女人，没有任何男人能够抗拒。

最浪漫的事就是和你一起变老

“我能想到最浪漫的事/就是和你一起慢慢变老/一路上收藏点点滴滴的欢笑/留到以后坐着摇椅慢慢聊/我能想到最浪漫的事/就是和你一起慢慢变老/直到我们老得哪儿也去不了/你还依然把我当成手心里的宝。”每次听到这首歌，心里就有暖暖的感动。原来，浪漫是如此的简单，就是什么也不做，默默地陪伴在爱人身边。看似简简单单的一句话，真正去做的时候才知道这其中需要多少的坚持、多少的宽容、多少的体谅。最浪漫的事情就是陪伴在爱人的身边，最浪漫的人生就是与自己所爱的人一起慢慢变老。直到牙齿松动，容颜迟暮，依然能够手牵手地散步，坐在摇椅上一起晒太阳。原来，不是浪漫简单，而是生活的本质原本就如此简单。

和整日忙于工作的男人比起来，女人显然有着更多的浪漫情怀。在婚姻生活中，很多女人都不满于男人的单调乏味。对于女人而言，浪漫似乎是一件比柴米油盐酱醋茶更加重要的事情。于是乎，女人总是在懊恼之余对男人说：“我宁愿粗茶淡饭，也不愿意你每天忙于工作，一天和我说不上十句话。”其实，男人何尝不想留在家中和女人卿卿我我呢！只是，男人太知道了，女人虽然说出了上面的那句话，并不妨碍她们在生活捉襟见肘的时候埋怨男人没出息，不能赚钱养家。因此，女人啊，不要抱怨男人不浪漫，一则浪漫不是男人的专利，女人同样有义务营造婚姻生活中的浪漫；二则浪漫不是水中花镜中月，正所谓巧妇难为无米之炊，假如你每天都为果腹发愁，还有心思抱怨男人不浪漫吗？只怕那时候你一定会拿擀面杖赶着男人出去挣钱，养家糊口。从本质上来说，生活正是如此。或者浪漫，或者单调，或者枯燥，或者乏味，或者甜蜜，或者和谐，也或者是三天一小吵，五天一大吵。等到时光逝去，容颜不再，两个迟暮的老人一起手牵着手散步时，我们才会猛然醒悟，原来我们的一生就是浪漫的，因为我们已经一起变老了。

聪明的女人从不抱怨，因为恋爱时的浪漫是风花雪月，而婚姻中的浪

漫则是执子之手，与子偕老。没有人的生活能够做到不食人间烟火，也没有人的生活能够大大充满了玫瑰、红酒、烛光晚餐、海水沙滩。大多数人的生活都是“你买菜来我做饭、你拖地来我擦窗”，尽管琐碎，却脚踏实地。虽然梦幻的浪漫显得无限美好，但是却总离现实太远，而只有在相爱中一起慢慢变老，才是这个世界上最浪漫的事。

丹丹结婚三年了，虽然还没有孩子的拖累，她却已经厌倦了无聊的婚姻生活。在一次争吵的时候，丹丹对着老公吼道：“我不想每天下班回家就要做饭，我不想每天早晨闹钟一响就要起床，我无法想象有孩子的生活，我不要这样度过自己的一生！”看着丹丹决绝的样子，老公非常痛心地说：“那你想要怎样的生活？过日子不都这样吗？”第二天清早起床后，看着满眼血丝、彻夜未眠的老公，丹丹一狠心，胁迫老公去了民政局，把结婚证换成了离婚证。

离婚之后，丹丹过了一段自由自在的生活。她很庆幸自己恢复了单身，因为这样她就不必为家庭的琐碎事情发愁，也不必担心有孩子的麻烦，更不用朝九晚五地挣工资还月供。她刚刚离婚就去了一趟丽江，想在那里找到最浪漫的爱情。丽江是个不夜城，也是一个最适合艳遇的地方。刚刚三十出头的丹丹俨然是一颗熟透了的樱桃，吸引着那些年轻疯狂的小伙子。很快，丹丹就和一个小伙子坠入了爱河。然而，一夜梦醒之后，她突然发现自己随身携带的钱包、手机、相机、银行卡等东西都消失不见了。正当她恍恍惚惚地行走在街头的时候，一辆汽车冲着她疾驰而来。就在这千钧一发之际，丹丹感到一个人从身后使劲地推了她一下，还听到了一声刺耳的刹车声，然后她就什么都不知道了。

醒来之后，丹丹发现自己在医院里。医生告诉她，她被车撞了，幸亏有人从身后推了她一把，她才能捡回一条命。从医生口中，丹丹知道那个好心人正在重症监护室里还没有清醒。为了谢恩，丹丹坚持拄着拐杖去看救命恩人。在见到恩人的那一刻，丹丹泪如雨下。躺在床上的正是她曾经的老公，现在的前夫。原来，前夫担心丹丹一个人旅行不安全，一直偷偷地陪伴在丹丹左右。看到丹丹失魂落魄的样子，他知道她肯定遇到了难

处，所以更加寸步不离地跟着她，最终从车轮底下救回了丹丹的命。

什么是浪漫，在经历了生死考验之后，丹丹一定深刻地理解了。婚姻不是恋爱，恋爱可以风花雪月，可以不食人间烟火，可以悬浮于世，婚姻却需要我们脚踏实地度过生命中的每一天。丹丹最终会怎么做？不用想大家也会知道，她一直在寻找浪漫，最浪漫的那个人却一直默默地陪伴在她的身边。

浪漫不是嘴巴上说说而已的甜言蜜语，也不是一朝一夕地红酒玫瑰，浪漫是日复一日的柴米油盐酱醋茶，是从不放弃的执手相牵。如果你也在寻找浪漫，如果你也对身边那个最浪漫的人视若无睹，那么从此刻开始，你一定要学会紧紧地牵着他的手，永不放弃。

第6章　做伶俐女人，用才情让气质历久弥香

尽管自古以来，人们就崇尚女子无才便是德。如今社会，却对女人提出了越来越高的要求。女人不仅要像男人一样在社会上打拼，为自己博得一席之地，还要兼顾家庭，为丈夫营造一个温馨浪漫的安乐窝，为孩子筑就一片无风无雨的晴空。这就是现代社会的女人，和古代社会相夫教子的女人比起来，现代女性几乎个个都是女强人。然而，在“强悍”的同时，我们依然不能忘记女人的本色，在娇柔妩媚、小鸟依人之余，我们更要注重自己才情的修养，这样才能拥有更加美好的气质。

做一个有灵性的文艺女青年

何为文艺女青年？对于这个词语，有的人将其用于褒义，有的人将其用于贬义。其实，所谓的文艺女青年，指的是有文艺气质的女性。这种文艺气质，既有其外在的表现，也有其内在的涵养。笼统地说，文艺女青年的穿着打扮并不追求时尚，而是有着自己的特色和原则。她们总是遵从自己的内心去选择衣着服饰，而从来不会为了追求时尚改变自己。例如，最典型的文艺女青年的穿着是一袭颜色寡淡的布裙或者亚麻长裙，脚穿帆

布跑鞋，喜欢看小众电影，喜欢看小资情调的电影或者欣赏大俗若雅的音乐。从内涵来讲，则有些只能意会不能言传的韵味。例如，在众多女星中，美艳的不在少数，然而若说真是有文艺气质的，当数奶茶刘若英和博客女王徐静蕾。在熙熙攘攘的娱乐圈，她们的绯闻很少，从不像其他女星一样想方设法地吸引别人的眼球，而且很淡定地看待名利，从未主动地要火起来，一切都追求顺其自然，恍若不食人间烟火。在大部分中国人都知道的《红楼梦》中，博学多才的薛宝钗算不上有文艺气质，虽然没有饱读诗书但也一句说出“一夜北风紧”的凤姐更没有文艺气质，能够称得上文艺女青年的也就数黛玉和妙玉。至于她们的文艺气质体现在哪里，则很难明确地描述出来。不过，有一点是肯定的，那就是她们都有点儿飘，不那么切合实际，不那么世俗。

要想成为一个有灵性的文艺女青年，最首要的就是不世俗。现代社会，无数人的眼睛都盯着金钱和物质，不管是生活、工作还是关乎一辈子幸福的婚姻大事，似乎都与金钱、物质扯上了千丝万缕的联系。面对一张世俗的嘴脸，有多少男人能油然而生怜香惜玉的浪漫情怀呢？女人，如果聪明，就不会处处为自己斤斤计较。其实，细心的人会发现，女人太强势，往往得不到真正的幸福。她们什么都要靠自己去争取，无形中早已失去了男人的怜爱。即使是在工作中，面对一个时时强势的女人，同事们也会望而却步，至少不会去帮助她，因为她自己什么都能解决，也从不吃亏。写到这里，不由得想起了老祖宗的一句话，吃亏是福。的确，文艺女青年不怕吃亏，她们总是那么浪漫，那么单纯，使人不忍心伤害她们。如果说站在地上的都是世俗之人，飘在天上的都是不食烟火之人，那么文艺女青年则不高不矮地悬浮于世，既不脱离实际，又不盲目地实际。有的时候，生活要想浪漫一些美好一些，还是需要飘的。

丫丫的条件很好，她是独生子女，父母都是大企业的员工，家里的经济生活虽然谈不上大富大贵，但是也相对富足，衣食无忧。正是在父母的用心呵护中，丫丫长成了一个待字闺中的大姑娘。丫丫自己的工作也很好，她是一家报社的副主编。年纪轻轻就靠自己的打拼坐到了副主编的位置，不得不说丫丫的能力还是很强的。不过，虽然如此，丫丫却始终保持着一颗赤子之心。看到身边的女伴们一个个忙着去钓金龟婿，丫丫始终不急不缓。面对父母的再三催促，丫丫总是淡定地说：“别着急，缘分还没到呢！”

周围的亲戚朋友、同事同学都觉得丫丫心气很高，一定会找一个百里挑一的如意郎君。不过，在丫丫公布自己要结婚的消息后，大家都大跌眼镜。原来，丫丫选中了来自贫瘠山村的大学毕业生郑强作为准丈夫。郑强是丫丫的大学校友，他们是毕业以后在工作中认识的。郑强是一家外企的普通职员，无房无车，更没有北京户口。丫丫为什么会选中郑强呢？经过询问，大家都对丫丫的理由不置可否。原来，丫丫说：“有钱有房有什么用啊，爱情才是最重要的。两个人在一起，即使穿着布衣，住着草棚，也会有情饮水饱。相反，住着大别墅，开车豪车，却同床异梦，也没有意思。”大家原本以为靠自己的能力奋斗到副主编位置的丫丫已经看透了人间冷暖，却没有想到丫丫依然像小女孩一样对爱情怀着美好的憧憬。事实证明丫丫的选择是对的，在她的那些嫁给大款的好友忙着离婚之际，丫丫和郑强经过自己的奋斗，不但有了一定的经济基础，也收获了爱情的硕果。如今的丫丫，人人艳羡。

女人一定要明白一个道理，抓到手里的未必就是自己的。现代社会，物质极大丰富，人们的欲望也越来越多，因此，很多女人在选择婚姻的时候往往把金钱放在首位。其实，正如丫丫所说的，爱才是婚姻的基石。如果没有爱情打底，再奢华的婚姻也会摇摇欲坠。丫丫是聪明的，她坚定地选择了自己想要的，并且和郑强一起创造了美好的生活，最终，赢得了爱情和婚姻的双丰收，从而收获了幸福完美的人生。从丫丫身上我们可以得出一个结论，女人千万不要太实际，做一个有灵性的文艺女青年，以一颗赤子之心面对生活，才是聪明之举。

女人的书香气息最是诱惑

如今，随着电子产品的风行，读书的人越来越少了，读书的女人更是凤毛麟角。和之前饱受诗书浸润的知识女性比起来，现代的知识女性尽管多了很多时尚的元素，却越来越缺乏书香气了。其实，不仅仅是知识女性，即使是普通的女性，如果能够多多读书，使自己的身上充满书香气，那么，就会提升自己的气场，使自己变得强大起来。

走在人群川流不息的大街上，满眼都是三星N3、苹果5、Ipad，却很少见到有人手里捧着一本书。电子产品的确很方便，甚至有很多喜欢读书的人如今都已经不再阅读纸质的书籍，而是改读电子书。小小的电子产品在手，里面可以保存很多文字，而不用每天都随身带着一本厚厚的书。不过，真正爱读书的人却知道，电子书是根本没有办法和纸质书籍相提并论的。纸质书籍有一种油墨的清香，和冷冰冰的电子产品截然不同。纸质书籍一页一页地翻过去，会触动我们心灵深处的东西，使我们有一种发自内心的感动。在书籍的浸润中，似乎我们的身上也会由内而外地散发出清香。如果说电子书籍只能在浮躁之中增长我们的见识，那么纸质书籍则能使我们静下心来与自己的心灵对话。所以，聪明的女人从来不会离开书籍的陪伴。去到一个人家里，如果看到她有满满一柜子的书籍，而且不乏很多已经用心读过的，你的内心里就会瞬间觉得这个人的形象很高大。所谓腹有诗书气自华，读书，用书香浸润自己，是任何高档的化妆品、昂贵的服饰都无法给予我们的华贵气质。

不管什么时候，莉娜都是众人的焦点。其实，莉娜本身是很低调的。她是中学教师，按道理来说，虽然是知识分子，也只是小知识分子，和那些大学教授、作家学者根本无法相提并论，但是，莉娜看起来毫不逊色于那些大学者。尽管莉娜长得并不是很漂亮，却也不丑，再加上她那独特的气质，几乎使每个见到她的人都对她留下了深刻的印象。每到聚会的时候，大家都愿意围在莉娜身边，与她交谈。这是为什么呢？原来，莉娜虽然只是大学本科毕业，但是因为她从初中时期就开始大量阅读课外书，这种好习惯她一直坚持到读大学，现在参加工作了，她还是利用业余时间读书。所以，莉娜简直是一个博学多才的人。不管谁和她聊天，也不管说到哪个领域的话题，她都能和人聊得挺合拍。因为博古通今、见多识广，莉娜的心态也越来越好。她淡定平和，和人交谈的时候极少跟人抬杠，总是谦逊有礼，因此，莉娜如此受欢迎也就不足为奇了。

女人靠什么吸引别人？对于这个问题，每个人给出的答案都是不同的。有人说女人一定要有漂亮的脸蛋，有人说女人的身材比脸蛋更重要，有人说女人丑点儿也没关系，一定要会打扮自己。不可否认的是，这些答案都有道理，然而，这些美丽都是不能持久的。随着时间的流逝，再美丽漂亮的女人也会衰老，即使再会打扮自己，衣服也是分人分年纪去穿的。因此，我们不可能依靠外在的装扮让自己美丽一辈子。真正好的办法是提升自己的气质，因为气质是随着岁月的沉淀越来越厚重的，不会衰老，只会历久弥新。气质的提升有很多种办法，其中多读书、读好书无疑是一种最方便易行的办法，也是几乎适用于每个人的办法。所以，女人们，趁着还年轻，要想让自己有魅力，一定要多多读书。与其看那些又臭又长空洞无物的电视剧，还不如读一本有深度有内涵的书呢！

兴趣，使生命鲜活

对于人生而言，最美好、最无忧无虑的年代是少不更事的时候。那时，我们缺了什么少了什么就张口向父母要，根本不操心生活是多么艰难。我们每天都和小伙伴疯玩，大家在一起打打闹闹，分分合合，都没有人往心里去。随着年岁渐长，我们的烦恼也越来越多，先是少年的烦恼，接着是青年的烦恼，然后是最痛苦的中年人的烦恼。然而，不管我们多么

不愿意长大，时间的长河都载着我们流经生命的一站又一站。如何对抗这些生活中的烦心事呢？既然我们无法拒绝，倒不如选择坦然面对。既然一切都是无可回避的，我们就应该想办法使它变得兴趣盎然。当我们每天为了孩子的学费、房子的月供、工作的升迁而心烦时，我们应该想办法排遣自己的负面情绪，使自己经过休整之后依然充满希望与活力地面对生活。有人喜欢唱歌，有人喜欢跳舞，有人喜欢听音乐，有人喜欢看书，有人喜欢四处走走看看，这些都是兴趣。可以说，生活着，每个人都需要兴趣的陪伴，每个人都有自己感兴趣的事情。如果没有兴趣，生活就会变得枯燥乏味，使人厌烦；如果没有兴趣，希望就会渐渐干涸，使人觉得一切都不如结束；如果没有兴趣，等待着太阳的升起又有什么意思呢？

在生命之中，每个人都扮演着很多角色。尽管我们常常大喊要为自己而活，现实情况却是，我们总是为别人活着。我们承担了太多的角色，小时候，我们是儿子、女儿；长大了，我们是妻子、丈夫；有了孩子之后，我们是父亲、母亲；面对老人，我们还要是孝子。随着成长，我们渐渐失去了自己，我们做很多事情首先考虑的都是自己至亲至爱的人。劳累之余，我们也想喘口气，突然发现兴趣才是真正属于自己的享受。沉浸在兴趣之中时，我们会全然忘记劳累，忘记心烦，忘记一切世俗的压力，而只享受着自己的乐趣带来的纯粹的快乐。由此可见，兴趣之于我们的生命是多么重要的调味剂，甚至能够起到支柱的作用。

自从老伴去世，李大妈几乎垮了。原本非常爱打扮的她如今衣着邋遢，似乎再也没有心情打扮自己了。也是，她和老伴相依为伴地过了大半辈子，如今，只剩下她孤零零的一个人守着空荡荡的屋子，心里怎么会不难受呢？看着李大妈茶饭不思的样子，儿女们都很担心。就这样，一年的时间过去了。儿女们看着精神状态丝毫没有好转的李大妈，都急坏了。女儿担心地说："如果再这样下去，要不了两年，咱们就没妈了。"儿子也认可女儿的说法，但是他们都不知道应该怎么办。儿媳妇甚至提议再给李大妈找个老伴，但是，李大妈对已故老伴的感情很深，是不可能接受这个提议的。正在大家纷纷出主意的时候，女婿说：“咦，我记得妈年轻的时候不是喜欢跳舞吗？现在，小区成立了一个老年舞蹈队，要不让妈也去参加吧。”就这样，子女们全都达成了一致，决定让李大妈重拾年轻时代的爱好，从老伴去世的阴影中走出来。

刚开始的时候，李大妈不愿意去跳舞，说老伴刚去世，自己没心情跳舞，也根本不想见人。在子女再三劝说下，她才答应去广场上坐着散散心。很长一段时间，李大妈只是坐在广场上看别人跳舞，根本不动心。然而，时间长了，那些老阿姨们都来拖她一起跳，渐渐地，李大妈跳起来了。退休之前，李大妈就是音乐教师，对舞蹈有着很高的天赋，很快，大家都推选她为老年舞蹈队的队长，她们还承接了一些商业演出，为商场开业之类的活动助兴。日久天长，李大妈越来越开朗了，每天都把自己收拾得利利索索的，带着老伙伴们排练舞蹈，四处演出。

李大妈之所以能从老伴去世的阴影中走出来，完全得益于她的兴趣。兴趣，使一个人充满活力，对生命充满希望。假如没有舞蹈的陪伴，李大妈可能还要很长时间都不想见人，也不想走出家门。时间长了，她的身体和精神都将受到严重的影响。而正是因为有了兴趣的陪伴，她才忘记了痛苦，继续走在人生的大路上。

作为女人，不管是年轻的也好，还是年老的也好，都需要兴趣的陪伴。众所周知，女人在家庭上付出的时间比男人多得多，承担着大部分琐碎的家务事，还担负着养育子女、赡养老人的重任，因此，女人总是更容易焦虑，更容易烦躁。在女人觉得心绪烦乱的时候，假如能够静下心来做一做自己感兴趣的事情，或者绘画，或者唱歌，或者跳舞，或者刺绣，或者和朋友一起唱歌、踏青，一定能使女人暂时从生活的重压之下解脱出来，彻底地放松一番。如此一来，女人又会充满活力，充满希望，充满干劲，生命也必然更加鲜活。

拥有充实的内心才能坦然淡定

在凡事都进入方便面时代的今天，一切都变得越来越虚浮。人们的生活节奏越来越快，每天早晨都以军人般的速度起床，飞快地洗脸刷牙、穿衣打扮，然后踩着高跟鞋在拥挤的人群中穿梭，在公交车和地铁上与人肉搏。我们忙着干什么？忙着工作，忙着约会，忙着生活，忙着谈恋爱，忙着步入婚姻，忙着生子，忙来忙去，我们突然有一天觉得不知道自己在忙什么，更不知道自己从忙碌的生活中得到了什么。这是为什么呢？只是因为我们忙着跟风，却忘记了充实自己的内心，忘记了问问自己想要的到底是什么。因为跟风，我们变得忙乱不堪。看到别人家买房了，我们也要买；看着别人家换了一辆好车，我们也马上开始换车；看着别人的孩子进了贵族学校，我们似乎感觉不换学校就像低人一等；看着别人出国旅游了，我们借钱也要出去溜达一圈……我们内心的欲望太多了，被欲望塞满了的内心变得越来越空虚。和这些忙碌的人比起来，有些人则显得很淡定。不管世界如何争分夺秒地进步，也不管社会是多么的浮华，他们始终固守着别人眼中的清贫，安然地过着属于自己的日子。他们不会追求大房子，也不羡慕别人有好车，更不会盲目地把孩子送入贵族学校，他们坚信，一切都在自己的掌握之中，只要自己的内心安静，便没有什么能够扰乱他们。他们为什么能够如此坦然淡定呢？因为他们拥有充实的内心。内心充实了，欲望便无处存身，便少了。

众所周知，欲望是无底的深渊。尤其是在物质极大丰富的现代社会，人们想要得到的东西简直太多太多了。只有在生命受到威胁的时候，那些曾经被欲望驱使着不断奔命的人们才知道，原来只有生命和亲人才是最重要的。如果真的等到明白这一切，可就太迟了。很多人都想不明白这个问题，所以才会有了年轻的时候豁出命去挣钱，年老了的时候拿钱买命的说法。其实，生命就是一个圆，转了一圈之后，我们才会发现自己又回到了原点。所以，要想拥有幸福的生活，要想坦然淡定，女人们首先要做的就

是充实自己的内心。内心充实的人较少受到诱惑，也能够想明白很多问题，因此很少会犯一时糊涂的错误，因为欲望和诱惑对于她们而言都是相对较少的。

乔乔是一家科研机构的化验员。清闲的工作使她和她的同事每天都把大量的时间用于谈家庭，谈孩子，谈丈夫，谈吃穿。长此以往，她们之间的攀比简直成了风气。她们比谁嫁的老公好，比谁家孩子更优秀，比谁穿的衣服时髦，比谁的珠宝首饰多。和其他两个同事比起来，乔乔的家庭经济条件相对差一些。因为那两位的老公都是经商的，乔乔的老公只是一个普普通通的中学教师。虽然如此，乔乔可不甘落后，不管哪个同事穿了件新衣服上班，乔乔一下班就也会去买件新衣服。一次，有个同事戴了一条时下最流行的紫金项链，乔乔回家之后赶紧把存折翻出来，准备去取钱买条项链。看到乔乔的表现，老公不解地说："日子是自己的，为什么一定要和别人攀比呢？"乔乔反驳老公："日子是自己的，脸也是自己的。我可不能不要这张脸啊！"听了乔乔的话，老公无奈地摇了摇头。

一天早晨，乔乔早早地就到了单位，正在她打扫卫生的时候，突然听到楼下有很多人在说话。她探出头去一看，心里就像打翻了五味瓶，五味杂陈。原来，和她一个办公室的小张开了一辆科鲁兹来上班。耀眼的红色，在阳光下泛着刺眼的光芒。看着大家都在恭维小张，乔乔心里难受极了。然而，她知道以自己的家庭条件是不可能买十几万的车的。毕竟，在这个小小的县城，骑着自行车半个小时就能转一圈，车真的不是老百姓用得着的，更不是老百姓买得起的。如此过去了三四天，乔乔心里依然没有恢复平静。每当听到楼下的车响，看到门卫专程给小张打开大门，乔乔的心里就像撒了盐。就因为买了车，门卫还得专门给小张开门，这待遇不是和她们的所长齐平了嘛！终于，那天晚上乔乔回家和她老公说了买车的事情，乔乔的话还没说完，她老公就着急地说："你天天和别人攀比，买衣服，买首饰，我都没有反对过。但是买车你就别想了，单位离咱们家就两站地，公交车七八分钟的事情，有必要买车吗？况且，咱们也没有钱买车！"听了老公的话，乔乔不吱声了。她知道老公说的都是实情，但是她

心里就像长了草，怎么也不舒服。而且，因为买不起车，她对自己的老公也越来越看不顺眼了，常常责怪老公没本事。渐渐地，她与老公之间的距离越来越远，她们家里的欢笑也越来越少了。

一天上班，乔乔发现小张正坐在办公室里哭，脸上还有好几块淤青。经过询问，乔乔才知道小张的老公在外面养了个情妇，正式向小张提出了离婚。那一刻，乔乔突然意识到了自己的生活是多么幸福。从此以后，她再也不羡慕那些老公有钱的女人了。她知道，一家人平平安安地守在一起，不抛弃，不放弃，就是一种幸福。乔乔不再把生活的重心放在和别人攀比上，而是利用业余时间报名参加在职研究生的学习，准备考研，给孩子和家庭创造更好的生活条件。如今，她的生活很充实，心灵也很充实，幸福更是沉甸甸的。

如果不是及时悔悟，乔乔也许一直会活在别人的阴影之下。而在了解了什么才是生命中最重要的之后，她才能坦然地享受这份平实安乐的生活。作为女人，我们同样应该充实自己的心灵，只有内心充实了，我们才不会盲目跟风，盲目攀比。正如乔乔的老公说的“日子是自己的，为什么要和别人攀比呢？”我们只需要坚守自己的心灵，享受属于自己的幸福就好。

欣赏音乐，让心灵更充实

各个国家的人交流时，常常因为语言不通产生障碍。然而，在音乐的国度里，却没有国界。不管你与美国人、德国人还是法国人一起听音乐，大家都会产生共鸣。所以，如果你没有掌握一个国家的语言而想与那个国家的人交流，与其指手画脚地比画，不如请他一起去听一场音乐会。在音乐的海洋里，每个人都可以自由地游弋。作为女人，在提升自己各方面素质的同时，要想使自己更提高一个档次，就要学会欣赏音乐，尤其是那些世界经典的名曲。

音乐既可以高雅也可以平俗，既能登上大雅之堂，也能入得寻常百姓的家。不懂得音乐的人往往有着莫大的遗憾，因为，音乐能够与我们的心灵产生共鸣。不懂音乐，你的心灵就少了一位知音。高山流水的故事大家都知道，因为一首曲子，成就了一个永世流传的知音故事。生活中，每个人都想觅得知音，每个人都想找到能与自己心灵共通的人，要想实现这一点，音乐是不可或缺的桥梁。不管是与同一个国家的陌生人之间，还是与其他国家的人之间，音乐都能为我们架起一座畅通无阻的桥梁。

琳达找了一个法国丈夫，看着她从普罗旺斯发来的站在薰衣草海洋中照的照片，朋友们简直羡慕妒忌恨了。还有法国的古堡，大家都觉得琳达进入了浪漫唯美的童话世界。说起琳达和丈夫保罗相遇相识相知的经过，大家都觉得是一个传奇，一个音乐为媒的传奇。

原来，琳达是在音乐会上认识保罗的。他们都喜欢舒伯特，所以才有缘分在一个著名音乐家的音乐会上比邻而坐。听着舒伯特的摇篮曲，琳达情不自禁地想起了家里的老妈妈，因此情不自禁地流下了感动的泪水。看着在自己身边默默流泪的琳达，保罗的心软了。独在中国，他很了解身在异乡的琳达对母亲的思念之情。音乐会散场之后，保罗邀请琳达一起喝咖啡，就这样，他们再次约定一起听音乐会。如此一来二去，琳达和保罗之间越来越熟悉，也更加了解对方。虽然他们并不通晓对方国家的语言，但是他们都是感情细腻的人，常常会因为一首曲子触动心弦，或哭或笑，就像着了魔一样。为着音乐，为着一起哭一起笑，他们互相学习语言，最终走到了一起。事实证明，他们不仅在音乐世界里心灵契合，在生活中也同样志同道合。对于他们的异国恋情，父母和亲戚朋友原本都不太看好，然而，看到结婚之后的琳达那么幸福，大家都默默地祝福他们。

如果没有音乐牵线搭桥，不会法语的琳达和不会汉语的保罗很难进行交流，也根本不会走到一起。如果真的是那样，错过了这样一段好姻缘，那真是太可惜了。幸运的是，音乐使他们在无法进行语言沟通的时候就已

经产生了心灵的共鸣，所以他们才会有机会再次相约一起听音乐会，才会给彼此时间学会对方的语言，更加顺畅地交流。

作为女性，如果学会欣赏音乐，一定会使自己的心灵更加充实，也能帮助自己结交更多的朋友。音乐是一门语言，它比世界普通话英语的使用范围更加广泛。既然如此，你还等什么呢？

女人用手写己心，享受文字的魅力

现代社会，口才好的女人越来越多。不管人前人后，她们总是口若悬河，滔滔不绝。其实，未必是她们想说话，而是她们不得不表现自己，与人沟通。的确，如今已经步入信息时代，信息的传递靠什么？靠互联网上的文字，也靠人们的口口相传。以前，人们常常用茶壶里煮饺子来形容木讷的人，虽然他们的内心有很多话想说出来，但是却不知道如何表达。现在，几乎每个人都意识到与人沟通的重要性，甚至在孩子很小的时候，父母就会有意识地锻炼孩子的语言表达能力和与人交往的能力。比起说话来，通过文字与人交流显然就慢多了。说话的时候人们大脑的思考非常迅速，其中不乏很多话都是不假思索地说出来的。相比之下，如果想写一些东西出来，则要更多地经过大脑的过滤，细细琢磨。记得在学生时代，很多同学都热衷于写日记。每当用心地在日记本上写着自己的喜怒哀乐，我们也同时进行了深刻地自我反思。从本质上来说，日记其实是在与自己的心灵对话。如今呢？没有人有耐心写日记了，我们学会了发微博，学会了发微信，随时随地地把自己看到的、听到的发到网络上与人共享。那么，那些不能说与人听的心事呢？我们选择了在忙碌之余淡忘。的确，生活越来越忙碌，我们不知不觉间就淡忘了很多事情。

和那些口若悬河的女人比起来，会书写自己内心的女人显得更加内敛。她们似乎不会一套一套地说，但是，她们会一笔一笔地写。因为写就的沉稳，所以，她们在说话的时候也不会大急大燥，而是慢言慢语。其实，说话未必是越多越好，只要说到点子上，一句话也能产生大作用。而且，说话也未必是声音越大越好，很多时候，语气温和地说比大声地喊出来有更好的效果。聪明的女人不会大声，也不会喋喋不休。古人云，一字千金。尽管有人未必能够做到一字千金，也不能变成说话不值钱的话痨。在很多人眼中，能够书写内心的女人往往是有才情的。她们内心安静，心灵平和，总是有着更多的细腻，更用心地对待自己和别人，看世界的眼睛也更加清澈纯净。所以，女人，要想使自己显得与众不同，要想善待自己的心灵，不如时时写写自己的心，使自己具备别样的魅力。

王晶很喜欢那个高高大大的男孩，然而，她却从来不敢说。他是学校所有女生的梦中情人，围绕在他身边的不乏美丽的女孩子，其中还有很多家世显赫的富家女、高干女。像王晶这样出自贫寒家庭、衣着简朴的女孩，怎么能入他的眼呢？然而，喜欢就是喜欢，尤其是对于情窦初开的女孩而言，想要控制自己的感情几乎是不可能的。于是乎，王晶就把自己对他的爱慕写到了日记里。几乎每天，王晶都会为他写一篇日记。在日记里，记载着王晶所了解的他的点点滴滴，也记载着王晶丝丝缕缕的初恋情怀。王晶的闺密看到王晶如此地着迷，不由得奉劝王晶勇敢表白，毕竟争取了就有一线机会，不争取就什么机会也没有。看着王晶为难的样子，闺密突然想出了一个好主意，即把王晶的日记送给他看，让这份少女的纯情打动他的心。王晶虽然很忐忑，不知道这到底是不是个好主意，但一时没有更好的办法，只好默许了。为了保护王晶，闺密自己承担了这件事情，装作瞒着王晶偷偷地把日记拿给他看。

看到日记之后，男孩被震撼了。虽然围绕在他身边的女孩子很多，但是那些女孩子都看上了他的高大帅，而没有一个女孩子如此用心地关注他的一举一动，喜怒哀乐。很多事情，他自己都没有留意，而全都在王晶的字句之间。从那娟秀而又刚健的字体里，他似乎看到了王晶温柔而又刚强的内心。看完日记之后，他迫不及待地想要找到这个女孩，和她更多地接触，加深了解。由此，他开始了追求王晶的历程。

长相平平、家境贫寒的王晶之所以能够吸引高大帅的男孩，就是因为她的文字赋予了她独特的魅力。和那些咋咋呼呼的女孩比起来，时常书写的女孩有一份文静内敛的美，也更有一份与众不同的魅力。作为女性，我们应该学会安静地书写，安静地面对和反思自身，这样，我们才能变得独特。

第7章　做“味道”女人，培养吸引男人的气质资本

女人味到底是一种怎样的味道呢？对于这个问题，不仅每个男人有着自己的偏好，每个女人自身也有着不同的定义标准。富于女人味的女人，虽然内心精明干练，但却从来不生扛起所有的问题。她们知道发挥自己的优势，使自己生活得更加幸福快乐。一个女人再怎么能干，也只能得到男人的敬佩。而只有富于女人味的女人，才能得到男人的喜爱、追求和怜惜。女人要想通过男人拥有整个世界，就一定要有打动男人的性感气质——女人味。

柔情似水的女人最美丽

除了生理的不同之外，女人与男人最大的区别是什么？有人说是声音，是性格，是胆小，是需要别人保护的内心……这些答案都各有各的道理，却不完全正确。实际上，女人区别于男人的是温柔。尽管男人也可以温柔，甚至有些男人温柔起来比女人更加温柔，但是女人身上最吸引男人的特质仍然是温柔。女人温柔起来就像和煦的春风，使人感到慵懒而又放松；又像是清澈的淙淙溪水，使人感到无比的清凉；更像是寒冷冬日中的一团烈焰，给人以无限的温暖。总之，女人的温柔有着神奇的魔力，温柔

女人的似水柔情简直能融化所有男人的心。

即使一个女人费尽心机地打扮自己，有着美丽的容貌，穿着最时尚性感的服饰，但是如果这个女人不够温柔，那么她所做的一切努力都将付诸东流。尽管美丽的外貌能够一时地吸引男人，时尚穿着也能暂时引来很多眼球，但是长久地交往之后，能够永葆女人魅力的只有柔情，男人最无法抗拒的也是女人的柔情。其实，不仅仅男人需要女人的柔情，很多时候，家人、朋友、同事也同样希望看到女人的柔情。很多单位在招聘的时候，有些职位之所以特意注明招聘女性，正是因为女人有着似水的柔情，更适合处理一些细致的工作。总而言之，作为女人，不管再怎么能干，也不能摒弃自己的本质，时刻保持着柔情。这样，女人才能抵御时光的无情伤害，永远美丽，充满魅力。

大米和林子已经结婚七年了。在身边的朋友都因为七年之痒而不停地"挠痒痒"的时候，他们依然甜甜蜜蜜。对于这一点，大家都很想一探究竟。要知道，林子是火爆脾气，大米的性格却很软弱。按照大家的设想，这两个人在一起肯定是痛并快乐着，大米也一定对林子言听计从。然而，事实恰恰相反。结婚这么长时间了，几乎大小事情都是林子听大米的。最让人惊讶的是，大米总是有办法让盛怒之下的林子回归温柔。

一次，几个处得好的朋友在一起吃饭，大家都调侃大米，问她有何驭夫之道，能让林子对她服服帖帖。大米羞涩地笑了，推辞说："你们就拿我开涮吧，就是过日子嘛，哪里有什么道不道的。"看到妻子害羞的样子，林子说："呵呵，我是钢，大米是水。钢与钢在一起会碰撞，磕出豁口，但是钢对水却一点办法没有，只能任由水包围自己。"听了林子的话，大家恍然大悟，原来，大米柔弱的性格根本拧不过火爆、倔强脾气的林子，所以，她就选择了用似水的柔情熔化这块百炼钢。

生活是琐碎的，远远没有我们在恋爱时设想的那么浪漫甜蜜。当我们的爱情遭遇柴米油盐酱醋茶的磨砺时，你是选择向生活妥协，变成一个婆婆妈妈的泼妇，还是选择坚持自己内心的温柔，使生活也变得充满柔情？想必聪明的女人都能做出自己的选择。

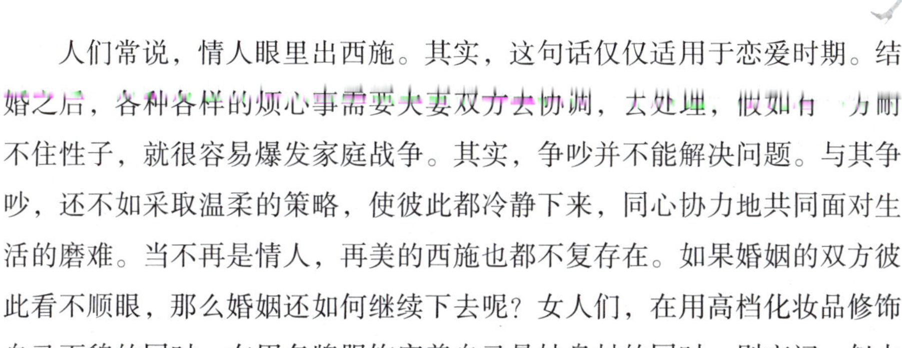

人们常说，情人眼里出西施。其实，这句话仅仅适用于恋爱时期。结婚之后，各种各样的烦心事需要夫妻双方去协调，去处理，假如有一方耐不住性子，就很容易爆发家庭战争。其实，争吵并不能解决问题。与其争吵，还不如采取温柔的策略，使彼此都冷静下来，同心协力地共同面对生活的磨难。当不再是情人，再美的西施也都不复存在。如果婚姻的双方彼此看不顺眼，那么婚姻还如何继续下去呢？女人们，在用高档化妆品修饰自己面貌的同时，在用名牌服饰完善自己曼妙身材的同时，别忘记，似水的柔情才是你们在爱人眼中永不褪色的妆容。

女人楚楚可怜，分外娇羞惹人爱

如果你是男人，我很想问：“面对一个强悍的同类，你会产生保护他的欲望吗？”只怕你非但不会想保护他，反而视他为自己需要防范的敌人。那么，如果你是男人，我还想问你：“面对一个楚楚可怜的女人，你会产生保护她的欲望吗？”大多数绅士的男人都会给出肯定的答案，这是因为，男人天生就有着保护女人的本能和意识。即使是在国际社会上，在残酷的战争之中，女人和孩子也是受到保护的对象。更何况是彼此相爱的人呢？一个男人，看着自己心爱的女人楚楚可怜的样子，怎么会不倾尽全力地保护她呢？

也许有人会说，通过装可怜来博取别人的同情太可耻了，一点儿都不光荣。其实，我们必须搞明白一个问题，即女人楚楚可怜并不是装可怜。装可怜的女人是在乞讨，而楚楚可怜的女人是在吸引，在魅惑，以便让男人主动地保护自己，怜爱自己。这样的女人，非但没有失去尊严，反而提高了自己在男人心目中的地位。

朱莉的性格从小就像男孩子，总是大大咧咧，遇到事情就自己想办

法解决，谁也不靠。读大学之后，朱莉几乎很少有女性朋友，因为她和男生是哥们。这种性格一旦形成就很难改变，结婚之后，朱莉依然是这样。蜜月期时，她与丈夫卿卿我我，倒也相安无事。眼看着结婚的时间越来越长，他们之间的问题也渐渐浮出了水面。发展到最后，他们经常为一些小事吵架，眼看着日子都没法过了。

其实，困扰他们的并非是什么了不起的问题，而是一些琐碎的小事。例如，朱莉单身的时候什么事情都靠自己做，结婚以后，她依然是这样的。有些她做不来的事情，她就会安排老公做。刚刚，她还在给老公下达命令："明亮，你赶紧去把灯泡换了。""明亮，大葱辣我的眼睛，你赶紧去把葱切碎了。""咱们明天去我爸妈家吧，他们想我们了。"……像这样语气的命令，朱莉一天要下达好几遍。日久天长，明亮非常反感，开始对朱莉不理不睬，由此，他们就爆发了争吵，甚至是战争。

一次回娘家，朱莉安排明亮擦油烟机。听到朱莉的语气，妈妈不由得皱了皱眉头。趁着明亮在厨房擦油烟机的工夫，妈妈责备朱莉："你怎么那样和明亮说话呢？就像使唤下人一样。"朱莉不以为意地说："都是一家人了，不这么说怎么说啊！难道还要说'请'啊，那多外道！"妈妈哭笑不得地说："你这个孩子，从小就这样，像个男孩子。但是，一个家里怎么可能有两个大男人呢！你应该学会求助，学会示弱，学会楚楚可怜啊！那样，明亮才会心甘情愿地帮你，而不会因为被你命令感到不高兴。"朱莉还是不明白，她问妈妈："难道我应该求他吗？"妈妈说："当然不用求，不过，你可以换一种说法。例如，你不要说'明亮，赶紧去把抽油烟机擦擦'，而应该说'明亮，抽油烟机太高了，我够不到，怎么办呢？'这样，不用你下命令，明亮主动就会帮你擦了，而且还会很高兴。"朱莉对妈妈的话半信半疑，不过，鉴于她经常因为小事和明亮吵架，所以她决定试试。

晚上回到自己家，朱莉做饭的时候削冬瓜皮，不小心把手指弄破了，她正准备喊明亮来接着削皮，突然想起妈妈的话，因此柔声细气地喊道："哎呦，疼死我啦！老公，你赶紧来帮帮我吧！"明亮听到朱莉的话，赶紧跑到厨房，看到朱莉正捂着手指眼泪汪汪地站在那里。明亮问朱莉怎么了，朱莉说：“老公，我的手被刀拉破了。麻烦你帮我找个创可贴贴上吧，我还得继续做饭呢！”听了朱莉的话，老公自告奋勇地说：“你去歇着吧，我来做饭。”看着自告奋勇围上围裙钻进厨房忙活的明亮，朱莉暗暗想道：妈妈的办法可真管用啊！

面对一个强势的女人，男人很难被激气保护的欲望。而面对一个楚楚可怜的女人，男人心底里会油然生出一股柔情。事例中的朱莉总是习惯用命令的语气安排明亮干这干那，殊不知，男人最讨厌的就是被命令，尤其是被女人命令。幸好，朱莉的妈妈一语点醒梦中人，使朱莉及时地改变了方式方法，想必她与明亮未来的婚姻生活一定会越来越好。

娇羞，男人无法抗拒的魅力

从某种意义上来说，一个不会害羞的女人几乎称不上是一个真正的女人。尽管很多女人在害羞的时候都希望不被别人发现，但是，害羞却是一种很美好的神态。对于女人而言，如果在害羞的时候再加上一份份的娇柔，那么，她会更加吸引别人，展现自己的无穷魅力。

“最是那一低头的温柔/像一朵水莲花不胜凉风的娇羞。”这是徐志摩《沙扬娜拉——赠日本女郎》中的一句诗，传神地说出了东方女性的娇羞之态。对于娇羞，老舍先生也曾经说过：“一个女子的脸红胜过一大片话。”在世人眼中，在女人众多的魅力之中，娇羞是不可缺少的一项。娇羞的刹那，女人往往有着甜蜜的慌乱，心脏也像小鹿一般在胸腔里碰撞，脸上还会漾上晚霞一般的红晕，使看到的人怦然心动，油然而生无限爱恋。所谓娇羞，是含蓄的美丽，是蕴藉的柔情。一个女人如果仅仅拥有漂亮的容貌，曼妙的身材，未必能够使人心动，而如果再加上娇羞的神态和

内敛的性格，那么，她一定能够使人被她所吸引。德国思想家、哲学家康德曾经如此描述娇羞："羞涩是大自然的某种秘密，用来抑制放纵的欲望。它顺其自然地召唤，但永远同善同德并和谐一致。"从这句话中我们不难看出，张扬的女性很少受到娇羞的眷顾，只有温柔、善良、谦卑的女性才能闪耀娇羞的光芒。可以说，娇羞不仅仅是一种美的绽放，也是一种美好品德的表现。

随着《罗兰小语》的畅销，台湾女作家罗兰也为无数人所熟知。《罗兰小语》就如涓涓细流，给人们的心灵带来清凉的滋润和温情的感动，也使人们的内心受到极大的震撼和彻悟。不过，大家很难想象，作为一位蜚声海内外的著名女作家，罗兰居然非常羞涩。

一次，记者采访已经86岁高龄的罗兰，在被问及年龄的时候，罗兰居然如同少女一样满脸红霞。她柔声细气地叮嘱记者："年龄可是我的隐私，你可千万不要提哦！"这样的一句话，再加上罗兰娇羞的神态，使记者恍惚觉得自己面对的并不是86岁高龄的老太太，而是一个情窦初开的少女。后来，摄影师准备为罗兰拍照，罗兰赶紧站到镜子前，仔细地整理自己的衣服，并且羞涩地问身边的人："我这样行吗？"在别人的肯定声中，罗兰就像纯情少女一样绽放出甜美的、略带羞涩的微笑。

在传统的封建思想下，大多数女人都很害羞，几乎不能面对除了家人之外的男人。这样的羞涩显然有些过分。随着社会的发展，女人们越来越开放，开始步入社会，和男人们一起工作，平起平坐。所以，渐渐地，很多开放的女性觉得羞涩是一种小家子气的表现，自然也就无从谈起娇羞了。其实，这是一种矫枉过正的思想。不管时代如何发展，不管社会如何进步，女人都应该具有娇羞的美。和那些开放的女性比起来，娇羞的女人具有永恒的诱惑力。

试想如果你是男人，难道你愿意整天面对着一个和自己一样强悍霸道的女人吗？虽然男人们在一起的时候愿意海阔天空地闲聊，但是男人却不想面对一个满嘴跑火车的女人。不管怎样，男人就应该像男人，女人就应该像女人，男人和女人有所区别，这个世界才会更加精彩。

秀色可餐的女人最吸引人

前面的文章里，我们着重地强调了女人的内在美。在这篇中，我们要来说一说外在的美。虽然内在美是很重要的，但是外在美也是很重要的。尽管我们提倡内在美，却没有必要排斥外在美。倘若内在美与外在美能统一起来，那该是多么美好的一件事情啊！

提起外在美，有人马上会想到猩红的嘴唇、满头的卷发、像面粉一样白的脸庞、长长的假睫毛，甚至还会有人想到隆胸、隆鼻、割双眼线等。其实，美丽虽然需要装饰，也未必需要如此大费周章。美丽既可以清水出芙蓉，天然去雕饰，也可以精雕细琢，全在于个人的追求。美丽也分很多种，并没有一个统一的标准。清纯是一种美，可爱是一种美，成熟是一种美，妖艳也是一种美。对于美，每个人都有自己的定义。笼统地来说，只要把自己打扮得秀色可餐，就算达到了目的。何为秀色可餐呢？就是说美丽就像是美味一样，让人恨不得一口吃到肚子里。中国的汉字真是博大精深，短短的四个字就微妙传神地形容出了极致的美丽。

子诺和林峰是大学同学，大学毕业后，他们又恋爱了三年，最终走入了婚姻的殿堂。在他们班，子诺和林峰是唯一修成正果的一对恋人，因此，同学们都对他们的婚姻寄予了厚望，希望他们能够成为初恋白头到老的典范。

然而，让大家大跌眼镜的是，在毕业十年同学聚会上，就传出他们要离婚的消息。对于这个消息，子诺的好友雅倩赶紧去找子诺证实消息。子诺表示他们的婚姻确实出现了问题，不过，还没有走到离婚的那一步。其实，如今是否离婚完全取决于子诺，因为出轨的林峰还是不想离婚的。看到子诺痛苦的样子，雅倩问她是否真的想离婚，子诺摇了摇头。看到子诺还想挽回婚姻，雅倩真诚地劝子诺：“子诺，咱俩从大学时起就是好朋友，所以，有些话别人不好直接对你说，就该由我说出来。虽然林峰出轨伤害了你，但是你也应该反省自己。你看，自从有了孩子之后，你就辞职在家当起了家庭主妇。虽然分工不同，谁也不能低看谁一眼，但是长久地

脱离社会使你越来越跟不上潮流。你看看你，你读大学的时候多么时髦啊，简直就是咱们班的风向标，女同学穿衣打扮都模仿你。你再看看你现在，再看看在座的女生。你总觉得自己在家里不需要刻意打扮，时间长了，你全然没有发现自己已经变成黄脸婆了。你想想，和那些年轻漂亮的摩登女郎比起来，你还有什么竞争力呢？男人都一样，都是喜欢吃腥的猫，只要有机会，有几个男人是坐怀不乱的柳下惠呢？”听了雅倩的一番话，子诺才猛然意识到自己的欠缺。的确，婚姻的问题不是单纯哪一方造成的。虽然她辞职在家是为家庭做出牺牲，但是林峰的感动和感激只是一时的，哪里会天天挂在心上呢？

参加完同学聚会后，经过一番权衡，子诺决定把孩子送去幼儿园，自己则专门留出一段时间每天健身美容，内外兼修。一切准备妥当之后，她又找了份离家近的工作。一年之后，全新的子诺诞生了，她画着精致的淡妆，穿着得体的服装，一眼看去，简直就像年轻的小姑娘，谁都猜不到她已经是3岁孩子的妈妈了。很快，林峰又开始对她着迷起来，再也无暇关注其他女人了。

就如同一盘菜，色香味俱佳才能算得上是一盘好菜。为什么把色排在前面呢？是因为如果一盘菜的色不好，品相不好，那么，就无法勾起食客的食欲。如此一来，就算它的味道再好，也没有机会被人发现。女人也同样如此，即使内心再怎么美丽，也应该注重打理自己的外表，因为良好的外表能够给自己争取更多的机会。所以，女人一定要使自己秀色可餐，这样才能赢得家庭和人生的幸福。

女人“善变”的魅力

对于爱情，我们追求永恒和一成不变的忠贞。而要想做到这一点，却要求我们学会善变。当然，这里所说的善变不是指变心，而是指学会调剂

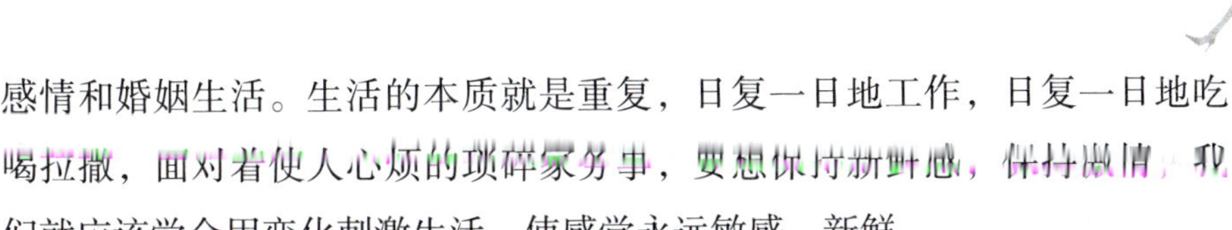

感情和婚姻生活。生活的本质就是重复，日复一日地工作，日复一日地吃喝拉撒，面对着使人心烦的琐碎家务事，要想保持新鲜感，保持激情，我们就应该学会用变化刺激生活，使感觉永远敏感、新鲜。

现代社会，虽然女人并不仅仅依附于男人，而且走出家庭，走入社会，有了属于自己的工作和事业，但是，和男人比起来，女人依然承担着照顾家庭的重任，这其中很重要的一点就是要维系夫妻双方的关系。在婚姻关系中，似乎女人起到的影响作用更大，因为即使女人承担着工作，也依然承担着比男人更多的照顾家庭的责任。对于大部分男人来说，他们更多地把精力放在事业和工作上。如此一来，女人难免要多多费心思打扮自己、充实自己，而不要在日复一日的枯燥生活中使男人感到乏味。当然，这里所说的并非是迎合男人，毕竟，男人和女人在婚姻生活中都是平等的。其实，每个人都有这样的体会，即使是自己再喜欢吃的东西，如果日复一日地吃，也会觉得厌倦，更何况是面对一个一成不变的人呢？想不乏味几乎是不可能的。所以，不管是男人还是女人，都应该善于改变自己，使自己日新月异。

君雅和杨昆结婚7年了，如今，和他们年纪差不多的同学、同事，几乎都开始上演七年之痒，只有君雅和杨昆依然好得如胶似漆。他们还有一个可爱的儿子，已经4岁了，长得帅气，人见人爱。对于这样一个幸福美满的家庭，每个人都羡慕嫉妒恨。

一次，在单位聚会的时候，很多形单影只的离异人士都酸溜溜地看着和和睦睦的君雅一家。君雅的闺蜜兼同事娜娜问道：“君雅，上天为什么如此厚爱你呢？给你了一个帅气的老公和一个可爱的儿子，还让他们都如此爱你。”听到娜娜的话，君雅笑了，说：“其实，你们也完全可以和我一样幸福啊！”“我们？还和你一样幸福？你不会不知道我家老公在外面有小三了吧。你再看看，咱们单位有多少离婚的，即使没离的，也和我一样是在凑合着搭伴过日子呢！”娜娜话里话外都流露出羡慕。君雅说：“实际上，要想留住男人的心，要想使男人在忙完工作之后迫不及待地想回家，办法很简单，那就是善变。不仅女人要善变，家也应该富于变化，

只有这样，才会对男人有着无穷的吸引力。你看看我，咱们单位大多数女同事都有着自己的穿衣风格，例如你吧，你总是喜欢穿运动服。而我呢？虽然我也很喜欢穿运动服，但是我依然常常尝试穿时装，或者是性感的透视装。有的时候，我还会穿‘制服’，你没听说过‘制服诱惑’吗？还有家庭，我们家的家具经常变换位置，一些容易更换的布艺，我总是准备出好几套不同风格的。就连做菜，我也基本每个菜系都有所涉猎，这样，在吃腻了川菜的麻辣之后咱们可以吃吃甜腻的粤菜，在厌倦了中国的菜式之后，咱们还可以来点儿鱼子酱搭配红酒，这样也别有情调呢。总而言之，不要让男人觉得女人是千篇一律的，也不要让男人觉得家是一成不变的。只有变化，才能对他们形成更大的吸引力，给他们以新鲜感。”听了君雅的话，娜娜恍然大悟。原来，善变也是一种美丽！

人们常说家对于男人而言是一个温馨的港湾，殊不知，这个港湾不仅要温馨，更要能够遮风挡雨，也要充满着新意，充满着吸引力和诱惑力。没有人愿意一辈子都在重复一天，我们希望每一天都是新的，每一天都能够带给我们生活的灵感和对生命的无限期冀。所以，这就要求家的女主人学会善变，只有这样，女主人才能日日常新，家也才能够带给男人日日不同的新鲜。

第8章　做柔媚女人，展现柔中带刚的强者气质

谁说女子不如男？古有花木兰代父从军，今有无数职业女性与男人平分天下。如果说封建社会女人的名字叫弱者，那么，现代社会女人的名字完全可以和男人一样成为强者的代名词。因为强者和女性的柔美、柔媚并不冲突，女人既可以柔美、柔媚，也可以像强者一样矗立于世。现代社会，如果说男人撑起了半边天，那么，女人则撑起了另外的半边天。

做独立女人，为自己赢得立足之地

长久以来，因为封建思想的影响，很多女人都依附于男人，没有机会接受教育，没有机会走出家门，几乎一辈子都生活在父亲、丈夫和儿子的阴影下。如今，社会越来越开放，女人的地位也越来越高，女人们走出家庭，走入社会，有了和男人平等的社会地位和工作机会，所以，女人不再依附于男人而活着，女人也可以依靠自己的双手劳动，养活自己。总之，女人独立了。然而，外面的社会并不像女人想象的那么美好，虽然独立了，女人却面临着比之前更多的挑战和压力。对于这种情况，很多人退缩了，她们甘愿守在家中，让丈夫一个人在外打拼，承担养家糊口的重任。

如此一来，女人在社会中还有什么地位可言呢？即使在家庭中，也没有了立足之地。毕竟，经济学界的一个理论说得好，经济基础决定上层建筑。

对于聪明的女人而言，不管什么时候，她们都会争取独立，而不依附于别人。很多时候，女人其实并不在于挣多少钱，而在于独立的姿态。生活中，不仅有很多男人瞧不起女人，觉得女人干不了大事，也有很多女人不自信，总觉得自己离了男人就活不下去了。其实，这个世界离了谁，地球也会照样转。因此，女人们啊，一定要独立，一定要为自己在社会和家庭中赢得一席之地。

诺诺是家里的独生女，她的父母都是教师。从小，诺诺就过着衣来伸手、饭来张口的生活，从来不操心自己以外的任何事情。包括很多她的事情，也都是父母经过再三考虑为她设计和安排好的。就这样，诺诺每次有事情都会求助于父母，就连高中的时候填报志愿，她也遵从父母的意愿。

大学毕业后，诺诺恋爱了。她的男朋友叫马蕴，诺诺刚刚认识马蕴，就把他带回家让父母把关，父母说可以之后，她才接受了马蕴的追求。马蕴心眼很活泛，是单位的积极分子。结婚之后，诺诺就算正式由父母那里交给马蕴接管了。不管什么事情，诺诺都让马蕴拿主意，而她只负责简单的执行。后来，马蕴把工作辞了，自己开了一家户外用品公司。因为忙碌，马蕴让诺诺也把工作辞了，专心在家相夫教子。这时，诺诺大学毕业刚刚五六年，正是事业的上升期。虽然父母一致反对诺诺辞掉工作，但是，她还是遵从马蕴的意思专心地当起了家庭主妇。刚开始的时候，马蕴对诺诺心存感激。毕竟，诺诺是为了照顾家庭和他，才辞掉工作的。然而，日久天长，马蕴不由得开始轻视诺诺。渐渐地，他做什么事情都一意孤行，再也不征询诺诺的意见了。一次，诺诺托朋友打听孩子上小学的事情，马蕴知道后非常生气，他指责诺诺：“你一个家庭妇女操什么心啊！孩子上学的事情我会安排好的，你只管负责接送就是了！”这一刻，诺诺突然觉得自己就像是这个家里的保姆，一个凡事都没有任何决定权和表态权的保姆。这时，她才想起当初爸爸和妈妈反对她辞职的理由。

诺诺为了爱情和家庭牺牲了自己，然而，这种牺牲只换来了马蕴一时

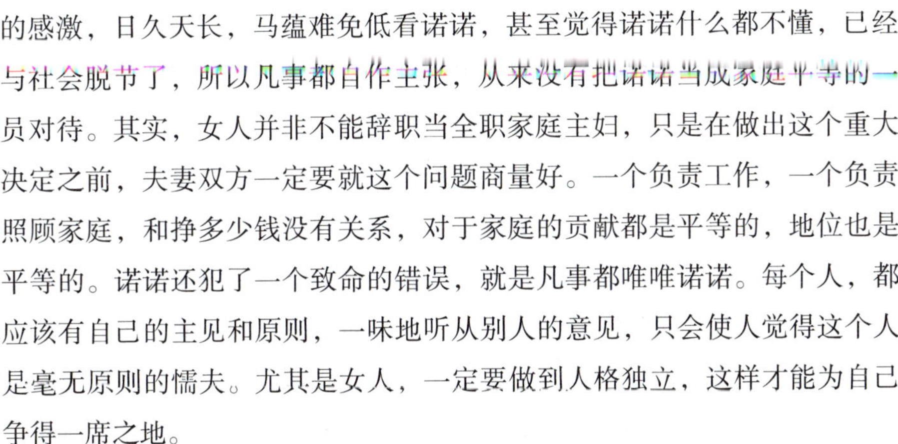

的感激，日久天长，马蕴难免低看诺诺，甚至觉得诺诺什么都不懂，已经与社会脱节了，所以凡事都自作主张，从来没有把诺诺当成家庭平等的一员对待。其实，女人并非不能辞职当全职家庭主妇，只是在做出这个重大决定之前，夫妻双方一定要就这个问题商量好。一个负责工作，一个负责照顾家庭，和挣多少钱没有关系，对于家庭的贡献都是平等的，地位也是平等的。诺诺还犯了一个致命的错误，就是凡事都唯唯诺诺。每个人，都应该有自己的主见和原则，一味地听从别人的意见，只会使人觉得这个人是毫无原则的懦夫。尤其是女人，一定要做到人格独立，这样才能为自己争得一席之地。

把握说“不”的权力

现代社会，尽管大多数女人都已经走入社会，开始承担着和男人平等的社会角色，但是，在职场上，依然有很多用人单位带有性别歧视，拒女性于门外。还有一些用人单位尽管招聘了女性，在工作过程中也还是对女性另眼看待。遇到这种情况的时候，有些女性因为觉得工作的机会来之不易，所以从来不敢对领导说不，只是唯唯诺诺，忍辱负重。其实，作为现代女性，一定要有自己的原则和主见，千万不要因为害怕失去工作就不敢说“不”。要知道，工作的机会有很多，只要不过分挑剔，女性朋友也很容易找到工作，但是一旦被动地失去了说“不”的权力，女性在工作中的主动权就会一去不返了。

大学毕业之后，莉莉为了找工作可谓费尽心思。最终，她还是在同学的推荐下才有机会成为现在所在单位的实习生。

这是一家电子产品公司，莉莉去的是产品研发部门。莉莉大学的时候学的就是相关专业，所以工作起来倒也得心应手。转眼之间，三个月的

试用期结束了，莉莉的上级对她挺满意的，决定正式聘用她。就这样，莉莉成为研发部门的新进人员。莉莉很珍惜这份工作，每天都早来晚走，还利用业余时间刻苦学习，提升自己的专业技能。然而，又是一年毕业季，和莉莉一样，他们单位又进来一个被推荐的大学生，所不同的是，推荐这个大学生的是公司的副总，这个大学生是副总的侄子。同样是三个月试用期。在试用期内，大家都有目共睹，背后都说这个副总的侄子是个绣花枕头，没有什么真才实学。眼看着三个月的试用期就要结束了，同事们都议论纷纷，更有消息说公司肯定会留下这个绣花枕头。公司会把他安排去哪里呢？研发部门是一个萝卜一个坑，根本没有多余的职位。其他部门呢？估计这个绣花枕头就更不灵了。让莉莉怎么也没有想到的是，老总找到莉莉谈话，要把莉莉调去研发部门。莉莉不明白，自己干得好好的，也积累了很多一线的经验，为什么要在这个时候把自己调走呢？这时，老同事点拨莉莉："这是让你腾地啊！"莉莉恍然大悟。她很想为自己辩驳，但是想到对方的后台，不由得胆怯了。最终，莉莉心不甘情不愿地去了销售部门。因为性格内向，莉莉根本不适应销售工作，没出几个月，就因为销售任务没有完成被公司辞退了。时至今日，她后悔极了。当初，要把自己调到销售部门的时候，如果自己能够站出来为自己说话，也许就能够留在研发部门，也就不会失去这份宝贵的工作了。

莉莉的做法是很多女性都会选择的，即忍气吞声。其实，很多时候，我们都应该坚持原则，不要轻易让步。事例中的莉莉如果能在遭遇不公平待遇的时候为自己申辩，那么即使失败了，最坏的结果也就是被辞退。但是，事例中的莉莉在不公平待遇面前选择了忍气吞声，最终失去了一个非常适合自己的职位。其实，在职场中，女性有些时候还是弱势群体。女人，应该学会说"不"。不管结果如何，只要努力为自己争取了，就是了无遗憾的，总比憋屈地不明不白地被辞退好！

女人要相信自己的能力

如今，女强人越来越多，精明干练的白领几乎随处可见。然而，看着别人在事业上风生水起容易，如果轮到自己，只怕事情就没有那么轻而易举了。虽然很多女性都羡慕那些女强人、女白领在工作上的顺风顺水，但是，大多数女性都没有勇气轻易地开拓自己的事业。现代社会，尽管女人已经不仅仅承担着照顾家庭的责任，也同样开始为自己的工作和事业打拼，但是，大多数女人依然不能背水一搏。在抱怨自己没有得到平等待遇的同时，在面对千载难逢的机会时，女人们，请相信自己的能力吧！

月月大学毕业后在工作方面始终不如意，刚开始时，不是她看不上公司，就是公司对她挑三拣四。刚刚从象牙塔里出来的她心气很高，觉得自己简直就是一个人才。然而，在屡次碰壁之后，她的信心渐渐地消失殆尽，她也越来越觉得像自己这样的大学生一抓一大把，甚至怀疑自己还能不能找到工作。看着女儿先是心气高傲后又蔫头耷脑的样子，爸爸心疼了，托了老朋友给女儿在一家企业找到了文秘的工作。

文秘的工作说简单就简单，说复杂也复杂，是一个锻炼的好机会。参加工作之后，月月低姿态地面对工作，每天都兢兢业业，生怕自己犯了什么错误，失去这个工作的机会。就这样，一年多过去了，月月的表现得到了上级领导的认可。一个偶然的机会，人事部主管因病辞职了，公司急需招聘人事部主管。在面试了很多学习人事管理专业的毕业生都不满意之后，领导突发奇想，决定任命月月为人事部主管。一则，月月近一年多来的表现是有目共睹的；二则，月月在担任文秘期间就经常接触人事方面的工作，算是轻车熟路，只需要稍加点拨就行。然而，看到领导对自己的器重，月月反而胆怯了。她不断地推辞着："我不行，我肯定不行。况且，我是学习中文专业的，当个文秘还算凑合，我可是一点儿都不懂人事管理方面的知识啊。"看到月月好说歹说也不敢接受这个工作，领导只得找到当初推荐月月进单位的人做工作。得知这件事情的月月爸爸赶紧联系女

儿，让她抓住这个千载难逢的好机会。爸爸说：“月月，机会是稍纵即逝的。多少人在一个职位上工作很多年也得不到提升，而你，才刚刚工作了一年就遇到了这样的好机会。如果这次机会你不抓住，你难道能当一辈子文秘吗？既然早晚要尝试，那就宁早不晚。况且，当时你之所以找工作屡屡碰壁，仅仅因为你是应届毕业生，没有什么工作经验。如今的你经过一年扎扎实实的工作之后可和以前不一样了，你要相信自己啊！”听了爸爸的话，月月转念一想，觉得很有道理。因此，她决定破釜沉舟地试一试，即使失败了，也了无遗憾。事实证明，月月很快就开始胜任人事部主管的工作，她的工作能力得到了更大的提高，职业生涯也面临着更广阔的空间。

如果不是爸爸及时给月月做工作，月月就失去了这个千载难逢的好机会，那她不知道还要在文秘的职位上磨练多少年才能再等来这样的一次机会呢！很多时候，只要我们相信自己，就会发现自己其实有着无限的潜能。

机会并不是随时都有的，很多好机会更是稍纵即逝。不管你是刚刚毕业的大学生，还是工作经验丰富的老员工，在面对机会的时候，一定要果断而又自信地抓住。所谓事在人为，意思就是说很多事情是做了才有机会成功。女性朋友们，请相信自己，给自己一个成功的机会！

细心的女人用细致取胜

现代社会，尽管大部分职业都已经对女性全面开放，然而，依然有很多职业存在性别歧视。如果走入大型招聘会，我们就会发现有很多用人单位或者隐晦或者明白无误地写上：只招聘男性员工。对于这一点，很多自立的女性感到不服气。其实，并非所有的用人单位都想招聘男性，也有很

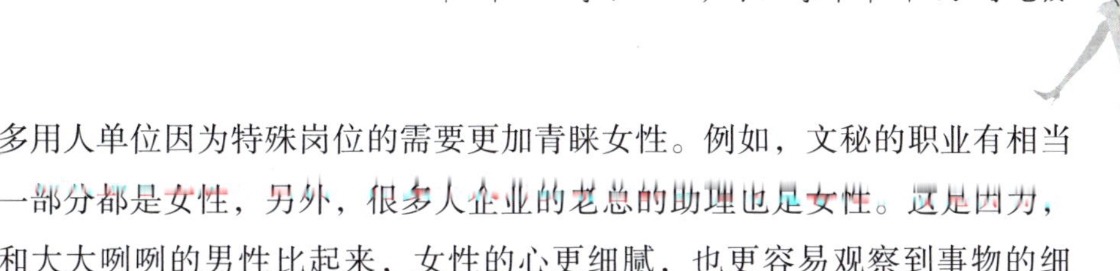

多用人单位因为特殊岗位的需要更加青睐女性。例如，文秘的职业有相当一部分都是女性，另外，很多大企业的老总的助理也是女性。这是因为，和大大咧咧的男性比起来，女性的心更细腻，也更容易观察到事物的细节。所以，身为女性，我们还是完全有理由自信的。在找工作的时候，我们应该扬长避短，有针对性地找到能够发挥自己特长和优势的工作。

自古以来，人们就知道不应该以卵击石的道理。试想，如果是应聘搬运工，那么，用人单位是喜欢用弱柳扶风的女性还是喜欢用身强力壮、虎背熊腰的男性呢？这一点当然毋庸置疑。再如，一些理工科的工作，或者是需要长期出差的工作，如果由女同志来做，难免会有些不方便。比起女性来，男性显然更适合满世界地出差。所以，换一个角度来想，用人单位拒绝女性并非都是因为歧视女性，而是因为男人与女人之间的确存在着不可抹杀的不同，女人必须承认自己在生理上的劣势，才能更好地审视自己，发挥自己的优势。

作为老总的助理，嘟嘟显然是很合格的。她不仅是文秘专业毕业的，专业能力过硬，而且还非常细心，把老板的工作和私人生活都打理得秩序井然。最近，老总在和一家大企业谈合作，几番碰壁，嘟嘟看在眼里，急在心里。

一次，老总又带着嘟嘟去拜访那家大企业的总经理，洽谈合作事宜。一个回合下来，大家都累了，总经理客套地留他们一起吃饭。席间，闲谈的时候，嘟嘟无意间听到总经理说自己12岁的儿子特别喜欢小贝，是小贝的铂金级粉丝。最近，他特别想得到小贝亲笔签名的足球，这样就能够在小贝的众多粉丝中好好显摆一番。然而，总经理根本不知道小贝是何许人，更别说得到小贝的签名了。纵使总经理有再多的钱，面对儿子的这个心愿，也是爱莫能助。听到这里，嘟嘟心中一动。她有个高中同学也是踢足球的，有一次出国参加比赛的时候还遇到小贝了呢。想到这里，嘟嘟脑中灵光一闪，要是能够弄到小贝亲笔签名的足球，圆了总经理儿子的梦，那可是帮了总经理的大忙了。

饭后，嘟嘟第一时间就联系了自己当足球运动员的高中同学，拜托

他一定要弄到小贝亲笔签名的足球。很快，正在国外比赛的同学就把足球寄给了嘟嘟。嘟嘟高兴地拿着足球送给老总，老总不解地问为什么，嘟嘟说："这可是咱们拿下项目的灵丹妙药啊！"弄清了事情的原委之后，老总赶紧带着足球去拜访总经理。看到这份神秘大礼，总经理高兴极了。可想而知，老总顺利地拿下了跟踪一年多的项目。签约那天，老总给嘟嘟发了一个大大的红包，并且夸赞嘟嘟是一个细心、贴心的好助理！

事例中的嘟嘟为公司立下了大功，这一切都归功于她的细心。如果不是在宴席间听到总经理说他的儿子有这样一个心愿，如果不是想起自己有个高中同学是足球运动员，嘟嘟就无法顺利地帮助老总签约这个项目。这就是女性的优势。假如是个男助理，也许就不会细心地留意到这些细微之处。

其实，和大多数男人比起来，大部分女人都是很细致入微的。不管是在工作中还是在生活中，如果我们能够很好地发挥这个优势，就丝毫不会逊色于男性。

经济独立的女人才能赢得尊重

经济学领域有个规律，即经济基础决定上层建筑。其实，这个规律不仅仅适用于社会上的经济发展，也同样适用于家庭的经济状况。也许有人会说，两个人相爱，彼此交融，你的就是我的，我的就是你的，还分什么你我呢！所以，不管谁在家里照顾家庭，谁出去挣钱养家，都是应当应分的，根本无需计较。是的，在爱情甜蜜、你侬我侬的时候，的确，两个人可以好成泥人，打碎了重塑，你中有我，我中有你。然而，爱情是有保鲜期的，而且，大部分爱情的保鲜期都很短暂。当结束浪漫的爱情，步入婚姻的殿堂，当一切的镜中水月都必须落到实处，落实到一针一线、一粥

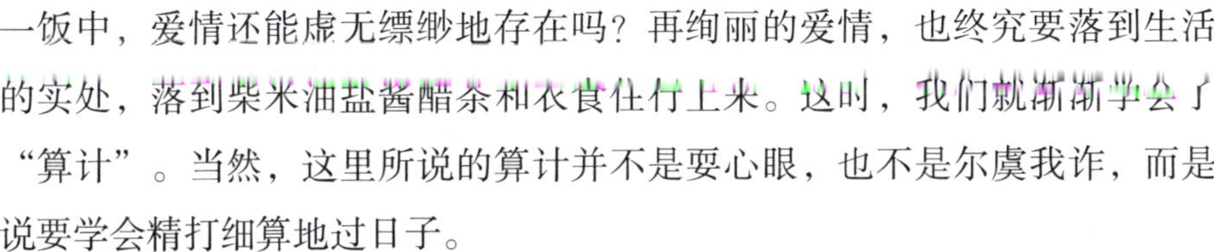

一饭中，爱情还能虚无缥缈地存在吗？再绚丽的爱情，也终究要落到生活的实处，落到柴米油盐酱醋茶和衣食住行上来。这时，我们就渐渐学会了“算计”。当然，这里所说的算计并不是耍心眼，也不是尔虞我诈，而是说要学会精打细算地过日子。

刚开始的时候，也许男人会央求女人为了家庭辞职，专心致志地相夫教子。然而，随着时间的流逝，男人的工作压力越来越大，渐渐地，他就会觉得女人在家里不用上班真是享福，到了后来，他甚至会觉得自己在外面累得跟孙子似的，简直太不公平了。而女人呢？为了家庭，放弃了自己的事业，刚开始时会觉得自己很伟大，在丈夫面前也丝毫不觉得低人一等。时间长了，处处花钱都要伸手和丈夫要，变得只会买菜做饭洗衣服，甚至连孩子也指责她只是个家庭妇女，这时，如果再得不到丈夫的理解和支持，甚至被丈夫低看一眼，那么，女人的心里也会觉得不平衡，觉得自己为家庭付出和牺牲了很多。在这样的两种思想的碰撞下，争吵就变得在所难免了。其实，不管是男人还是女人，都应该明白一个道理，即女人不管挣多少钱，都应该做到经济独立。只有经济独立的女人，才能在男人的心目中树立起自己的形象，只有经济独立的女人，在家庭生活中才能赢得尊重。女人经济上的独立，不仅对自己有好处，对于家庭生活的和谐稳固也是大有好处的。试想，夫妻二人彼此尊重，相敬如宾，家庭不就和睦幸福了吗？夫妻之间，最可怕的是彼此抱怨。

唐然大学毕业后来到了上海，在这个举目无亲的城市，唐然最大的愿望是找到一个高富帅老公。唐然的眼界很高，对于和自己一样的外地人，她根本不屑一顾。然而，唐然自身的条件并不出色，她在老家东北的一所职业学校毕业，长得有点儿男人相，属于身强体壮型。因此，左挑挑右挑挑，唐然始终找不到如意郎君。

一次，唐然和刚刚认识的一个男人出去吃饭，结果回家之后发现自己的出租房被盗了。不仅丢了她刚刚拿到手的三千多块钱的工资，而且笔记本、相机全都丢了。时隔不久，唐然再次被小偷光顾，这次连衣服也没有幸免于难。此时，和唐然已经认识一年多的老乡开始对唐然展开追求。

也许是因为在异乡几度遭窃吧，唐然心绪低落，草草地就把自己嫁给了这个老乡。结婚之后，唐然开始赋闲在家，没有工作。一年多过去了，她发现自己怀孕了，因此，就更有了借口待在家里不出去工作。转眼间，孩子已经两岁多了。三年多来，他们家始终靠她老公挣钱。再加上有了孩子之后开销猛增，渐渐地，他们两口子之间的矛盾越来越多，争吵也越来越频繁。老公抱怨唐然从来不上班，唐然则抱怨老公没能耐，如此下来，老公居然开始瞧不起唐然，不管什么事情都不许唐然拿主意。一次，唐然的妈妈生病了，她老公也不让她回家看望妈妈，说来回太费钱。直至此刻，唐然才意识到，老公再也不是当初那个跟在她屁股后面穷追不舍的人了。如今，家里所有的经济来源都依靠老公，他自然有权利对自己指手画脚。意识到这个问题之后，唐然很快就把孩子送到了幼儿园，自己则找了一份工作，重新回归社会。经过一番努力，唐然很快就得到了晋升。如今的她挣得比老公还多呢，家庭地位自然也水涨船高。

虽然夫妻之间不能计较金钱，不管是在家带孩子还是出去工作，家庭地位都应该是平等的，但是，时间终究会磨砺一切。不管是男人也好，是女人也罢，只要想在社会中为自己博得一席之地，就应该努力打拼。如果想在家庭中赢得尊重，就应该自立自强。尤其是女人，现代社会，包括很久以前，很多女人都觉得养家糊口是男人的责任，自己只要在家中相夫教子就好。其实不然。要知道，依靠自己活着的人才能扬眉吐气，腰杆笔直。

母亲，是女人毕生的事业

如今，每个女人都争着抢着要成为职业女性，这自然是一个好现象，最起码说明女人的社会地位和家庭地位都得到了提高。然而，与此同时，一个问题也日渐显现出来，那就是女人对于家庭所付出的时间和精力越来越少，陪伴孩子的机会和耐心也越来越少。似乎大家都觉得一份事业能够给自己带来莫大的荣光，而养育孩子则是一件出力不讨好的事情。例如，孩子带得好了，别人会觉得这都是应该的；孩子带得不好了，在外工作的家人回到家里还会对自己指手画脚。如此向来，带孩子远远没有工作舒服和光鲜。想到这里，女人们就都蜂拥着投身社会、参加工作了。

其实，工作固然重要，金钱和社会地位固然重要，却远远没有养育好孩子重要。养育孩子，成为一个好母亲，是女人最根本的事业。如果这个事业做不好，一个女人即使在职场上、事业上多么成功，也不值得骄傲。与此相反，倘若一个女人为了孩子放弃了自己在工作上的晋升机会，把更多的时间和精力投入到孩子不可逆转的成长过程，那么，这个女人就是一个合格的母亲，一个值得钦佩的母亲。其实，养育孩子和工作并非必须舍弃一个，很多时候，只要我们不贪心，就能两者兼顾。例如，我们可以找一份不需要按点上班的工作，在把孩子送去幼儿园之后再工作。或者，我们也可以辞职几年，陪伴到孩子进幼儿园的时候，再找一份离家近、离幼儿园近的工作，这样，我们既有了工作，也没有耽误照顾孩子。很多人会选择把孩子交给老人抚育，而每个月或者每隔一段时间就寄很多钱、吃的、喝的回家，便以为自己尽到了父母的责任和义务。其实，孩子可以吃得不是很好，穿得不是很好，只要温饱就足够了，唯独不能缺少的就是父母的关爱和陪伴。如此想来，把孩子送给老人单独抚养无疑是不负责任的行为。孩子的成长过程是不可逆转的，如今，大多数家庭都养育一个孩子，如果因为工作错过了孩子成长的过程，那将是多么遗憾啊！

刚刚结婚的时候，秀芬和志海的条件并不好。所以，生完孩子把孩子喂奶到一岁之后，秀芬就和志海一起去了广东打工。因为路途遥远，他们每年才回一次家。秀芬走的时候孩子一岁，回来时，孩子已经两岁了。看着站在那里冲着自己的笑的两个人，孩子觉得很陌生，根本不叫爸爸妈妈。随着孩子越长越大，尽管知道了自己的父母在广东打工，但是每次见面都觉得感情淡淡的，从来不会像从小就在父母身边长大的孩子那样腻在他们怀中撒娇。

人生真是如白驹过隙。一眨眼，秀芬的大女儿都已经15岁了。小姑娘性格很执拗，说话也很冲，似乎对一切都很冷漠，还有着若隐若现的仇恨。有一次，小姑娘在学校和别人吵了架，生气地哭了。秀芬在QQ上和女儿聊天，让女儿改改自己的脾气。女儿说：“你为什么不回家照顾我们？钱是很重要，难道比孩子还重要吗？别人都说我冷漠，我从小就没有从你们那里得到过温暖，怎么会不冷漠呢？你这样还像一个妈妈吗？”听了女儿的话，秀芬迷惘了。她没什么文化，以为挣钱给孩子买好吃的、好穿的，就是好妈妈。直到此刻，她才意识到，自己并不是一个称职的妈妈，自己亏欠孩子太多了。

秀芬是一个农村妇女，和大多数农村妇女一样，她知道竭尽自己所能地为孩子创造更好的生活条件。然而，看着和自己越来越疏远的女儿，她的心里又该作何感想呢？在女儿的成长过程中，她有太多次的缺席。时至今日，女儿已经长大到能够和她理论，她还有机会弥补吗？

对于女人而言，母亲的角色可以说是她们生命中不可或缺的一部分，所以才会有人说不能成为妈妈的女人的人生是不完整的。我们也要说，成为了妈妈而没有承担起母亲责任的女人的人生也是不完整的。事业很重要，金钱很重要，然而，这一切的完满都要建立在好母亲的基础之上。否则，拥有再多，对于母亲也是一种缺憾。

第9章　做活力女人，让气质玲珑剔透永久保鲜

一个人，不管年纪多大，如果心态年轻，那么他的生命就能永葆青春。现代社会，巨大的压力使得很多人未老先衰，其实有很多减压的方法值得我们去尝试。活着，不仅需要锦衣玉食，更需要健康年轻的心态。对于容颜易逝的女人而言，这一点似乎更加重要！

经常运动使生命充满活力

在物资匮乏的年代，人们最关心的就是物质问题，例如能不能吃饱饭，搞张电视票买电视等。如今，吃饱喝足显然已经不再是问题，各种物质也极大丰富，可以说，只要有钱，几乎没有买不到的东西。然而，随之而来的是减肥问题。因为营养过剩，很多人成为“三高”患者，即高血压、高血脂、高血糖，还有很多人患了心血管疾病、糖尿病等富贵病。其实，这都是不运动闯的祸。随着生活水平越来越高，运动也成了迫在眉睫的问题。如今，大部分女人都很注重美容的问题，为自己制订美容计划的女人不在少数。其实，和美容问题比起来，运动是更重要的。因为，美应该是由内而外散发出来的。要想成为一个真正美丽健康的女人，我们就必须为自己制订一个运动计划。

运动，是人们生存的基础。假如长期不运动，人们的机体就会变得疲劳不振，很难显示出活力。现代社会，运动的方式越来越多样化，所以，几乎每个人都能根据自己的身体状况制订符合自身情况的运动计划。此外还要注意的是，运动不是一朝一夕就能看到成效的，必须长期坚持，才能达到健康的目的，才能使我们充满活力，因此心急不得。人们常说，健康就是美。因此，作为女人，一定要多多运动，使自己散发出由内而外的美，使自己的美充满健康活力。

每到春节的时候，娜娜就很发愁。因为一到春节，亲戚朋友就都闲了下来，大家都聚集到一起大吃大喝，吃饱喝足之后就开始打麻将。所以，每年过年，娜娜都会猛涨很多肉肉和脂肪。今年，娜娜下定决心要过一个健康年，再也不要过年后为了减肥徒伤悲了。

还有一个月才过年时，娜娜就提前通知亲戚朋友，让大家今年各吃各的，然后去健身房聚会。除了健身房，还有桑拿、洗浴、游泳、瑜伽等项目。让娜娜感到欣慰的是，大家今年果然没有再聚集到一起大吃大喝，而是聚集在一起集体运动、娱乐。春节过后，娜娜又开始上班了。看着一个个春节里多少长了些肉的同事们，娜娜心中不禁暗暗赞叹自己英明的决定。看到娜娜神清气爽的样子，同事们都很惊讶，问娜娜今年怎么没胖反而瘦了呢。娜娜哈哈大笑起来，说："这全都是因为健身啊！我们今年没有聚餐，而是聚集在一起运动了。所以，非但没有长肉，没有得'节日病'，反而一个个变得雄赳赳、气昂昂，不仅省得减肥，还更加精神了！"听了娜娜的话，同事们纷纷赞叹。

很多时候，肥胖不仅是一个外表美丽与否的问题，更是一个关乎健康的问题。有很多人会说，胖不胖是我的事情，和别人无关。的确，胖或者瘦都是每个人自己的事情，但是，谁又不想拥有一个健康的身体呢？肥胖不仅会使各种各样的疾病缠上我们，还会导致人们萎靡不振。大多数人都有过这样的感触，即瘦人显得更加精神，胖人则多少有些臃肿，行动起来没有那么灵活，似乎思维也会受到一定的影响。

如今，健身已经成为了一项全民运动。越来越多的人都意识到健身的

重要性，把运动上升到自己生活中必不可少的一部分。虽然很多女性朋友都忙于工作，没有那么多时间运动，但是，也依然应该抓住一切机会多多运动。例如，现在风行的瑜伽就不必要挤出专门的时间去健身房，完全可以自己在家练习。每天晚上，抽出一个小时或者是半个小时的时间练习瑜伽，不仅能使我们的身体得到舒展，更能使我们的心灵得到休憩和放松。

让自己成为大自然的小精灵

现代社会，越来越多的人摆脱了农业生产，融入大城市，走进高楼大厦里，成为白领。他们光鲜亮丽，和面朝黄土背朝天的父辈迥然不同。然而，在享受大城市的便捷和朝九晚五的城市生活的同时，他们也越来越疏离了曾经养育过他们祖祖辈辈的黄土地。每天，奔走在城市的夹缝之间，我们没有时间也没有机会去关注身边的一草一木，我们终日忙碌，渐渐地失去了灵性，变得和钢筋水泥一样冷漠无情。

虽然我们求发展，背井离乡，但是我们永远都不应该失去对黄土地的眷恋，永远都不应该远离充满奥秘的大自然。黄土地养育了地球上各种各样的生物，大自然则是万物生长的秘密。可以说，没有黄土地，没有大自然，就没有这个美好的世界，就没有人类共同的家园——地球的存在。整日混迹于钢筋铁骨之中，整日穿梭在这个城市的地上地下，我们的心渐渐地也穿上了一层又厚又硬的盔甲。要想使自己的心变得柔软，应该常常抽出时间来亲近大自然，去祖国的名山大川中走一走、看一看。这样，我们才能吸收大自然的灵气，使自己成为大自然的小精灵。

美微是一家公司的销售主管。大家都知道，从事销售职业的人员总是承受着巨大的压力，似乎每天都要奋力地拼搏，才能坚强地活下去。然而，当同事们都愁眉不展的时候，美微却始终都是笑呵呵的。为此，大家

都叫美微“开心果”。

年终的时候，公司开年会，美微作为公司的金牌销售上台演讲。演讲结束后，还有同事当场问美微：“为什么能够轻松地从事销售，而丝毫不感觉到压力呢？”面对这个问题，美微笑了。她告诉同事：“其实，我也和大家一样是有血有肉的人，我也会因为巨大的压力而彻夜难眠。不过，和大多数同事感受到压力更加玩命工作的方式不同，每当我觉得压力大得自己很难承受时，我就会选择‘逃逸’。我会逃到深山老林里，在清晨的鸟语花香中睡到自然醒。我记得有一次，因为和另外一个很强的区域比较，我的压力巨大，所以，我甚至逃到了马尔代夫。当时，我的好朋友说我就只剩下很短的时间了，亏得我还有闲情逸致去旅游。其实，大家都听说过一句话，即磨刀不误砍柴工。我之所以去马尔代夫，正是为了磨磨自己这把刀啊。在马尔代夫，我潜入了湛蓝的大海深处，全神贯注地洞悉大海的秘密，全然忘记了自己的烦恼、压力。什么工作啊、业绩啊，一切都被我抛之脑后。正是因为这样全身心的放松，回来之后，我才神清气爽。看着竞争对手焦头烂额的样子，我简直就像打了鸡血一般，带领我的团队一鼓作气的赶超了他们。所以，我给大家的建议很简单，就是亲近大自然，使自己成为自然的精灵。”

作为职业女性，而且是从事销售职业的女性，美微显然承受着远远大于普通工作的压力。不过，她并没有像大多数从事销售的人一样头脑中始终绷着一根弦，相反，她是一个很会放松自己的人。她放松自己的方式就是亲近大自然。和渺小的人类比起来，大自然简直是有着无穷秘密和魅力的宝藏。记得有一篇报道曾经告诉人们，在一个偏僻的小乡村，有着能够治疗癌症的水和空气。报道刊出之后，人们蜂拥而至，每天都在小山村里贪婪地吸着空气，喝着山泉水。使人惊讶万分的是，真的有一些癌症患者康复了。其实，并非是那里的空气和水真的比良药更灵验，只是因为癌症患者去了那个闭塞的山村之后，几乎与世隔绝，再也没有世俗的烦恼，因而能够全身心地融入大自然，所以癌症自然也就不治而愈了。迄今为止，人们依然没有攻克被称为世界医学届难题的癌症，不过，却有很多

人因为心里放下了，高高兴兴地活着，融入自然，多多运动，癌症居然不治而愈了。

随着承担的社会角色越来越重要，所以很多女性朋友在工作中的压力非常大。除了工作之外，她们还要抽时间照顾家庭。因此，女人身上的担子也就越来越重。因此，女性朋友更需要融入自然之中，使自己得到彻底的放松，使自己成为自然的精灵，这样才能活得更加轻松惬意。

女人的成长，需要独处

和山顶洞人时期的祖先比起来，如今，人们的居住密度是前所未有的。以前，也许一片山头才住了一两户人家，而现在，很小的土地面积上建成了几十层的高楼，人们一层摞一层，密密麻麻地挤在这个世界上。尤其是大城市，居住更是密集。前段时间，有位退休老人居然发明了胶囊公寓，小得和胶囊一样。仅仅听这个名字，我们就能想象到这个公寓该是多么的小。据报纸上介绍，在这个公寓中只能放一张床，还有一个微型的卫生间兼厨房。尽管这是符合现在年轻人需求的公寓，然而，住在里面将会多么的憋屈啊，甚至连身体都难以尽情地舒展开来。正是因为如此大的居住密度，现代人似乎越来越失去了自己的空间，也越来越害怕独处。在八九十年代，人们有了烦心事，也许会找到一个僻静的地方，自己静静地坐一坐，想一想。然而现在，人们觉得心烦了，却跑到喧闹的迪厅，唱唱歌，蹦蹦迪。尽管一时发泄了自己心中的愤懑，但是随之而来的问题却更加严重。

其实，和喧嚣比起来，成长更需要的是独处。现代社会，女性承受的压力丝毫不比男性小，甚至，女性承担着比男性更大的压力。长久以来，男人习惯性地承担养家糊口的责任，因此，他们的首要任务就是好好工

作，发展自己的事业。而女人呢？以前，男人负责养家，女人负责理家。而现在，女人也走入社会，除了和男人一样要挣钱养家、发展事业之外，她们还不得不把更多的时间和精力放在照顾家庭上面。由此一来，女人就承担着更多的角色和更大的压力了。没有任何一个女人生下来就是女强人，但是，现实却逼得女人们不得不成为女强人。她们不敢生病，因为老总不准假，孩子需要人照顾，老人需要人伺候；她们不敢轻易地放松，因为要把时间用于看着孩子做作业，陪伴父母聊聊天，有些上进心强的女性还得给自己充充电。那么，遇到心烦的时候怎么办呢？去KTV吼两嗓子也许能够暂时宣泄压力，却丝毫不能解决问题。遇到这种情况，聪明理智的女性朋友会选择去静静地独处，捋顺自己的思路，想象未来的人生该怎么安排和计划。

自从大学毕业后，思思就觉得自己成了一个陀螺，一个从不知道疲倦也不知道劳累的陀螺。先是工作，作为新进员工，作为没有什么经验的大学毕业生，思思不得不付出更多的努力，才能获得同事和上级领导的认可。工作两年后，思思和大学同学张栩结了婚。随后，就是还房贷、车贷。还没有摆脱这两座大山的压迫，他们的爱情结晶诺诺诞生了。孩子的到来使这个家庭更为忙乱，因为双方父母的年纪都大了，思思不得不辞职自己带孩子。每天，她早晨早早地就要起床，忙着给孩子和老公做饭。白天，她要带着孩子去公园里晒太阳，陪孩子玩耍。傍晚，她还得再次准备晚饭，给在外面辛苦一天的老公吃。如此日复一日，思思突然发现自己失去了自我。她很担心现在的自己不是老公想要的，也担心自己成为不折不扣的黄脸婆。

一天，思思的老公因为单位开会很晚才回家，思思不知道是怎么回事，很担心老公，因此给他打电话。然而，老公的电话无法接通。眼看着时间已经过了十点，思思快要急疯了。她正准备抱着熟睡的孩子去老公的单位，这时，老公回家了。思思非常生气，质问老公晚回家为什么不提前打个电话。老公似乎工作很累了，因此冷淡地说："我不是为了工作嘛，不是为了这个家嘛！你就别叨叨了，我想休息了。"看着老公的背影，思思的眼泪突然涌了出来。她意识到，日子再也不能这么过了，否则一定会

出问题。次日清晨，老公去上班之后，思思带着孩子回到了千里之外的娘家。她把孩子托付给妈妈照顾几天，自己则去了离家不远的小山。她住在了山里，只想一个人好好静一静。几天的沉思冥想，思思终于找到了问题的症结和解决的办法。她决定马上带着孩子回家，自己开一个家庭幼儿园。这样，她既能照顾孩子，又能发展自己的事业。说干就干，思思很快就找到了合适的场地，开了一家家庭幼儿园。因为平日里经常和小朋友的妈妈们在公园一起晒太阳，她很快就招揽了十几个小朋友，就这样，家庭幼儿园顺利开张了。如今的思思不仅把孩子养育大了，而且她的家庭幼儿园也越办越火。

争吵不能解决问题，而只会使事情越来越糟糕。思思很聪明，她知道这一点，所以忍着自己的泪水，看着老公疲惫的背影。经过一番独处，深思熟虑，她最终选择了一条明智的道路，不仅亲手把自己的孩子带大了，还成就了自己的事业。如果每个女人在遇到问题的时候都能像思思一样理智地独处，把如一团乱麻一样的问题捋顺，那么这个世界上就会多很多幸福和谐的家庭和人生美满的女性。

瑜伽，女人生命的舒展

瑜伽是一种来自古印度的运动，和其他剧烈的运动不同，瑜伽讲究的是缓慢舒展。练过瑜伽的人知道，瑜伽的动作几乎都非常缓慢，看似轻柔，其实是柔中带刚，练习瑜伽不仅能使我们的身体得到锻炼，也能使我们的心灵得到修炼。可以说，瑜伽不仅是一种身体的运动方式，更是一种心灵的运动方式。在最早的时候，瑜伽并不是一种时髦的健身运动，而是一种非常古老的能量知识修炼方法。所以，对于瑜伽，现代人也展开了积极的研究与探索，使瑜伽的能量不断提升，使人们从瑜伽的练习中获得更

大的益处。

和游泳、跑步等运动比起来，瑜伽不仅能加速人体的新陈代谢，帮助去除人体内的废物，还能修复人们的形体，提升人们的气质。如果能够长久地练习瑜伽，我们的体态就会变得越发轻盈，我们的心灵也会更加宁静平和，面对世事万物的心情也会更愉悦。瑜伽的练习动作看似缓慢，却能在缓慢的舒展之中增强我们身体的能量，使我们的肌肉保持最大限度的弹性，平衡我们的肢体。瑜伽活动关节的力度比较大，能够使我们的关节更加灵活柔韧，避免腰背疼痛。因为精神的提升，瑜伽还能使我们避免消化系统紊乱，甚至对于痛经也有很大的改善作用。正是因为瑜伽有如此多的优点，所以很多现代女性都热衷于瑜伽的练习，缓解巨大的工作压力，使自己形体美、气质美兼备。

最近，小米简直要被巨大的压力压垮了。似乎所有的事情都赶到一起了：相恋三年的男友和她提出了分手，工作上面临晋升的激烈竞争，她的妈妈还因为脑溢血住院了。面临着这一切接踵而至的打击，小米一度对自己失去了信心，甚至觉得活着太累，还不如死了轻松呢。一个月下来，小米就狂瘦了十几斤，原本就很瘦弱的她如今弱柳扶风，似乎风一刮就要倒了。

小米的上级娜娜看到了小米的状况，不由得很担心。其实，娜娜不仅仅是小米的上级，也是小米的朋友。她们的性格很相似，在工作中配合也非常好，因此未免有英雄惺惺相惜之感。一天下午，娜娜请小米去吃饭，并且说晚上要给她一个惊喜。虽然小米提不起兴致，但是看到自己的好友兼上级如此好意，她还是勉强答应了。其实，她更想回家睡觉。

娜娜请小米吃了热辣辣的火锅，还吃了时下流行的小龙虾配啤酒。三五杯下肚，小米不由得放松起来，开始和娜娜大诉苦水。让小米意料不到的是，娜娜也有着很多的烦恼。原本，看着娜娜每天精神抖擞的样子，小米还以为娜娜没有烦恼呢。吃完火锅，她俩去做了个SPA，消化了胡吃海喝进肚的食物。傍晚时分，娜娜开车载着小米来到了海边，并且拿出几个垫子铺在沙滩上。小米不知道娜娜想干什么，纳闷地看着。不过，在落

日的余晖中，听着阵阵涛声，她觉得心情放松了很多。这时，娜娜打开汽车的音响，一阵舒缓的音乐响了起来。娜娜对小米说："小米，跟着我做吧！"小米问："做什么呢？"娜娜说："你做了就知道了。"跟着娜娜，小米做了一套简单的瑜伽动作。虽然刚开始做的时候觉得动作很简单，然而，做完之后，小米不由得觉得通体舒泰，就连心情都平和了许多。从此之后，小米爱上了瑜伽。不管压力多么大，不管内心里有多少不如意，瑜伽都能使她恢复平静，充满能量。

很多人都觉得瑜伽和大多数运动一样是减肥的，其实，瑜伽的作用可不止减肥一种。瑜伽在调理人的身体和气息的同时，也能够调整人的情绪和机体的功能，使人达到身体与心灵的和谐。因此，很多瑜伽练习者会发现自己的体能得到了增强，心情也愉悦了很多。瑜伽练习最好选择在山清水秀的地方，使人在练习的过程中与大自然合而为一。

作为现代女性，面临着工作和家庭的双重压力。如果能够在繁忙之余练习瑜伽，对于自己的身体和心灵都是很有好处的。针对现代的快节奏的生活，有人提出了慢生活的理念，瑜伽恰恰就是符合这种理念的运动和生活方式。

旅行，让女人的心情飞一会儿

现代社会，交通四通八达，各种交通工具能够便利地把人们送到任何自己想去的地方。然而，忙碌的生活却把人们禁锢在一个很小的圈子里，大多数职场人员都是家与单位两点一线，根本没有多余的时间去休闲、旅游。尤其是职场女性，在忙完工作之后，她们更多地承担着照顾家庭和孩子的责任，所以更加没有属于自己的时间。日复一日地生活在钢筋水泥之间，人们的心灵日渐干涸，人与人之间的关系也越来越冷漠，人与大自然也越来越疏远。于是乎，争吵爆发了，离婚率节节攀升，工作起来也了无

兴趣。如此下去，活着还有什么意义呢？也许有人会说，干嘛要旅行呢，既费钱，又挨累，去逛逛商场不也是一样的，只需要半天一天的时间就够，还省了旅途劳顿。的确，很多人压力大的时候选择去商场血拼，尤其是那些大明星，一不高兴了就去购物，还有人会偷偷地溜到澳门小赌怡情。然而，普通人可没有那么多的资金进行奢侈消费。而且，购物只使得人们一时心情愉悦，却无法给人留下美好的值得珍惜的回忆。对于普通人而言，和三天两次的购物比起来，旅行无疑是一种更好的方式。日常生活太忙碌了，我们没有时间静下心来梳理自己的心绪，旅行，不仅能使我们摆脱已经厌倦的生活环境，走出去开开眼界，也能充实我们的生命。等到老的时候，坐在摇椅上，你会想起自己走过的每一个地方。

近来，南岸觉得心里很烦乱，因为她不知道自己到底爱的是谁。原来，南岸同时喜欢上两个人，一个是北京土著，有房有车，对她也很好。另外一个是和南岸一样的北京外来者，也就是人们常说的北漂。到底是选择一个北漂一起奋斗，还是选择一个北京土著让自己有一个安稳的家，南岸犹豫了。其实，南岸并不拜金，如果仅仅是漂着还是稳定的问题，她也许早就做出了选择。最关键的在于，南岸喜欢这两个人，以至于分不清楚自己到底爱谁了。在她摇摆不定的时候，周围的人开始说一些闲言碎语，说南岸脚踩两只船。南岸知道，自己必须做出决定了，否则一定会陷入更加尴尬的局面。每天面对着这两个人，南岸实在不知道该如何选择，所以，她决定出去走一走。

在没有通知任何人的情况下，南岸消失了。她去了云南的丽江，那个适合发生艳遇的地方。眼看着身边一对对的情侣，再看看形只影单的自己，南岸的心中突然非常惆怅。最初的几天，她还能淡然地住在丽江的小旅馆中，欣赏着美丽的风光，每天发发呆，晒晒太阳。几天之后，她的心不淡定了。她强烈地思念着那个和自己一样的北漂，想和他一起发呆，一起晒太阳，一起感同身受地体谅和分享对方的苦楚和快乐。南岸的心中有了答案，她想找一个与自己能够共鸣的人一起度过一生。她给那个北漂和北京土著发了同一条彩信，彩信上是她站在客栈门口，沐浴着云南明朗的

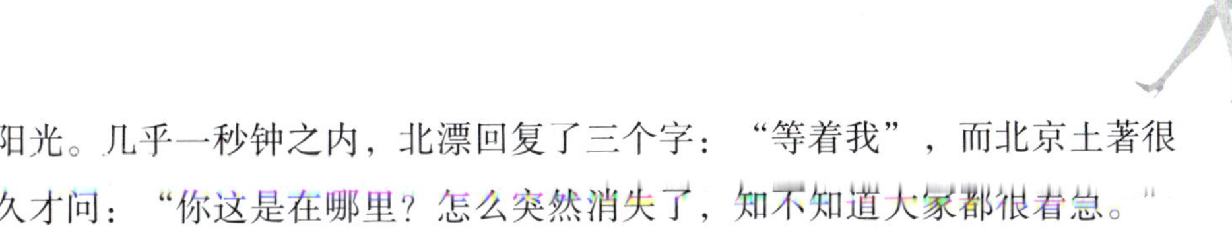

阳光。几乎一秒钟之内，北漂回复了三个字：“等着我”，而北京土著很久才问：“你这是在哪里？怎么突然消失了，知不知道大家都很着急。”南岸继续住在旅馆中，等着她生命中沐浴着阳光而来的那个人。

旅行有着神奇的魔力，尽管只是换一个不熟悉的地方短暂地生活，但是，却能够使我们无限地放松。南岸原本很难选择，然而，去了那样一个适合一见钟情的弥漫着爱情气息的地方，她的心灵突然明晰了。她知道了自己需要的是什么，想要抓住的是什么。

其实，不仅仅备受爱情困扰的人应该去旅行，很多承受着家庭和工作压力的人也可以选择去旅行。老夫老妻去旅行能够找到恋爱的感觉，新婚夫妇去旅行则能感受到生命的颤动，给自己的爱情留下更加美好的回忆。工作压力大的人去旅行能够减轻压力，回来之后以更好的姿态投入工作。有新闻报道，一个英国的老妇人发现自己患了癌症，因此跟随出国的游轮在海上航行了几个月，每到一个地方就游山玩水。结果，正当她坦然迎接死亡来临的时候，医生却宣告她的癌症不治而愈了。这就是旅行，一种放松心灵的生命良药。

常常坐坐“11路”吧

现在的交通简直太方便了，短途的有公交车、城铁、地铁，长途的有飞机、动车、火车、轮船等可以选择。还有很多朋友购买了私家车，不管去哪里，都惬意地开着私家车，边开边看风景。交通的便利使我们的生活半径急速扩大，原本很遥远的距离如今变得只在咫尺之间。然而，一个问题也随之而来，那就是人们走路的机会越来越少了，由此也导致很多人患了缺乏运动的疾病。以前，交通没这么便利的时候，人们不管去哪里，几乎都靠走路。所以，过去的人几乎没有那些富贵病。现在呢？人们每个

月走的路加起来也没有以前的人一天走的路多。那么，既然知道问题的症结所在，我们就应该努力改变现在不健康的生活状态。也许有人会说，根本没有机会走路啊，到处都有公交车、地铁等，下了车就是单位。况且，每天上班那么忙，时间很紧张，怎么可能抽出专门的时间去健身房呢？其实，锻炼远远没有我们想得那么复杂，只要有心，你会发现有很多机会都可以坐坐我们随身携带的“11路”。

大学毕业后，菁菁应聘进一家报社当编辑。每天，她最主要的工作就是坐在办公桌前，对着电脑看那些作者的稿子，或者给作者打电话联系稿子的诸多事宜。几年下来，菁菁发现自己越长越胖了。尤其是臀部和腹部，囤积了很多脂肪。

在毕业三年的同学聚会上，大家看到菁菁都吓了一跳，有人还问她：“你都有宝宝啦！”菁菁不好意思地说：“什么宝宝，我还没结婚呢！”从此之后，菁菁下定决心要减肥。一时冲动之下，她去健身房办了一张年卡。刚开始的时候，她隔三岔五地坚持下班就去锻炼。然而，单位常常有事情需要加班，回家之后她又累又困，根本不想动弹。要知道，一去健身房，锻炼加上冲澡，怎么也得两三个小时。仅仅依靠周末休息的时候去健身房，又收效甚微。这可如何是好呢？有一次，菁菁因为在公交车上睡着了，不小心多坐了一站地。她原本想再坐回去，但是等了很久都没来车，所以，她临时决定溜达着走到单位。这次之后，菁菁突然茅塞顿开，我完全可以每天走个一两站地啊，既不用专门抽时间锻炼，还能天天坚持。从此之后，菁菁每天坐车都提前下一到两站地，如果不累或者时间充裕，她还会提前下三站地。时间长了，菁菁惊喜地发现自己的双腿更有力量了，肚子和屁股都变小了很多，人也更精神了。同事们看到菁菁越来越苗条，每天精力充沛，都问她是如何做到的，菁菁自豪地回答说：“这都要感谢‘11路’啊！”

很多抱怨自己没有时间锻炼的女性朋友们，其实也可以像菁菁一样在上下班的路上锻炼。大部分工作都比较忙碌，这也就决定了大多数人都没有专门的时间去健身房里锻炼。多多走路则是一个锻炼的好办法，既省了我们办健身年卡的钱，也使我们随时随地地锻炼身体，岂不是一举多得！

第10章　做素养女人，从内而外激活气质的源泉

美丽很难说是某一个方面突出的色彩，更多的时候，美丽给人的是一种综合的感受。我们很难说美丽是什么，然而，它就是那样深深吸引着每个人去追求它。如今，化妆技术日益精湛，女人只要稍微用心，就能把自己打扮得很时尚靓丽。然而，内在的美却需要我们去静心修炼，并非是简单的包装就能够做到的。

做精致女人才更有魅力

如今，人们的生活越来越精细。从吃的开始，人们几乎每天都是精米白面，各种蛋白质、坚果、蛋类、鱼类、肉类都摄入了足够的分量。在穿着方面，和以往单调的青蓝灰比起来，现在的衣服颜色和款式简直是色彩斑斓。还有越来越精湛的化妆技术，几乎有妙手回春的神奇功能。一个人即使长得丑点儿，只要化着得体的妆容，穿着适宜的服饰，就能弥补外在的不足。随着生活水平的提高，越来越多的女人步入了小资的行列。有人说小资是一种情调，有人说小资是一种矫饰，其实，与其追求小资，不如追求精致。不管什么时候，精致的女人总是使人期待，她们不像小资女人那么矫情，一切都出乎本性，符合人情。精致的女人不仅有着精致的妆容、得

体的服饰，而且很有修养，言行举止间流露出从容淡定，从不因为一些小事而歇斯底里，更不会因为身外之物影响自己的心情。精致的女人如同淙淙溪水，如同四月的花开，使人内心深处溢出温暖，而又丝毫不觉得灼热。她们从容淡定，享受着自己的人生，也使身边的人感受到一份云淡风轻。

对于生活，美美有着自己的品位。美美的父母都是普普通通的工人，虽然家里很贫穷，但是，美美却活得很滋润。原因在于，美美的妈妈是一个很精致的女人，即使是腌制一盘咸菜，她也会做出做独特的味道。因为没有多余的钱，买不起当时最流行的沙发，所以美美的妈妈就细心地用棉布和棉花把木质的板凳包裹起来，看上去一点儿都不比那些沙发差。因为是自己做的，所以她很细心地选购了小碎花的布，再配上同色调和花型的窗帘，美美觉得自己就像生活在梦幻中的城堡一样。在妈妈潜移默化的影响下，美美也成了一个精致的小姑娘。

大学毕业后，美美留在了大城市。面对着人生地不熟的一切，她丝毫没有感到气馁。虽然她租住了一间光线不太好的半地下室，但是她一点儿都没有失去生活的热情。她像妈妈当初面对清贫的生活一样，把自己租住的8平方米的小房间打扮得清爽利索，充满浪漫色彩。窗帘是小碎花布的，充满波西米亚风格。有一个小小的单人沙发，闲下来的时候，美美会捧着一本自己爱看的书，窝在沙发里，再给自己冲一杯咖啡。尽管只是最便宜的速溶咖啡，但她依然觉得生活就像咖啡一样浓醇。美美还很爱种植绿植，在房间的一角，她养了富贵竹，还买了金钱草、金虎。这些绿植不仅给她带来了新鲜的空气，也使她的房间春意盎然。每当休息的时候，美美就会把这些绿植搬到外面去晒太阳，毕竟她住的半地下室太阴了，难得有阳光进来。正是这样的心态，使得美美从来不以现在的生活为苦，而总是积极地阳光地面对一切。单位里，很多男同事都喜欢美美，总觉得她身上有一种独特的气质，和那些整日怨天尤人的女孩比起来，美美简直是与众不同。所以，大家都喜欢帮助美美，即使仅仅作为朋友。就这样，美美凭借着自己的实力，再加上良好的人际关系，在事业上有了很好的发展，改变了自己的境况。

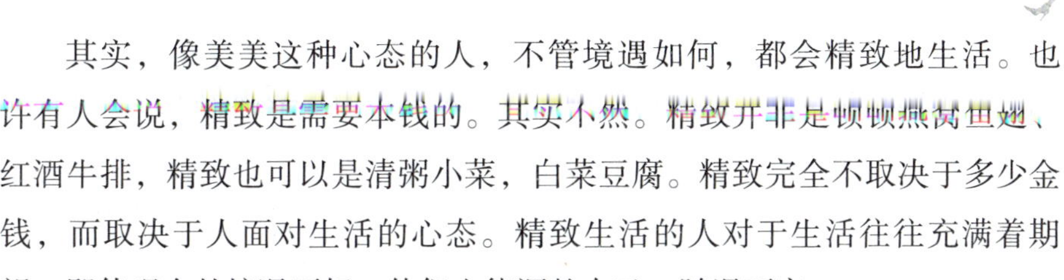
其实，像美美这种心态的人，不管境遇如何，都会精致地生活。也许有人会说，精致是需要本钱的。其实不然。精致并非是顿顿燕窝鱼翅、红酒牛排，精致也可以是清粥小菜，白菜豆腐。精致完全不取决于多少金钱，而取决于人面对生活的心态。精致生活的人对于生活往往充满着期望，即使现在的境况不好，他们也能调整自己，随遇而安。

女人，不管你现在面对着怎样的生活，只要你精致，生活也就随之精致。只要你精致，你就会赋予自己无穷的魅力，改变生活中的一切。

黄脸婆永远没有气质可言

和那些精致的会生活的女人比起来，黄脸婆简直没有任何值得欣赏的地方。说得好听叫素面朝天、不修边幅，说得不好听就是黄脸婆。其实，现在的生活条件越来越好，女人们要想变得美丽也成为更加简单的事情。如果说以前的女人美丽靠的是先天的好胚子，完全是清水出芙蓉，那么现在的女人美丽完全可以依靠高超的化妆技巧，得体的妆容。所以才有人说，没有丑女人，只有懒女人。意即只要女人勤快，即使不漂亮，也能使自己看起来很舒服养眼。而对于那些不修边幅的黄脸婆而言，恐怕真的只能等那个生命中最欣赏她的人了。

也许有人会说，我不打扮自己，我相信自己很有气质，不需要靠外在来吸引别人。其实，什么是内在什么是外在呢？美是形神兼顾，而不是刻意地只讲究内在不讲究外在。换言之，内在的美积累到一定程度就会外化，这也就是为什么那些画家、诗人等，虽然不修边幅，但是看着却很有气质的原因。和他们比起来，作为普通的女人，我们可不敢不修边幅啊，人家不修边幅叫脱俗，我们不修边幅很可能变成大俗、恶俗。细心的女性朋友们会发现，喜欢打扮自己的人整日清爽利索，自己的精神状态也会很

好，身边的人看着也很舒服。气质再怎么神奇，也需要良好的形象来衬托。有几个人是真正的仙风道骨，即使披着破麻袋片也好看呢？很多女人忙于照顾家庭，借口没有时间打扮自己而日渐苍黄。实际上，这种女人是没有想明白一个道理，照顾家庭固然重要，有一个爱自己的丈夫更重要，因为只有夫妻感情稳定，家庭才能幸福安定。打扮自己并不需要多长的时间，早晨起床给自己化一个淡淡的妆，一整天都会悦人悦己。如果是职业女性，那就更需要给自己一个精致的妆容了，谁不想和一个养眼的同事合作呢？所以，女性朋友们，在提升自己气质的同时，也千万不要忘记和黄脸婆的形象说拜拜啊！

段莉娜是一个很朴素的姑娘，还没结婚之前，她就从不化妆，穿衣服也不追赶时髦。每当妈妈建议她给自己化个淡妆时，她总是说："哎呀，有那个时间我不如多睡会儿觉呢，一早上就得起床折腾。"就这样，仰仗着年轻，人们顶多说她不爱化妆，很朴素。然而，结婚之后，因为忙于工作和家庭，原本就素面朝天的段莉娜更加没有时间打扮自己了。每天，她早晨起床之后就像打仗一样给丈夫和孩子准备好早餐，然后匆匆地用冷水擦把脸就赶紧送孩子去幼儿园。在经历了一天忙碌的工作之后，她又要火急火燎地去幼儿园接孩子，然后回家做饭，吃完饭带孩子洗漱、睡觉。如此算下来，段莉娜几乎没有一分钟时间是属于自己的。原本，她以为自己为家庭付出了这么多，丈夫肯定会很爱她，很感谢她。然而，直到她最后一个知道丈夫在外面有了情人时，她才如梦初醒。幸好，她还很理智，没有大吵大闹，而是冷静地反思自己的婚姻到底出了什么问题。

有一次，她在路上遇到一个多年未见的同学。同学看到她很惊讶，说："哎呀，莉娜，你以前虽然不化妆，但是看着清纯可人。现在怎么一下子显得这么老呢，而且很疲惫的样子。其实，你应该化化妆啦，化妆能使人显得精神。你要是总这么下去，你老公非得嫌弃你是黄脸婆不可。"一语惊醒梦中人，莉娜突然意识到自己出问题了。和同学分开之后，她第一时间去商场为自己选购了一套化妆品，虽然花了她半个月的工资，但是她一点儿都不心疼。她还让导购教她很多化妆技巧。随后，她又花钱为自己买了两身漂亮的衣服和一身性感的内衣。回家之后，她迫不及待地为自己描眉画眼，再换上新衣服。连她自己都不相信镜子里的人是她，整个人神采焕发，精神奕奕，就像换了一个人一样。晚上，她的丈夫下班看到她，不由得瞪大了眼睛，过了很久才说："其实，你这样捯饬捯饬挺好看的！显得有气质了！"

幸好段莉娜遇到了同学，幸好段莉娜没有冲动地和老公离婚，而是冷静地反思自己。的确，婚姻在出现问题的时候，不可能是单纯一方出现问题。很多人都觉得婚姻就是保险箱，一旦步入婚姻，爱情就会获得永久的保质期。其实不然。步入婚姻之后，爱情反而更加容易变质，因为婚姻生活中，两个人距离太近，彼此过于了解，反而更容易失去对对方的吸引力。这种情况下，黄脸婆如何能使男人保持永久的激情呢？聪明的女人即使周六日在家休息的时候也会给自己化淡妆，这样，既能使自己看上去很精神，也是对男人的尊重和诱惑。记住，懒于梳妆打扮的人千万别拿气质说事，被称为清水出芙蓉的时间也非常短暂，黄脸婆与气质无缘！

做聪明女人，说话先过大脑

古人云，三思而行。和行动比起来，人们对待说话的态度则不那么谨慎。在有些人心里，说话就是上下嘴唇一碰，根本无关乎大脑。殊不知，古人还说过，祸从口出。如果在说话之前不谨慎地思考这些话能不能说，是否合时宜，不假思索地就脱口而出，就会在无意之间给我们留下很多隐患。中国的汉字文化博大精深，微妙之处即使是作为中国人也需要再三斟酌，说话的用词、语气、先后次序，这些都是我们需要多加注意的。就算是在日常聊天时，人们也常常会因为一句话而心生嫌隙。古人不是还说过嘛，说者无意，听者有心。在人际交往中，我们最担心的不是无法到位地

表达自己想要表达的，而应该是我们所表达的到了别人耳朵里往往会多出很多意思来。所以，聪明的女人在说话之前从来都是先衡量再出口的，这样，既能准确表达自己的意思，也能避免别人产生误会。

曾经有个小笑话，说一个人请客。他请了十几个人，但是筵席开席的时间到了，只零零散散地来了三五个人，他一着急，脱口而出道："该来的怎么还不来啊！"在座的人一听，这话的言外之意不就是"不该来的早早就来了"嘛，因此，这些人全都告辞回家了。后来，迟到的那些人都赶了过来，那个人又叹息道："不该走的都走了！"剩下的那些人一听，这句话的言外之意不就是"该走的还没走"嘛，因此，他们也相继起身告辞了。看看，这就是简单的一句话，因为说得不合时宜，语气也不到位，所以引起了这么大的误会。不但得罪了朋友，还使自己窝窝囊囊的心里不痛快。作为女性朋友，不管是在面对自己爱人、家人的时候，还是在面对朋友、同事的时候，都要三思而言。也许有人会说，我面对家人、爱人那些亲近的人，就没有必要三思而言了吧，那得多累啊。其实，家人、爱人的关系也需要用心地处，正是因为关系亲近，所以他们更容易因为你的口不择言受到伤害。三思而言并非说咱们每说一句话都提前想个三分钟再说，其实，这就是一种说话的习惯、态度。一旦形成了这种良好的习惯；我们就会自然而然地去做，根本无需在说话之前进行额外的思考。

上个周末，是慧慧老公李楠的生日。因为慧慧怀孕在家没有上班，所以当同事们要帮李楠过生日的时候，李楠回家把慧慧也一起接去饭店。慧慧一个人在家里待得太闷了，到了人多的场合，再加上她平时就认识李楠的很多同事，所以就聊开了。

吃饭的时候，大家都夸赞慧慧会点菜，慧慧说："就点了些家常菜，大家都吃好喝好啊！"这时，李楠的一个同事说："鸿运来酒楼在咱们这一片算是时间最长的了吧，嫂子？"慧慧说："是啊，附近很多人都在这里举办婚宴、满月酒之类的，足见这家酒楼的口碑还是挺不错的。我觉得，比上次……那个谁……结婚的渔家娃好吃一些。"慧慧为什么说话间突然结巴了呢，原来，她原本想说的那个谁就是老公的一个同事，此刻就坐在他们的桌子上，慧慧话说到一半突然意识到这个问题，因此结巴了一下没有把那个同事的名字说出来，但是情急之下还是说出了酒家姓的名字，这让那个同事不由得很尴尬。尽管慧慧后来把话题叉开了，但是那个同事却觉得不太高兴，后来，好几次见到慧慧都没有以前亲热了。

事例中的慧慧之所以会失言，就是因为一时兴奋，说话前没有仔细地想一想场合、在场的人员。人家高高兴兴地摆酒席给大家，却被说选中的饭店味道一般，没有鸿运来好，难怪心里会不高兴呢！其实，这原本是一个不那么重要的问题，但是如果遇到一个小心眼的人，为此记仇是很有可能的。因为无意间的一句话得罪人，那可是太不值得了。

女性朋友们见面之后最喜欢聊天，天南海北，家长里短，小到邻居家丢了一根针，大到娱乐八卦，都在她们的聊天范围内。正是因为聊天内容的繁杂，所以就更加需要三思而言。否则，一朝失言，就会无意间得罪人，招人记恨。聪明的女人从来不会快言快语，不假思索地什么都说，而是先过过脑子，再说那些恰合时宜的话。

宽容大度是女人最强大的气场

长久以来，人们似乎默认女人都是小心眼的，其实，在历史上，心胸宽大的女人有很多，而且，她们巾帼不让须眉，成就了很多伟大的事业。细心的人不难发现，大凡那些青史留名的女人，全都是心胸比男人更加宽广的女人。为了事业，为了家人，为了理想，她们从不计较个人得失，能够在危急时刻展现出博大的胸襟。其实，很多时候，越是斤斤计较，就越容易失去。还不如宽容大度一些，反而能有意外的收获。

人们常常用大海来形容人的胸怀，一个宽容大度的女人就像大海一样能够容纳百川。生活中，不管遭遇什么坎坷挫折，也不管是伤害还是欺

骗了她，她都能以体谅的态度去面对对方。其实，女人的宽容大度首先要对待丈夫。生活就是锅碗瓢盆的协奏曲，难免会有磕磕碰碰的时候。在婚姻生活里，爱情的保鲜期其实是很短暂的，因此，在日渐疲惫和烦躁的生活里，如果没有足够的包容，就难免会经常吵架，甚至打架，进而影响夫妻感情。如此一来，还谈什么幸福的家庭呢？其实，夫妻间最能够保持长久吸引力的就是性格和人格。宽容不仅是一种至高无上的境界，也是一种难得的美德，更是一种非凡的气度。对于生活来说，宽容是有原则的，但是对于感情，宽容则是无限包容的。只要有爱，人与人之间还有什么必要谈论对错呢？即使是面对陌生人，也没有必要用别人的错误惩罚自己。所以人们才会常常说，家是讲情的乐园，不是讲理的法庭。要想家庭幸福和睦，就要用爱营造幸福，用情化解矛盾。

自从有人类以来，出轨的问题就一直存在。只不过，在封建社会，男人是被允许娶三妻四妾的，因此能够明目张胆、合理合法地把情人娶回家。现代社会推行一夫一妻制，所以情人就成了见光死。当然，也有很多情人顺利上位的。有些女人在知道丈夫有婚外情之后，明明不想离婚，却又过不了心里的坎，所以不停地哭闹，最终逼得男人投入了情人的怀抱。大凡婚外情，只要妻子能够宽容大度，很少有男人能够决绝地抛弃妻子。女性朋友们，除非真的性格刚烈，不能接受出轨的丈夫，必须离婚，否则，就要学学马伊琍，以不变应万变，理智处理丈夫的婚外情。即使走出家庭，投入工作，面对纷繁复杂的人际关系，宽容大度也能给我们的生活带来很多意外的惊喜，何乐而不为呢？

宠辱不惊，享受人生

在命运的大起大落面前，有几个人能够做到真正的淡定，又有几个女

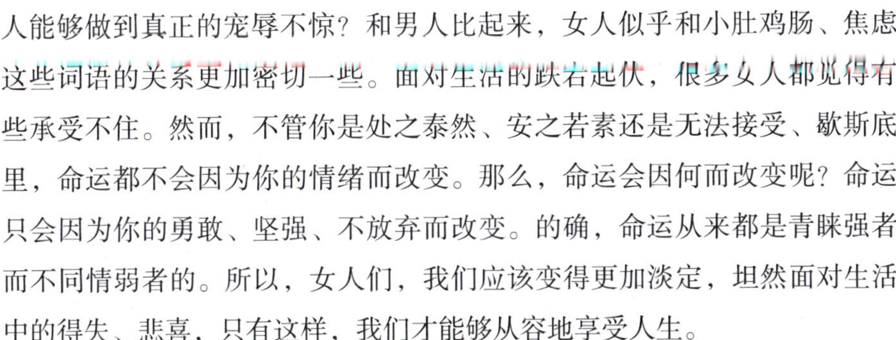

人能够做到真正的宠辱不惊？和男人比起来，女人似乎和小肚鸡肠、焦虑这些词语的关系更加密切一些。面对生活的跌宕起伏，很多女人都觉得有些承受不住。然而，不管你是处之泰然、安之若素还是无法接受、歇斯底里，命运都不会因为你的情绪而改变。那么，命运会因何而改变呢？命运只会因为你的勇敢、坚强、不放弃而改变。的确，命运从来都是青睐强者而不同情弱者的。所以，女人们，我们应该变得更加淡定，坦然面对生活中的得失、悲喜，只有这样，我们才能够从容地享受人生。

常常有人说，既然哭着也是一天，笑着也是一天，我们为什么不笑着度过生命的每一天呢？的确，我们应该笑，因为笑能为我们的生命添光彩，笑能使我们活得更加绚烂，而哭只会使我们的生命黯然失色，使我们的人生再也没有晴天。宠辱不惊的女人才能更加淡定从容，面对得到，她们不窃喜，面对失去，她们不悲恸，面对生命中那些匆匆逝去的过客，她们从不为不值得的人和事破坏自己的好心情。这就是聪明的女人，聪明的女人知道如何淡定地安享人生。

在生这场大病之前，亚南从来不是一个大度的女人。几乎是从懂事开始，她就焦虑。例如，上幼儿园的时候，她就总是和其他小朋友攀比，别人有的玩具、衣服，她也一定要有。后来，随着年龄的增长，这种占有欲、虚荣心越来越强。渐渐地，她居然发展到希望自己的一切都比别人强。尤其是在找对象的时候，她几乎挑遍了所有能挑的男人，才找到了现在的如意郎君。有了孩子之后，她又以自己的标准要求孩子，希望孩子也能在同龄人之间拔尖。殊不知，孩子的脾气秉性随父亲，根本不愿意处处和别人攀比。然而，出于对妈妈的孝心，孩子还是竭尽所能地使自己更加优秀，以满足妈妈的虚荣心和攀比心。就这样，孩子大学毕业了，留在了大城市生活。这下子，亚南脸上有光了。

然而，一个偶然的机会，亚南也来到了孩子所在的城市。直到见到孩子的那一刻，亚南才知道自己的孩子过着怎样的生活。原本，亚南以为大城市的生活一定是无限风光的，现在才知道孩子住着地下室，每天朝九晚五，在地铁和公交车上都快被挤成相片了。因为为了孩子结婚和工作的事

情着急上火，亚南突然之间就病倒了。她进了ICU病房，病房外，是日夜守护她的孩子和丈夫。几天几夜之后，她终于醒过来了。看到家人的第一眼，她的泪水夺眶而出。假如她能够放宽点心，不要因为那些不值得的事情着急上火，她也不会自己受罪，还连累家人。在床上躺了好几个月后，亚南才渐渐恢复了健康。如今，她再也不因为自己的儿子只是个小职员而着急，再也不挑剔儿子的女朋友，因为她知道，一切都要以生命为基础，假如生命没了，所有就都成了空谈。

人生不可能处处都顺遂我们的心意，因此，我们只能学会坦然地接受。很多时候，命运跌宕起伏的幅度远远超出我们的想象，假如我们不能坦然接受这一切，那么等待我们的就是被命运折服的生活。女人，不应该处处以娇柔软弱自诩，其实，只要我们坚强起来，我们会发现自己的内心蕴含着无限的能量。只有宠辱不惊，才能从容享受人生。

下篇

做内心强大的女人

第11章　做一个淡然的女子，别让自己击垮自己

在这个世界上，人所面对的最大的敌人是谁？关于这个问题，早就有无数先辈追问了若干遍，答案也非常准确无误，那就是人最大的敌人是自己。一个人如果能够战胜自己，那么就永远不会倒下。很多时候，我们不是输给了对手，而是因为自己的精神倒了，所以才会颓废沮丧。难怪人们常说，人活一口气，这里的“一口气”指的就是精气神。为了生活，我们要提起精神来，活力充沛地度过每一天。

活在今日，珍惜今天

人这一辈子总共有三天，即昨天、今天、明天。昨天已然过去，明天还未到来，我们唯一能把握的就是今天。每个人都活在今天，无一例外。所以，当你为逝去的事情忧愁，当你为还没到来的明天焦虑，还不如放宽心，好好地把握今天，享受今天。你会发现，生活在今日，你才能握住手边的幸福。

爱默生曾经说过：“人是思想的产物。”确实，每个人都活在自己的思想之中。在这个世界上，只有我们能使自己活得快乐，也只有我们能使自己痛苦，除此之外没人有这个能力。三百多年前，著名诗人弥尔顿就在

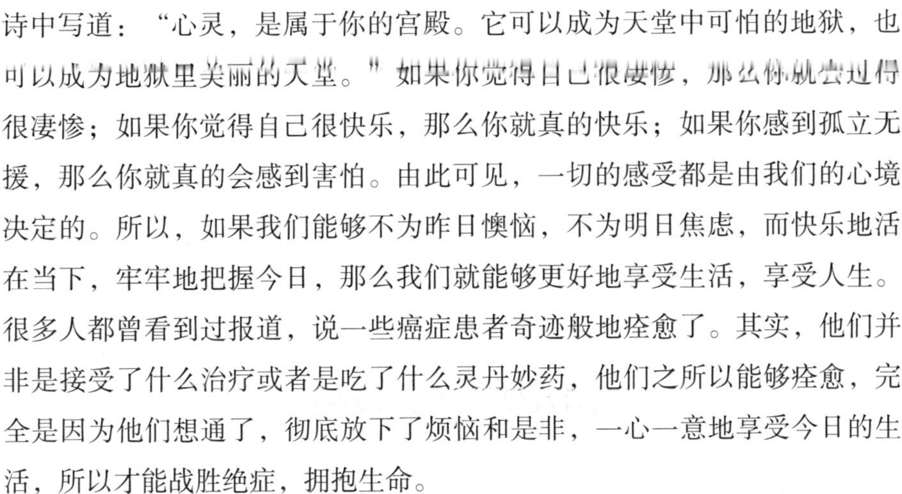

诗中写道：“心灵，是属于你的宫殿。它可以成为天堂中可怕的地狱，也可以成为地狱里美丽的天堂。”如果你觉得自己很凄惨，那么你就会过得很凄惨；如果你觉得自己很快乐，那么你就真的快乐；如果你感到孤立无援，那么你就真的会感到害怕。由此可见，一切的感受都是由我们的心境决定的。所以，如果我们能够不为昨日懊恼，不为明日焦虑，而快乐地活在当下，牢牢地把握今日，那么我们就能够更好地享受生活，享受人生。很多人都曾看到过报道，说一些癌症患者奇迹般地痊愈了。其实，他们并非是接受了什么治疗或者是吃了什么灵丹妙药，他们之所以能够痊愈，完全是因为他们想通了，彻底放下了烦恼和是非，一心一意地享受今日的生活，所以才能战胜绝症，拥抱生命。

在一次车祸中，玛丽亚失去了挚爱的丈夫。从此，她总是活在悲痛的阴影中，无法自拔，甚至还患了严重的抑郁症。虽然她的孩子都很孝敬她，每到周末就都过来陪伴她，但是她始终郁郁寡欢。她日复一日地坐在客厅的躺椅上，想念着丈夫，拿着他们曾经的合影回忆过去的生活。每当想到伤心事时，她还会情不自禁地哭泣。几年过去，她的眼泪都流干了。

看着玛丽亚痛苦的样子，她的女儿决定带她去看心理医生。了解了玛丽亚的情况后，心理医生只对她提出了一个要求，即每天去做义工。这个要求很简单，对于退休寡居的玛丽亚来说也有足够的时间，所以，她答应了。刚开始时，玛丽亚只是想帮助别人，并不以为做义工也能改变自己。然而，随着时间的流逝，她越来越热爱义工的工作，每到活动日，她都兴致盎然。平时，她还会抽时间做一些小饼干送去孤儿院，给那些可怜的孩子吃。后来，她还在房前屋后种植了很多花卉、绿植，每天，她都要忙着侍弄这些花草、做饼干、当义工。渐渐地，她发现自己变得开朗了，不再沉浸在对丈夫的思念之中，每天都生活得很充实。当别人问玛丽亚为什么会有如此大的改变时，玛丽亚总是说：“现在，我的记忆只在今天。”

生活中，聪明人从不为那些微不足道的小事焦虑或者担忧，因为他们知道担忧或者焦虑除了给自己徒增烦恼之外，根本起不到什么实质性的作用，反而还会伤害自己的身体。在这个世界上，很多事情都是无法改变

的。所以，我们不如坦然面对已经发生的、从容面对即将发生的事情。无论何时，我们唯一能做的事情就是活在当下，过好今天。只有这样，我们才能牢牢地把握生命的每一天。女性朋友们，记住，生活在今日，幸福在你的手心里。

发现自己的优点

每个人最熟悉的人是自己，最陌生的人也是自己。每天，我们看着镜子里的自己，自以为很了解自己，所以我们很少静下心来去想一想自己的所思、所想、所追求的到底是什么。我们仅仅熟悉自己的面孔，却很少用心地反思自己。生活中，总是有些人盲目地骄傲，一切都以自我为中心，自以为地球都是围着自己转的；还有人妄自菲薄，总觉得自卑，觉得自己处处都不如别人，没有什么优点，更没有什么值得赞扬的地方。实际上，每个人都有优点，只是有些优点被发现了，有些优点没被发现而已。对于那些自卑的人来说，最迫切的事情就是发现和挖掘自己的优点。只有把自己的优点发扬光大，我们才能拥有更加精彩的人生。

静静出身于一个普通的农民家庭。通过自己的努力，她终于在高考的时候实现了“鲤鱼跃龙门”，考进省里的一所师范大学读书。在家乡的时候，静静是全校学习成绩最好的学生之一，每次考试，她都是班级第一，全校第二。在农村，大部分家庭生活得都很贫苦，所以，静静并没有感受到自己的家贫，只知道勤奋地学习。进入大学之后，她的同学几乎都是各个乡镇的尖子生，其中还不乏市区、省里的学生。如此一来，静静在学习上的优势就没有那么明显了。

春天到了，看着花枝招展的女同学，再看看自己补着补丁的衣服，静静觉得心里很失落。不知道为什么，那些来自城里的女同学都很好看。她们的皮肤很白皙，浑身都散发出淡雅的香气。夏天到了，女同学们都穿起了裙子，只有静静依然穿着一条洗得发白的的确良裤子。经过一段时间的大学生活后，静静觉得太受挫折了。她觉得和那些女同学比起来，她没有一点儿优点。她的皮肤黑而粗糙，她的衣服都是老土的款式，还很破旧，她也跟不上时尚，总是接不上其他同学热衷的话题。最关键是，她曾经引以为豪的学习成绩如今早就不是第一名，而变成了中等水平。就这样，静静越来越自卑。她看不到自己的优点。

一个偶然的机会，学校文学社到各个班级招募社员。静静抱着试试看的心态，把自己的随笔交了上去。出乎她的意料，她很快就接到通知被吸纳进文学社。畅游在文学的海洋里，静静自由地书写着自己的心灵，与自己、与他人、与世界进行着深度的交流。后来，她还接连发表了好几篇文章，在同学们艳羡的目光中领取了人生中的第一笔稿费。一段时间之后，其他社员都推选静静为副社长。就这样，静静越来越自信，成为了大家公认的才女。她再也不在乎自己的衣着了，也不因为自己无法考取第一名而沮丧，如今，全校同学都知道她是文学社副社长，她对于写作的兴趣也越来越浓厚。

从小地方考到省城读书，学习成绩不再是第一名，穿衣打扮也远远不如别人时髦，静静的心里自然会感到备受挫折。幸运的是，一个偶然的机会，她在写作方面的天赋得到了别人的认可，所以，她逐渐建立了自信。其实，每个人都和静静一样，即使觉得自己没有任何地方比得上别人，也一定会找到属于自己的优点。只有把这些优点发扬光大，我们才能树立自信，展开人生的辉煌篇章。

接受人生的不完美

曾经，每个人都对生活充满了无限的希望。从牙牙学语开始，他们就幻想着生活是蜜糖，是无尽的满足与甜蜜。随着人们的渐渐长大，他们发现即使蜜糖也无法满足他们内心的渴望。日复一日，生活展现在他们面前的缺憾越来越多，使他们几乎无法招架。究其原因，并非生活改变了，而是他们的欲望越来越多。人们常常用无底的深渊形容欲望，的确，人们一旦坠入，就很难控制自己不往下掉。看看这个繁华的世界，即使是再怎么富有的大富翁，也不可能满足自己所有的欲望，因为有些东西是金钱能够买来的，有些东西却是金钱无法买到的。所以，每个人都有着自己无法满足的欲望。因为欲望不能被满足，很多人觉得自己的人生不完美了。其实，根本就没有绝对的完美，又哪来的完美人生呢？所谓完美，只是相对的。渐渐长大的我们，要学会控制自己的欲望，要学会在心底里留有小小的遗憾，要学会坦然接受人生的不完美。生活中，常常有女性朋友抱怨自己的皮肤不够白，长得不够漂亮，抑或没有良好的家境……与其抱怨，不如庆幸自己有着健全的身体、健康的父母和众多的兄弟姐妹，心境也会有怨愤转为知足。

作为一个花季少女，桑兰面对突如其来的人生变故，尽管也曾失望，也曾绝望，但是却始终没有放弃希望。哭过之后，她选择笑着站起来面对人生。命运没有辜负她，在给她致命打击之后，也为她掀开了人生崭新的一页。如果每个女人都能如同桑兰一样面对人生的不完美，不自暴自弃，不沮丧绝望，那么就一定能够战胜人生的各种不完美、不如意，扬起生命的风帆。

生活中，一定有很多人曾经为父母锯过木头，但是却鲜有人为父母锯过木屑。这是因为锯木屑是丝毫没有意义的。就如同人生的不完美是我们根本无法改变的，我们与其因为这些不完美的存在歇斯底里，还不如振奋精神，勇敢地去完善这些不完美的地方。

放下，你才能轻松前行

人生，说长就长，说短就短。幸福的时光总是飞逝，而苦难的光阴总是煎熬。所以，幸福的人总是觉得一天太短，苦难的人觉得每一分每一秒都无比漫长。其实，没有谁的人生会如白驹过隙般，这是因为每个人的人生或多或少总是要经历一些苦难。人生不总是甘甜，也会有苦辣咸，正是这样，人生才变得丰富多彩，拥有百般滋味。如果一个人的成长总是一帆风顺，他就无法成长，更无法面对未来日子里的苦难。人总是要经历一些磨难的，这样才能学到安逸生活中无法领悟到的哲学，快速地成熟起来。

很多时候，我们之所以觉得苦恼，并非今天的生活给予我们太多的磨难，而是因为我们总是为过去的事情懊恼，在为还没有到来的日子无比焦虑。在这种情况下，我们怎么会轻松呢？我们只会觉得沉重，无比地沉重。人生是一趟漫长的旅行，我们不知道终点在哪里，也不知道旅行途中会发生什么事情。所以，我们需要做好长途旅行的准备。很多有过旅行经验的人都知道，刚开始的时候，即使背着沉重的背包，我们也会觉得很轻松。然而，随着越走越远，即使背包很轻，时间长了，我们也会觉得无比沉重。这时，要想轻松地不断前进，只有一个好办法，那就是为自己减负。很多东西，我们当时觉得很重要，所以义无反顾地装进了人生的行囊。然而，时间长了，这些东西就会变得可有可无，毕竟生活只在今日，而不在一去不返的过去。所以，我们应该学会把那些可有可无的行李丢弃掉，这样，我们才能顺利抵达人生的终点站，才有时间和精力欣赏沿途的风景。要知道，旅行所在乎的并不是终点，而是旅行途中欣赏到的风景。

一个年轻人终日愁眉苦脸，不知道生活中有什么值得高兴的事情。他总是觉得很累，为生活中和工作中的很多事情。他无法解决这些事情，即使这些事情已经成为过去时，他也依然因为遗憾而对这些事情念念不忘。日久天长，他觉得自己实在太苦闷了，所以便去寺庙中求解。

方丈问他："年轻人，你怎么了？"

年轻人说：“方丈，我觉得很苦闷，很劳累。”

方丈说：“现在，你带着一个背篓去爬山吧。沿途，你可以把自己喜欢的东西装进去，一直爬到山顶，再下来。”

年轻人遵从方丈的安排，背起背篓上山了。他从山脚下往上爬，刚刚走了没多远，就被野花吸引了，所以，他采了一束野花放进背篓里。后来，他又发现了一块奇形怪状的石头。这块石头的形状就像一个天然的蘑菇，看上去晶莹剔透。他犹豫了片刻，把石头装进了背篓……就这样，他一边走，一边往背篓里装东西。几个时辰过去，当他爬到这座不太高的小山时，背篓已经装满了，沉甸甸的，每走一步都勒得他的胳膊很疼。他的步伐越来越沉重，简直不想再往前走了。

好不容易下山回到寺庙中，方丈对他说：“这只是一座小山丘，你爬完之后就已经把背篓装满了。在一生之中，如果你也这样不断地为自己增加负担，你怎么会不累呢？你再看看自己放到背篓里的东西，会发现那些东西都是可有可无的。所以，与其把他们装进背包里累死自己，不如把他们都放下，这样，你才能继续轻松地走完剩下的旅程。”

在生活中，我们要学会放下。生活不会总是一帆风顺的，当遭遇风浪的时候，在全力战胜风浪之后，我们无需再惧怕。当遇到高兴的事情时，在欣喜若狂之后，我们也无需再欢喜。不管是惧怕还是欢喜，都已经过去。只有放下这一切，我们才能坦然面对现实，轻松地走完人生的旅程。

第12章　做一个脱俗的女子，塑造独一无二的自己

在这个世界上，只有一个你。不管你是优秀还是顽劣，也不管你是年轻还是年老，更不管你是高高在上还是低微卑贱，都没有人能够取代你。正如这个世界上没有两片完全相同的叶子一样，这个世界上也绝对不会有两个完全相同的人。你何必模仿别人呢？也许，在你羡慕别人的同时，别人也正在羡慕你。

做最真实的自己

就像人们经常说的，这个世界上没有完全相同的两片树叶，同样的道理，这个世界上也同样没有完全相同的两个人。虽然人与人之间有着千丝万缕的联系，但是，人与人之间都是独立的，都是独一无二的个体。每个人都应该为自己骄傲。因为除了自己，再也没有这样独特的一个人。我们画的画别人无法复制，我们唱的歌无人能够模仿，我们的生活也是与众不同。我们真实而又独特，我们应该全心全意地建造自己的花园，奏响人生的交响乐。

有史以来，人类总是在不停地讨论着保持自我的话题，似乎对于每个人来说，这个世界上最大的难题就是自己。人生最大的痛苦莫过于不能成就自我，人生最大的幸福莫过于能够按照自己的想法和意愿活着。山

姆·伍德是好莱坞最著名的导演之一，对于他而言，最大的心愿就是让那些女演员保持自己的本色。一个多年从事人事主管工作的人说，对于求职者来说，保持自我是最重要的。就和这个世界上没有人愿意要假钞一样，人也不应该按照别人的标准来复制自己。你就是你，无人能够取代。你就是你，即使有一些缺点和不足，也是最真实的。

刚刚进入杂技团时，威尔·罗吉斯表演抛绳时总是一声不吭。因为没有语言的烘托，虽然他技巧高超，但却始终得不到观众的喜爱。几年之后，他创造性地在表演的同时穿插着讲笑话。他很有天赋，总是能把观众逗得哈哈大笑。就这样，他一举成名了。

卓别林是世界著名的喜剧大师。刚开始拍电影的时候，很多导演都希望他能模仿当时很有名的一位德国喜剧演员。大家都认为，只要他模仿，就能很快出名。这无疑是一条捷径，然而，卓别林尽管费力去模仿了，却始终活在那个演员的阴影下，从没有让观众真正记住他。后来，卓别林发现问题所在，最终创造出一套属于自己的独特风格。从此，他才真正被观众记住，风靡世界。

威尔·罗吉斯和卓别林最终成就自己，都是因为坚持了自己的本色，没有盲目地模仿别人，而是想方设法地表现自己与众不同的地方。也许，他们模仿别人能够模仿得很好，也无需走那么多弯路，但是他们的成就却会被局限于别人的框架中，永远无法突破。

在《论自信》中，爱默生曾经说过："在接受教育的时候，每个人都会发现模仿别人其实和自杀毫无区别，而羡慕别人更是无知的代名词。虽然我们一定有缺点和不足，但是我们需要做的依然是坚持自我。一个人要想有所收获，就必须在自己的田地上辛勤耕耘。我们必须靠自己去争取一切。"

现代社会，很多女性朋友都追赶时尚，想成为时尚的弄潮儿。因此，她们总是效仿别人，看那些明星穿什么就穿什么。殊不知，人需要衣服的装扮，衣服也同样需要人来衬托。很多衣服看似普通，之所以到了明星身上就大放异彩，正是因为明星的强大气场。同样一件衣服，换了普通人来穿，也许只是一块破布。不仅仅穿衣打扮是这个道理，生活中的很多事情

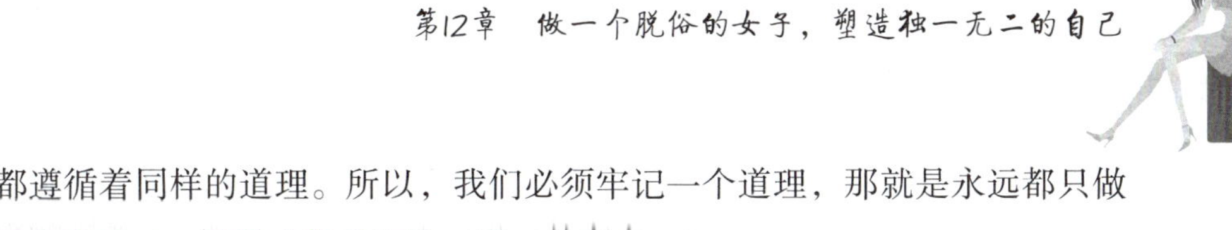

都遵循着同样的道理。所以，我们必须牢记一个道理，那就是永远都只做最真的自己，这样才能成为独一无二的存在。

生命很短，为自己而活着

我们很多时候只是顺着惯性而活着，并不知道自己到底在追求什么。这种一种非常迷惘的生活状态，处于这种生活状态的人们总是在浑浑噩噩中度过自己的一生，碌碌无为。相比较这些人，有些人则活得很忙碌。他们总是为别人而活着，小时候学习好是为了给父母的脸上增光，长大了努力工作是为了照顾家庭，在单位里争着表现自己是为了博得领导的赞赏，老了锻炼身体是为了给子女减轻负担……一辈子，他们似乎都在为别人而活，完全失去了自我。甚至有些人连婚姻大事都听父母的，只为了使父母满意。有人会说这样的人真好，有着奉献和牺牲精神，做他的父母、子女、爱人、朋友一定很幸福。我想说，这样的人很悲哀，一辈子从未做过自己。其实，地球离了谁都照样转。那些乐于把自己奉献给他人的朋友，很大程度上是过于高估了自己。如果我们能够不那么在乎被人怎么看、怎么想，一心一意地只做自己想做的事情，结果又会如何呢？结果是，别人依然过得很好，我们则不再那么憋屈。人生是非常短暂的，如果我们总是为别人着想，等到真正想为自己活一次的时候，就会发现时日无多了。所以，爱自己，活出自己，就从此时此刻开始吧。为自己而活着，不是自私的表现，而是热爱生命的初衷。

晓娟决定离婚了，不为别的，就为自己能够痛痛快快地走完剩下的人生之路。

晓娟和丈夫不是自由恋爱，而是父母的指腹为婚。原来，晓娟的爸爸和她去世的公爹是战友。当年，晓娟和丈夫都在各自妈妈的肚子里时，公

爹约着晓娟的爸爸一起去钓鱼。突然，晓娟的爸爸掉进了冰窟窿里，为了救他，晓娟的公爹牺牲了。他们在世时，原本以开玩笑的语气指腹为婚。当时，大家谁都没当真。但是，当晓娟的公爹真的牺牲了，晓娟的爸爸妈妈心里无比愧疚，就把这件事情当了真。在晓娟很小的时候，爸爸妈妈就让晓娟一定要报答公爹家。所以，晓娟从小就觉得自己理应嫁给现在的丈夫。

然而，很多事情并非是知恩图报那么简单的。夫妻在一起生活，不仅需要相同的志趣爱好、人生观、价值观，更需要彼此包容，性格相和。晓娟虽然和丈夫还算般配，但是他俩都是很强势的人，在一起的时候谁也不愿意听谁的，所以总是吵架。吵来吵去，夫妻间的感情越来越淡。尽管晓娟早就想提出离婚了，但是却碍于面子，再加上父母的劝阻，因此总是凑合着过。直到上次争吵，晓娟无意间知道丈夫也早就厌倦了这样的生活，因此才最终下决心离婚。

有些事情，我们可以为别人去做。有些事情，我们必须遵从自己内心的选择。假如晓娟一直因为顾及丈夫的面子和父母的感受而委曲求全，那么葬送的必将是自己一生的幸福。婚姻不是两个好人在一起就能够幸福的，而是需要彼此间多方面的契合。庆幸的是晓娟终于想明白了这个道理，能够勇敢地提出离婚，开始自己崭新的人生。这不仅是她对自己的解放，也是对丈夫的负责。想必，迎接他们的即使不是更加美好的生活，也是他们真正想要的生活。

人生是短暂的，我们要对自己短暂的人生负责。只有为自己而活，我们才能活出精彩！

勇于承认错误，勇敢面对人生

人们常说死鸭子嘴硬。生活中，不乏有人和死鸭子的嘴巴一样硬。他们总是坚持自己是正确的，从来不服别人，哪怕他们心里明明知道自己是错误的。其实，一个人之所以值得他人尊重，并非因为他始终都是对的，而是因为他勇于承认自己的错误，并且以虚心的态度接受别人的批评。在这个世界上，有谁能保证自己从来不犯错误呢？可以说，没有任何人敢做出这样的承诺。

和冒险比起来，承认错误显然需要更大的勇气。有勇气承认错误的人，才能给予自己机会改正错误，不断进步。生活中，女人需要面对更多琐碎的事情，因为女人不仅仅工作，还要在工作之余兼顾家庭。常言道，多做多错，少做少错。这也就注定了女人总是在犯错误与纠结中进步。对于一些小错误，大多数女人都能够做到一笑置之。如果犯了大错误呢？改正似乎远远不够，这时，女人就会陷入痛苦之中。在没有人批评指责她的情况下，她或许还能主动进行自我检讨，而一旦有人在旁边对她发起声讨，她也许马上就会像刺猬一样浑身乍起刺来，以进行自我保护。更有很多女人还会声泪俱下地为自己申辩，说自己为家或者为工作付出了多少，没有好报，反而还落埋怨。基于这种情况，也不乏有些女人会撂挑子走人。其实，这些人并非心里不知道是自己错了，她们只是不愿意折了面子承认错误而已。对于开明的人而言，承认错误有什么了不起的呢？他们既不会因为一个人犯了错误而笑话他，也不会因为自己犯了错误而刻意回避。不犯错误的是神，不是人。既然如此，我们就应该学会直面自己，只有这样，我们才能不断进步，不断接近于完美。

昨天，公司人事部突然接到董事长的电话，点名提升进入公司不久的娜娜为董事长助理。对于如此大跨度的提升，大家都深感意外。要知道，董事长助理虽然是个伺候人的活儿，但是在公司里却起着举足轻重的作用。通常情况下，普通员工见董事长一面都很难，董事长助理却能够每天与董事长如影随形，不仅处理董事长工作上的琐碎事情，还负责照顾董事长的私人生活。如此一来，旁人很难做到的事情，如果能够有助理在董事长耳边吹吹风，那就很有可能实现了。所以，董事长助理是公司里的红人，大家都很巴结呢！对于娜娜的突然提升，很多进入公司十几年的人都深感不解。

其实，董事长之所以破格提升娜娜，完全是因为一个偶然事件。前段

时间，董事长临时决定召开全公司中层领导会议，对于上次的投标失败事件进行反思。当时，因为有很多文件是秘书整理的，所以秘书也被要求参加这次会议。会议中，大家在一起集中讨论了这次投标的失败，最终发现原因在于一份企划书的标点符号错了。对此，大家议论纷纷，因为一个错误的标点符号失去了一个大项目，不得不说是一件令人深感遗憾的事情。正当大家议论纷纷准备找出责任人时，娜娜主动站起来承认错误，说是因为她检查的时候不够认真，所以导致没有发现这份文件的错误。很多同事都说娜娜傻，因为这份文件是她负责检查的，并非是她做的。但是，这次主动承担责任却让董事长对娜娜留下了深刻的印象。也正因为如此，娜娜才能破格晋升。

一个人，如果连自己所犯下的错误都不敢承认，那么他还能承担什么责任呢？对于公司领导而言，最害怕的不是员工犯错误，而是员工犯了错误不放在心上，没有进步，或者是推脱责任。要知道，不管是公司还是个人，都不可能没有任何失误。对于公司而言，尽管员工的错误给他们带来了损失，但是，在反思自己、改正错误的过程中，他们也得到了一个经验更加丰富、工作态度更加审慎的员工。

如果每个人都能像娜娜一样勇敢地承认错误，以实际行动改正错误，那么，就一定能够快速成长，勇敢地面对自己的人生。

爱与被爱是一种幸福

人活在这个世界上，如果没有了爱的陪伴，该是多么的寡淡无味、乏味无聊啊！可以说，从小生命呱呱坠地开始，就被爱包围着。甚至在这个小生命还在母体内孕育时，就有很多人在憧憬和珍惜着它的存在。当我们从婴孩渐渐长大成人，我们从习惯了被爱，渐渐学会了主动地去爱。我们

爱父母，爱兄弟姐妹，爱同学师长，爱身边的每一个人。

生活原本就是充满艰辛的，如果没有爱作为调味剂，就会显得更加难熬。正因为有了爱，当遭遇坎坷挫折的时候，为了我们所爱的人，我们会选择坚强地面对困难。也为了那些爱我们的人不伤心，我们选择勇敢地面对。很多疾病，尤其是癌症患者，不管用多少珍贵的药品都无济于事，但是面对爱人的呼唤，他们却战胜了病魔。还有一些处于深度昏迷的患者，他们之所以能够奇迹般地醒来，也是因为潜意识里听到了爱人的呼唤。爱，是一种力量，一种能够帮我们创造人生奇迹的力量。爱，使我们充满力量，被爱，使我们充满对生的渴望。当我们失望甚至绝望的时候，只要想一想围绕在我们身边的爱，我们就会鼓起勇气，充满力量，面对一切。

从很小的时候，郑钧就爱上了邻家小妹朵朵。那时，朵朵只有6岁，非常可爱。郑钧已经16岁了，正是情窦初开的年纪。看着天真可爱的朵朵，郑钧把她当成自己的亲妹妹一样用心呵护。当时，他并不知道自己爱上了朵朵，而只是以为自己把朵朵当成了小妹妹。直到朵朵16岁那年，郑钧看着亭亭玉立的朵朵，才突然意识到自己这么多年来一直深深地爱着这个小妹妹。26岁的郑钧从来没有谈过恋爱，他在等着，耐心地等着朵朵长大。他不知道朵朵最终会花落谁家，他只知道自己要等到朵朵结婚了再考虑个人问题。

朵朵大学期间谈了一个男朋友，然而，毕业之后，因为现实问题，那个男孩选择了导师的女儿，这样他能有一个好前程。受伤的朵朵不假思索地给郑钧打电话哭诉，郑钧接到电话就赶到了朵朵所在的城市。他细心地照顾朵朵，耐心地开导朵朵，直到朵朵能够笑出声来。就这样，郑钧一直默默地关心着朵朵，而朵朵呢，也一直心安理得地享受着郑钧的关爱。一个偶然的机会，郑钧的妈妈无意间看到了儿子的日记，才知道儿子一直喜欢朵朵。妈妈说他傻，他却说自己很幸福。他说，爱一个人不一定要拥有她，只要远远地看着她过得很幸福，能够在她需要的时候出现在她身边，这就足够了。

郑钧是幸福的，虽然他迄今为止还没有机会表白自己。但是，这并不影响他的幸福感。朵朵当然也是幸福的，她被郑钧始终默默地关爱着。在很多电影和电视剧中都不乏这样的情节，这样的爱是默默无言的，也是美

好的。不管郑钧最后能不能和朵朵走在一起，这么心甘情愿地爱着朵朵，对郑钧来说就是一种幸福。

在这个世界上，美好的东西数不胜数，我们不可能一一拥有。很多时候，我们只能远远地欣赏，哪怕只是欣赏，也是一种幸福。爱也是如此，不管是亲人之间的，还是爱人之间的，都无需占有。很多时候，爱是付出，一种不求回报的付出。同样的道理，享受被爱也是一种莫大的幸福。

寻找自己，永不迷失

现代社会，金钱的地位越来越高，有的时候，为了金钱的满足，有些人甚至背弃亲情、友情、爱情。还有报道称有些人为了金钱，残忍地杀害自己的父母和兄弟姐妹。其实，不仅仅是金钱使人沉迷，除了金钱之外，还有很多人沉迷于官职、物质等。古人云，凡事过犹不及。不管什么事情，都应该讲究一个合理的度。当然，除了这种形而上的密室之外，还有精神层面的迷失。以前，很多诗人都在寻找精神的家园，并且把自己生存的环境称为失乐园。这就是一种迷失。现代社会，各种各样的诱惑太多。人们在面对诱惑的时候，容易迷失自己。在遭遇困境的时候，也会渐渐地否定自己，甚至无法正确地评价自己。这都属于迷失的范畴。

迷失自己的人不知道如何面对自己，在遇到困难的时候，也无法鼓起勇气战胜困难。而对自己有信心且坚定不移地相信自己能行的人，不管在遇到什么苦难的时候，都不会轻易地放弃。前文我们曾经说过，对于每个人来说，最大的敌人不是别人，而是自己。我们必须不断地肯定自己，坚定地相信自己，永不放弃，才能最高程度地发挥自己的本能，创造属于自己的美好生活。人生就像一次旅行，每当发现我们的人生之舟偏离航线的时候，我们就应该及时校正方向，使之向着正确的目的地进发。我们应该

时时寻找自己，避免自己迷失在人生的大海上。

杜威大学毕业后进入一家公司工作。因为刚刚毕业没有经验，他在工作上总是出错。最倒霉的是，领导派来教他的师傅心眼还不太好，总是对他连挖苦加讽刺。时间长了，杜威渐渐变得沮丧绝望，认为自己真是朽木不可雕。一次，他经常去吃饭的那家餐馆的一个服务生中了一千五百万的大奖，杜威深受刺激。从此之后，他每天都会情不自禁地幻想如果自己中了大奖要怎么安排，为了实现中大奖的心愿，他也开始买彩票。从最初的几块钱到后来的几百块钱，甚至渐渐发展到了一次买几千块钱的彩票。要知道，杜威每个月的工资也就只有几千块钱。因为花费了太多的钱买彩票，杜威不得不向父母要钱付房租，每天吃饭也都吃最便宜的饭菜。日久天长，杜威越来越消瘦，整个人也萎靡不振。看到他如此消沉，公司领导一气之下开除了他。

失去工作之后，杜威对买彩票更加入迷了。他每天除了去找工作，就把剩余的时间用来研究彩票。一次，爸爸从老家寄给他一万元钱，让他给妈妈买药寄回家。杜威心想，如果一次性买一万块钱的彩票，肯定能中奖。一时冲动之下，杜威把给妈妈买药治病的钱全买了彩票。让他追悔莫及的是，这些钱非但没有中大奖，连一个小奖也没中。杜威不知道如何向父母交代，急得直挠头。这时，一个平日里和杜威交好的朋友劝说杜威不要再买彩票了，并且警告杜威如果继续这样执迷不悟下去，后果将会不堪设想。此时的杜威后悔死了，认真听取了朋友的建议，向父母坦白了事情的真相，并且保证以后再也不买彩票了。

杜威很幸运，有一个朋友能够直言相告地劝说他。假如不是朋友及时把他从这条路上拉回来，也许他还会走很远很远。我们不得不承认的一点是，人性是有弱点的。每个人都有人性的弱点，每个人都有自己的软肋。每当做一件事情的时候，我们都应该仔细思量。不管什么时候，我们都应该牢记，这个世界上没有天上掉馅饼的好事。生活要求我们必须认真、勤勉，才能获得回报。

人生就像是茫茫无边的大海，我们应该时刻警醒自己，不要偏离航向。一旦迷失，想要折返就会很难很难。

第13章　做一个自爱的女子，善待自己、呵护内心

生活原本就是充满坎坷的，如果我们再不善待自己，那么谁还会怜惜我们呢？在这个世界上，最应该爱我们、善待我们的人就是我们自己。不要要求别人如何对待我们，我们能做的就是自己好好对待自己。人生苦短，很多人、很多事情都是过眼云烟，只有爱自己，我们才能爱世界。只有自己幸福了，我们才能给身边的人带来幸福。

女人要好好爱自己

每个人都活在现实里，感受着现实的美好和残酷。人的一生，想浑浑噩噩地度过很容易，想要清醒地活好每一天却很难。在我们的身边，有太多没有活好的人，那并非他们的本意，而是命运的驱使。那么，我们呢？在看过别人经历的一切之后，我们应该选择怎样活着？无可否认的一点是，生活实在是太艰难。曾经有人说过，婴儿之所以来到人世发出的第一声就是哭啼，是因为他知道等待着自己的将是艰难而又漫长的一生。也许有人会说，既然知道这一生无论怎样努力都是艰难的，那就由他去吧。这句话大错特错了。既然知道这一生怎样努力都离不开艰难二字，我们就更应该好好活着，好好爱自己，不枉自己在人世走一遭。

人们常说人生是一次漫长的旅途，没有人知道自己的终点在哪里。既然如此，我们就应该好好享受活着的每一天。生命是无常的，我们每分每秒都要好好爱自己。汶川地震发生之前，没有人知道会有如此的天灾。几十年前，唐山大地震发生的时候，很多人都在睡梦之中。不知不觉地，那么多人的生活戛然而止了。就像前段时间的马来西亚客机失踪一样，毫无征兆的，那么多宝贵的生命消失在了地球的某一个角落。谁能保证自己一定能够活到100岁？别说100岁了，甚至没有人能保证自己一定能够活过明天。既然如此，就让我们把每一天都当成生命的最后一天，爱自己，善待身边的人，使自己能够在夜幕降临时安心地睡去。即使不再醒来，也了无遗憾。人生如此，夫复何求？现代社会，人们的欲望越来越多，想要得到的也越来越多，很多人总是和自己过不去，逼迫着自己追求完这个，追求那个。直到突然倒地的时候，才知道生命比起一切来都是最宝贵的。没有了生命，一切都是虚无。所以，爱自己吧，爱自己，才能好好地活着。

诺诺离婚后一个人生活，儿子判给了前夫，年幼的女儿和她一起生活。刚开始的时候，她非常痛苦，总是恨不得把抢走老公的小三撕碎。为此，她丢掉了工作，每天都蹲守在小三经过的路上，想为自己报仇雪恨。有一次，她甚至已经买好了硫酸，想把小三毁容。尽管很多亲朋好友都劝说诺诺放弃报复，开始自己的新生活，但是诺诺始终不肯原谅那对奸夫淫妇。

一天夜里，诺诺心中的复仇之火再次熊熊燃烧起来，她把熟睡的孩子锁在屋里，一个人去了前夫和小三的楼下。她不停地在楼下徘徊，脑海中放电影似的闪现出一幕幕报复之后痛快淋漓的场景。正当她犹豫不决时，突然，她的手机响了起来。在静静的深夜里，手机的铃声显得尤为刺耳。诺诺心中一惊，突然想到了年仅6岁的女儿。果不其然，电话里响起女儿凄厉的哭声，她含糊不清地告诉妈妈："血，血……"诺诺不顾一切地往家里跑去，回到家，她看到女儿满脸是血地坐在卫生间里。原来，女儿想起来上厕所，不小心摔倒磕破了头。诺诺抱起女儿去了医院，女儿的头上被缝合了五针，医生说肯定会留下疤痕。直到发生这件事情，诺诺才知道原来对于她而言，最重要的不是复仇，而是照顾好年幼的女儿。以后，每当

看到女儿头上的伤疤，诺诺都提醒自己要好好活着。她很庆幸，是女儿的电话把她从犯罪的道路上拽了回来。如果不是女儿，也许她如今已经锒铛入狱了，那么，女儿该是怎样的孤苦伶仃呢？从此以后，诺诺再也不想报仇的事情了，她只想好好活着，陪伴女儿长大成人。

一般情况下，每个人都知道要好好爱自己，这似乎是人类的本能。然而，一旦被仇恨冲昏了头脑，人们就只想着图一时之快，而忘记了生活是多么美好，多么值得我们珍惜。诺诺是幸运的，尽管女儿的头上多了一道疤痕，但是她却被女儿警醒，选择了一条更加美好的人生之路。放下之后的诺诺再也不想那些烦心事，一心一意地只想好好活着，爱自己，才能更好地照顾年幼的女儿。

爱情不需要纵容

在爱情面前，似乎一切道理都显得苍白无力。平日里，我们总是满嘴的大道理，对于爱情有着无限的骄傲和憧憬，梦想着自己能够成为女王、女神，趾高气扬地面对拜倒在自己石榴裙下的男人。然而，一旦真的爱上一个人，我们会瞬间缩小无数倍，把自己变得无限卑微。我们诚惶诚恐地面对自己所爱的人，只怕一不小心惹他生气，让他伤心。这样的爱使我们失去了自我，使我们变得毫无原则。人们常说情人眼里出西施，殊不知，当一个女人死心塌地地爱上一个男人时，就会变得像一个失去理智的母亲，毫无限度地纵容自己的孩子。男人就像孩子，在女人泛滥的爱里，变得越来越不知天高地厚。女人沉浸于忘我的爱，直到有一天，发现自己已经不知不觉地迷失了自己。

有些人说，爱情不需要十分，只要七分就够了，留下三分爱自己。这句话是有道理的。两个相爱的人在一起，从相识相知，到相爱相恋，再到

相依相伴，一起携手走过人生的漫漫长路。除了要彼此包容之外，也要互相提醒少走人生的弯路错路。而如果把百分百的爱都给予对方，这种爱很有可能变成纵容。纵容的爱没有原则，没有限度，没有底线，只是一味地妥协，直到把自己湮没在尘埃中。爱，既需要激情也需要理智，既需要宽容也需要限度。只有理智的爱，才能天长地久。

丁楠在一家工厂里当厂医。因为年轻漂亮，很多年轻人都对她暗生情愫。不过，丁楠眼光很高，她想找一个能够配得上自己的人。其实，丁楠对厂里主管销售的马云很有好感。马云不仅长得高大威猛，而且是正儿八经的大学毕业生，这对只上过卫生学校的丁楠来说无疑是个巨大的吸引。而且，马云的家境也不错，他的父母都是大学教授。丁楠常常想，要是能和马云走到一起，那么也不枉自己这一生了。

也许是因为厂里大部分都是女工吧，她们拿电焊的手显得太粗糙，因为整日里和糙活儿打交道，所以她们人也变得很粗糙，满口粗话，言语恶俗。因为没有其他的选择，在丁楠的强烈攻势下，马云缴械投降了。眼看着自己的梦想成真了，丁楠简直激动得无法自持。每天，她都给马云准备早餐带到单位，还精心准备了午餐。其实，单位食堂里有午餐，但是丁楠宁愿自己每天五点起床现做。结婚几年了，即使有了孩子，丁楠也依然把马云当成自己的大儿子宠爱。一个偶然的机会，马云借着为厂里跑业务拿到了很多回扣。发现这件事的时候，丁楠吓坏了。她央求马云不要再这么干了，并且说钱不是幸福生活的筹码。然而，马云实在太想发财了，他有了第一次，又有了第二次、第三次……因为时间紧张，他还让丁楠利用职务之便帮他开假病假条。丁楠虽然不赞同马云的做法，但是，看着马云央求她的眼神，她不得不答应了。如此这番，时间长了，厂里发现了真相。厂里毫不犹豫地把马云交到了公检法机关，马云被逮捕了。厂里还把丁楠的工作也撤掉了，让她去打扫厕所。一夜之间，一个幸福的家庭就这样被毁了。时至今日，丁楠懊悔不已。如果不是她一味地纵容马云，如果她能在马云犯错伊始就义正言辞地警告他，拒绝他的无理请求，那么马云不会在犯罪的道路上越走越远。

不管我们多么爱一个人，也不要失去做人的底线。古人常说，爱之深，

责之切。时至今日，我们依然应该记住这句话。爱，不是一味地纵容，更不是毫无原则地退让，爱是互相扶持，互相帮助，更好地走完人生之路。

当我们爱一个人到无法自拔的时候，我们应该提醒自己保持清醒和理智。只有这样，爱情的发展才顺乎人意，不会走偏。人总是有着各种各样的欲望，清醒的爱能够使我们时刻铭记为人处世的原则，使我们时刻铭记自己想要的到底是什么，避免在欲望之海里迷失自我。爱一个人，需要的是宽容，而不是纵容。

不要把所有的爱都托付于男人

女人，不管什么时候，即使再爱一个男人，也不要失去自己。尤其是爱，只需要拿出七分来爱自己的爱人就好了，剩下的三分留着爱自己。把太多的爱毫无保留地拿去爱人，那么就会渐渐地忘了自己，甚至迷失自己。试问，谁愿意爱一个没有自我的人呢？没有自我的人会失去灵魂，变成附属品。

台湾著名诗人舒婷曾经写过一首关于爱情的诗歌，叫《致橡树》。在这首诗中，她说：我如果爱你——绝不像攀援的凌霄花，借你的高枝炫耀自己；我如果爱你——绝不学痴情的鸟儿，为绿荫重复单调的歌曲；也不止像泉源，常年送来清凉的慰藉；也不止像险峰，增加你的高度，衬托你的威仪。甚至日光，甚至春雨。不，这些都还不够！我必须是你近旁的一株木棉，作为树的形象和你站在一起。根，紧握在地下；叶，相触在云里。每一阵风过，我们都互相致意，但没有人，听懂我们的言语。你有你的铜枝铁干，像刀，像剑，也像戟；我有我红硕的花朵，像沉重的叹息，又像英勇的火炬。我们分担寒潮、风雷、霹雳；我们共享雾霭、流岚、虹霓。仿佛永远分离，却又终身相依。这才是伟大的爱情，坚贞就在这里：爱——不仅爱你伟岸的身躯，也爱你坚持的位置，足下的土地。从这首诗中，我们不难看

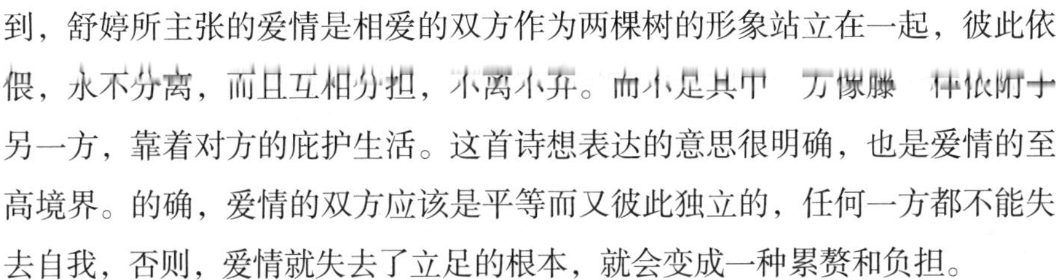

到，舒婷所主张的爱情是相爱的双方作为两棵树的形象站立在一起，彼此依偎，永不分离，而且互相分担，不离不弃。而不是其中一方像藤一样依附于另一方，靠着对方的庇护生活。这首诗想表达的意思很明确，也是爱情的至高境界。的确，爱情的双方应该是平等而又彼此独立的，任何一方都不能失去自我，否则，爱情就失去了立足的根本，就会变成一种累赘和负担。

在两性关系中，女性往往处于弱势地位。很多女人一旦找到自己的真命天子，就会不顾一切地奉献自己所有的爱。殊不知，男人不喜欢失去自我的女人。他们之所以爱一个女人，不仅仅因为她有着美丽的容貌、高尚的灵魂，也因为她有着独立的人格和永不服输的精神。现代社会，生存和生活的压力很大，男人更希望找到一个能与自己分担的女人作为终身的伴侣。每个人都会累，被爱既是一种幸福，也是一种负担，适度时是一种幸福，过度时是一种负担。所以，聪明的女人，你们还不知道应该怎么做吗?

张良向雅芳提出了离婚。这使所有人都大跌眼镜，包括雅芳在内。她如同当头挨了一记闷棍，不知道自己该如何是好。她不知道自己哪里错了。刚开始时，她以为张良有了婚外情，因此几次向张良表示说自己可以原谅他的出轨。然而，她猜错了。张良清清白白，根本没有背叛她。后来，她以为是自己做得不够好，所以恳请张良告诉她哪里做错了，她愿意好好改正。然而，也不是这个问题。当张良最终说出离婚的原因时，雅芳更加迷惘了。原来，张良之所以提出离婚，是因为雅芳对他太好了。张良说："每天回到家，我只希望能够安安静静地看会儿电视，再吃一顿平常的饭。但是，一进家门，我就觉得自己像是回到了宾馆，家里还有一个女佣。她看到我进门，忙不迭地就给我端茶送水拿拖鞋。家里纤尘不染，弄得我手脚都不知道往哪里放。最烦的是吃饭的时候，她总是几次三番地问我想吃什么，还不停地给我夹菜，就像我不是这个家的男主人，而是这个家里的贵客。古人常常说夫妻之间相敬如宾，我不喜欢这样的感觉。夫妻之间不就是要磕磕绊绊，时不时地吵上两句嘴吗？雅芳一看我不高兴，就赶紧在我面前进行自我反省。其实，我倒是愿意她满腹怨言地对我发牢骚，指责我，甚至掐我一下也好啊。尤其是进行夫妻生活的时候，她就像

是一个逆来顺受的小媳妇，我说什么是什么，我想怎么做都可以，她从不提出不同的意见，不管自己高兴不高兴，都一味地配合。”从张良的话中我们不难发现，雅芳其实很爱张良，而且凡事都顺从张良。然而，张良需要的却不是这样的爱。他不想要一个唯唯诺诺的女佣，他想要一个能和他撒撒娇、斗斗嘴、吵吵架的活生生的妻子。

雅芳之所以惹恼了张良，并非因为她做得不够好，恰恰是因为她做得太好了。她太爱张良了，把自己所有的爱和感情都倾注在张良身上，完全失去了自我，也使张良从忽视她的存在变成厌烦她的存在。尽管人们常常用相敬如宾来形容关系好的夫妻，但是也有人提出了不同的意见，说：“相敬如宾的是客人，不是夫妻。夫妻之间如果始终客客气气的，那就太生分了。”所以，又有一句话深刻地刻在一些人的脑海里，那就是“不吵不闹不到头”。这句话也是说夫妻的，意即夫妻之间只有吵吵闹闹才能白头到老。所以，聪明的女人不会把所有的爱都倾注在男人身上，她们时时刻刻都牢记自己，把自己摆放在和男人同等重要的地位上，有着自主意识，常常发表自己的意见，时不时地还会因为一些事情和男人起争执。这样的生活，才是活生生的，才是男人想要的真实的生活。

世界上没有无缘无故的爱

在一生之中，我们会遇到形形色色的人。我们无从知晓下一秒即将遇到的人是我们所讨厌的，还是我们所喜爱的。人与人之间总会产生各种各样的感情，其中，最极致的感情就是爱和恨。爱使人们彼此亲近，甚至能够为对方付出生命；恨使人们彼此疏远，甚至恨不得要了对方的命。如此强烈的两种感情，使我们平静淡然的一生有了波澜起伏的壮丽，也使我们多了很多困扰和不解。其实，凡事有因就有果，这个世界上不但没有无

缘无故的恨，更没有无缘无故的爱。只有明白了这个道理，我们才能坦然面对他人的赞美、期许，才不会被他人的阿谀奉承冲昏头脑，也不会被那些无谓的恶言恶语所中伤。明白了这个道理，我们才能更加坦然地面对人生的起起落落，悲欢离合。人生如此地艰难，我们还有什么理由彼此为难呢？理解了这一点，我们才能以淡定从容的心态走完一生。

人们常常以一见钟情来形容彼此间的爱恋，其实，所谓的一见钟情也并非是无缘无故的，只是因为对方的某些特质吸引了我们。很多时候，我们没有意识到自己到底被对方的哪一点吸引，因此将彼此之间的喜欢、吸引归根于缘分使然。缘分是一个很虚化的词语，很多好感都可以归结于缘分，然而归根结底，人与人之间的感情不是莫名其妙的，而是有据可循的。例如，我们被一个人的容貌吸引，或者为对方的气质、风度所倾倒，也或者是对方的善良、幽默、风趣使我们怦然心动。总之，只要你用心去发掘，就一定能从你喜欢的人身上找到你所欣赏的闪光点。如果没有这些理由，爱就会变成一时冲动下的热情，终究会随着时间的流逝烟消云散。正是基于这一点，如果我们想让对方喜欢我们，我们就要使自己变得可爱。正是因为你可爱，别人才会爱你。所以，当我们对一段感情苦苦求之而不得的时候，当我们抱怨爱情迟迟不来的时候，不如先好好爱自己，把自己变得可爱起来，这样，你就能够轻而易举地得到自己想要的东西。

大学毕业之后，陈强进入一家电脑公司上班。这是一家刚刚成立的公司，规模很小，业务也不太忙。自然，薪水也就不高。看着身边的同学们都过上了忙碌充实的白领生活，陈强的心里怅然若失。一段时间之后，公司里的一个女孩开始主动追求陈强。陈强很奇怪，因为他长得不高也不帅，没有房也没有车，而这个女孩却是本地人。

不过，既然女孩子主动抛出了橄榄枝，陈强有什么理由不接着呢？他接受了女孩的追求，开始和女孩约会起来。经过一年多的交往，陈强终于抱得美人归。他与女孩走进了婚姻的殿堂，在这个城市里有了真正属于自己的家。结婚很久之后，陈强终于按捺不住心中的好奇，问女孩："当时，有那么多条件好的、与你般配的人，你为什么选中默默无闻的我

呢？”女孩笑了，回答说：“因为你每天中午都吃最便宜的菜。我父母在我小的时候吃了很多苦，才为我创造了今天的生活。我一直在想，我一定要找一个艰苦朴素的人，能和我一起，像当年我的父母同甘共苦一样，创造美好的生活。如今，很多年轻人虽然挣钱不多，却都主张提前消费。他们工资还没发，就已经花完了，每个月都是月初是富翁，月末是乞丐。我不想过那样的生活。只有你，细水长流，总是计划好每个月的生活。听说，你还按月给老家的父母寄钱。所以，我选择了你。”

上文中，陈强之所以能够得到女孩的青睐，恰恰是他的质朴、俭省。很多男孩都觉得追求女孩应该大把地花钱，殊不知，真爱并非用钱能够买来的。既然大部分男孩都不是富二代，没有花不完的钞票挥霍，那么，理智的做法是坚持自己的本色，找到那个真正爱自己、欣赏自己的人。

不管怎样，爱都是世界上最动人的感情。我们要学会寻找真爱，要坚信在这个世界上总有一个人真正地欣赏我们、爱我们，愿意接受最本真的我们。

健康是一切的前提

前几年，著名演员高秀敏和傅彪先后因病去世：高秀敏突发心脏病，享年46岁；傅彪患了肝癌，享年42岁。在现代社会，生活条件好了，四十多岁的人可以说是正当年。他们正值事业的上升期，却突然撒手人寰，这不得不让人扼腕叹息。据说，他们之所以身患绝症，都是因为平时的工作过于劳累，没有时间调理自己的身体。这给无数的平凡人敲响了警钟。

如果说我们的生活是一个天平，那么，事业、金钱、名利等占据着天平的这一端，健康则占据着天平的另一端。在平常的日子里，大多数人都忽视了健康，转而追求那些名利、金钱等身外之物。直到有一天，天平因为我们的偏心而倾倒了，我们身体的“大厦”轰然倒塌，我们才会突然领悟到健康是多么重要。可以说，如果没有健康保持人生的天平平衡，那么人生就将不复存在。有人曾经说过，年轻的时候拿命换钱，年老的时候拿钱换命。前者也许可以成立，后者却往往成为奢望。一旦健康受损，生命受到威胁，只怕有再多的钱也无力回天。对于任何人而言，健康都是最重要的，如果健康出现问题，不仅会使我们身心俱疲，也会使我们数年积累的财富全都流进医院。

对于健康，曾经有人打了一个形象的比方。即，健康是人生的“1”，其他所有的东西，例如爱情、财富、事业、婚姻等，都是“0”。学过数学的人都知道，所谓零就是无的意思。如果没有健康的“1”作为支撑，这些“0”就都是毫无意义的虚无。只有跟在“1”的后面，这些零才有实际的意义。所以，健康是人生的本钱和基础。作为女性，更是应该关注自己的健康。女人是很容易焦虑的动物，尤其是在压力巨大的现代社会，女性不仅要忙工作，还要分身照顾家庭，压力空前。所以，女性朋友更应该好好爱自己。只有自己好了，我们才能更好地承担女儿、母亲、妻子的种种角色。

独自在大城市生活，娜娜已经形成了拼命三郎的性格。大学毕业后，她凭借着自己的努力进了报社。然而，因为没有后台，她在工作的过程中总是受人排挤。娜娜不服气，她知道自己是有能力的，她暗暗告诉自己一定不能输给那些凭借关系混日子的人。就这样，每次有艰巨的采访任务，娜娜都主动请缨；每次有别人不愿意干的工作，她都主动承担下来。总之，她总是捡硬骨头啃，似乎这样才能证明自己的实力。

所谓工夫不负有心人，娜娜的努力终于在几年之后得到了回报。因为副主编要出国照顾孩子，娜娜被破格提拔为副主编。这对于毫无背景的娜娜来说，简直是最大的肯定。得到这样的认可之后，娜娜更加充满干劲了。结婚了，别人都休婚假她不休；生孩子了，别人休四个月的产假，她只休两个月。尽管家人再三劝说娜娜身体是第一位的，工作是第二位的，娜娜依然不服气。她就要证明给别人看，作为外来人口的她依然能在这个大城市打拼出自己的一番天地。

一次单位体检，娜娜突然查出得了子宫肌瘤。按说这么年轻是很少得这

种病的，但是娜娜却不止有一个子宫肌瘤，而且瘤子的个头还都很大。医生建议她马上住院手术，直到躺在病床上时，看着哭哭啼啼的孩子和满脸焦灼的老人，娜娜才真正意识到所谓的名利、所谓的工作都是虚的，只有自己的身体健康了，才能真正给孩子和老人幸福的生活。病好之后，她一改往日拼命三郎的样子，把更多的时间和精力用于陪伴家人、调养身体。

幸运的是，娜娜在体检中及时发现了身体的异常，这也算是命运之神给她敲响的警钟。如果不是体检，如果任由疾病发展下去，后果简直难以想象。倘若娜娜突然撒手人世，最可怜的必然是年幼的孩子，最痛苦的必然是生养她的父母。而工作，还能找到合适的人去做。金钱和名利，也无法挽回娜娜的生命。女性朋友们，我们一定要以此为戒，不管生活的压力多么大，不管工作的动力多么足，一切也都要建立在健康身体的基础上。只有我们健康地活着，我们挚爱的亲人才有幸福可言。

爱与被爱都是幸福

曾经，我幻想着能够找到一个我爱的并且爱我的人白头偕老，执手不离。然而，随着时间的流逝，我渐渐知道那是可遇而不可求的缘分。很多时候，我们很爱一个人，但是那个人却不爱我们；或者，我们被人撕心裂肺地爱着，自己却提不起丝毫的兴致。如果能够找到自己所爱且深爱自己的人，不得不说是上天的厚待。其实，爱是一种幸福，被爱也是一种幸福。假如我们能够调整好自己的心态，淡然地面对爱与被爱，那么，我们一定会更加幸福。

人们常说，爱是付出。的确，生活中有很多人不求回报地爱着一个人。即使那个人不爱他，无法回报他以等同的爱，他也依然不改初衷。爱就是这样，爱是天底下最无私的感情。有很多人觉得被爱是一种负担，因为我们无法回报同等的爱。其实，被爱不是负担，被爱也应该是一种幸福。既然对方在爱我们的过程中已经得到的心理上的满足，我们又何必觉得内心不安呢？无论爱还是被爱，坦然相对就好。

蜜蜜是一个上海女人，有着上海女人的精致，尽管在这个小小的县城工作，她也依然活得精细。她每天都会给自己化个淡淡的妆容。即使自己生活，她也会细心地腌制咸菜。对于这样的日子，蜜蜜无比怀念上海，却也安之若素。

也许是这个地方太小，蜜蜜始终没有找到自己所爱的人。在她工作的学校，很多男教师都喜欢她，却都不入她的法眼。在这其中，只有一个人还算不招蜜蜜的讨厌，他就是李杜。李杜是学校的体育老师，长得高高大大，人也很精神。对于众多的追求者，蜜蜜对李杜的印象还算好。有的时候，蜜蜜一个人觉得孤独，就想：实在不行就嫁给李杜吧，尽管不是自己真正爱的，但是最起码他很爱自己。在这个举目无亲的小县城，蜜蜜打心眼里想给自己安个家。

眼看着马上就要过30岁生日了，蜜蜜一狠心把自己嫁给了李杜。婚后，他们的日子过得很幸福。李杜高大帅气，蜜蜜小鸟依人。因为很爱蜜蜜，李杜几乎承担了所有的家务，蜜蜜呢，则过着衣来伸手、饭来张口的生活。回上海探亲时，蜜蜜的闺蜜问她是否后悔把自己嫁给了一个并不是发自内心深爱的人，蜜蜜说："他很爱我，这就足够了。也许，这远远比嫁给一个我爱的人更加幸福。爱情是一个不对等的公式，我选择被爱。"和蜜蜜一样，李杜也觉得自己很幸福，因为他能够拥有自己所爱的人，并且倾尽全力地爱她。

从蜜蜜和李杜的婚姻之中，我们不难看出，爱与被爱都是幸福。爱一个人，毫无保留地付出自己的爱，自己心里是幸福的；被一个人爱着，享受着这份爱，也是幸福的。婚姻，没有刚刚好的爱与被爱的搭配，很多时候，我们只能选择爱或者选择被爱。这种情况下，不要觉得遗憾，因为很多幸福的婚姻都是爱或者是被爱。如果真的是爱与被爱恰巧合拍，那也许婚姻就会变成异常灼热的燃烧，无法持久。反倒是不那么完美的婚姻，才更容易拥有细水长流的幸福。

第14章　做一个坚强的女子，不畏将来不念过去

很多时候，我们会觉得别人瞧不起我们。其实，并非是别人瞧不起我们，而是我们没有足够的自信面对自己。生活中，任何人都无法打败我们，只要我们挺起胸膛，昂然屹立于人世间。如果你的内心是蜷缩的，那就赶快舒展开吧。只有这样，你才能傲视一切。

你的快乐来自心底

生活中，很多人都曾经很苦闷，心情烦躁，甚至对一切感到绝望。在这种情况下，即使我们身处世界上最美丽的地方，穿着最漂亮的华服，吃着最美味可口的食物，也依然会食不知味，无心欣赏美丽的景色。其实，一旦我们的内心感到焦虑，即使外界环境再怎么美好，也很难有所改观。与此相反，如果我们心情很愉悦，那么即使我们置身于恶劣的环境里，吃着粗茶淡饭，穿着衣不蔽体，我们也依然会觉得很快乐，甚至感到自己恍若置身于天堂。由此可见，一个人是否开心并非取决于他所处的外在环境，而取决于他的内心。对于大多数人而言，快乐不是别人给的，而是自己内心的感受。快乐只能源自于我们内心的清泉，再没有其他来源。只有快乐的女人才会有魅力，试问，谁愿意面对一个愁眉苦脸的女人呢？快乐

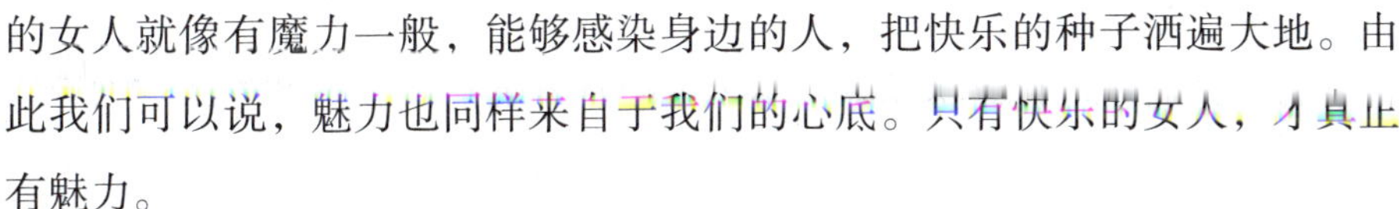

的女人就像有魔力一般，能够感染身边的人，把快乐的种子洒遍大地。由此我们可以说，魅力也同样来自于我们的心底。只有快乐的女人，才真正有魅力。

从本质上来说，快乐是很简单的。只要觉得快乐，你就会很快乐。然而，在生活之中，我们总是犯一个毛病，即给快乐制定很多条条框框。我们总是有意无意地说，如果怎么怎么样，我就一定会很快乐。其实，一旦你这么说了，你就会发现，即使你真的实现了自己的愿望，因为过度地憧憬与渴望，你已经不可能得到预期的快乐了。

戴妮是一个很漂亮的女孩子。她在一家公司当文秘，每天都过着朝九晚五的生活。自从看了同事在马尔代夫拍的婚纱照之后，戴妮就一直梦想着能去马尔代夫度假。她总是对大家说："如果我能去马尔代夫，即使只去几天，我也会高兴的！"从她日复一日的渴望中，大家都觉得戴妮最大的梦想就是去马尔代夫。终于，戴妮的男友决定带她去马尔代夫旅游。整整几个月，戴妮日盼夜盼，终于盼到了出发的日子。

一个星期之后，戴妮回来了。同事们全都围着她问长问短，想不到，戴妮却遗憾地说："很久以来，我始终都梦想着能去马尔代夫。原本，我以为自己只要踏上马尔代夫的土地，就会被兴奋冲昏头脑。但是，其实马尔代夫远远没有我心里所想的那么美。那里特别热，炎热的沙滩上，我的皮肤都被晒黑了。说真的，我甚至有些失望。我们只有早晨和傍晚才去海边，中午只能待在闷热的旅馆里，连门都不敢出。最讨厌的是我的男友，在那么一个浪漫的地方，他非但提不起兴致和我谈情说爱，反而埋怨我选择了这样一个地方旅游。总之，一切都糟蹋了，我都快疯了。我也很懊恼，要是我们去的是四川九寨沟，一定能够欣赏到人间仙境的美景！"

可以想象，即使戴妮没有去马尔代夫，而是去了四川九寨沟，她也依然会牢骚满腹。很多时候，我们从旅游的过程中得到快乐，并非因为我们去的旅游胜地多么美丽，而是因为我们的心境使我们感到快乐。如果一个人从内心不快乐，即使他去了天堂，也会满是抱怨。

很多时候，快乐取决于我们对生活的期望。生活是琐碎的，所以，

我们有着无数的期望。小的期望是希望天气晴朗，不要下雨，不要刮风；大的期望是希望自己能够升职加薪，一辈子衣食无忧；还有人期望获得爱情，期望家人平安……总之，人的期望实在是太多太多了。期望越多，越迫切，一旦期望得不到满足，人们就会觉得很失望。或者是期望得到满足之后没有达到自己的预期，我们就会觉得很失落。因此，获得快乐的唯一办法就是降低自己的期望，对一切都抱着顺其自然的心态。只有时刻保持着满足的心态，我们的生活才能得到更多的满足。其实，生活不是必须完美的呈现，生活中也没有那么多不开心的理由，如果我们能够试着使自己的快乐脱离外界环境的束缚，我们就能够得到发自心底的快乐。

别为打翻的牛奶哭泣

生活中有很多值得我们珍惜的事情或者事物。一旦这些事情被我们不小心搞砸了，或者那些珍贵的东西因为我们的不小心而丢失了，我们就会怅然若失，甚至懊悔不已。我们沉浸在自责的情绪中，不停地祈祷着一切能够重新来过。其实，每个人都知道时间不会倒流，世界上更没有后悔药可以吃。所以，我们应该学会放下，放下那些曾经的失意，还要学会忘记，把那些值得我们珍藏但现在已经失去的东西埋在心底。

生活中只有三天，昨天、今天和明天。昨天已经成为无法更改的历史，明天还在遥远的不可知的未来，只有今天，是我们真正握在手掌心里的。珍惜今天吧，只有把握住今天，你才能把握命运。

这就像一杯被打翻的牛奶，不管当事人怎么懊悔，牛奶都无法再回到玻璃杯中。正像很多事情一旦成为板上钉钉的事实，不管你怎么哀叹，都无法改变事情的结果了。有智慧的人从来不会因为打翻的牛奶哭泣，他们做的是把握好此刻，活在当下。

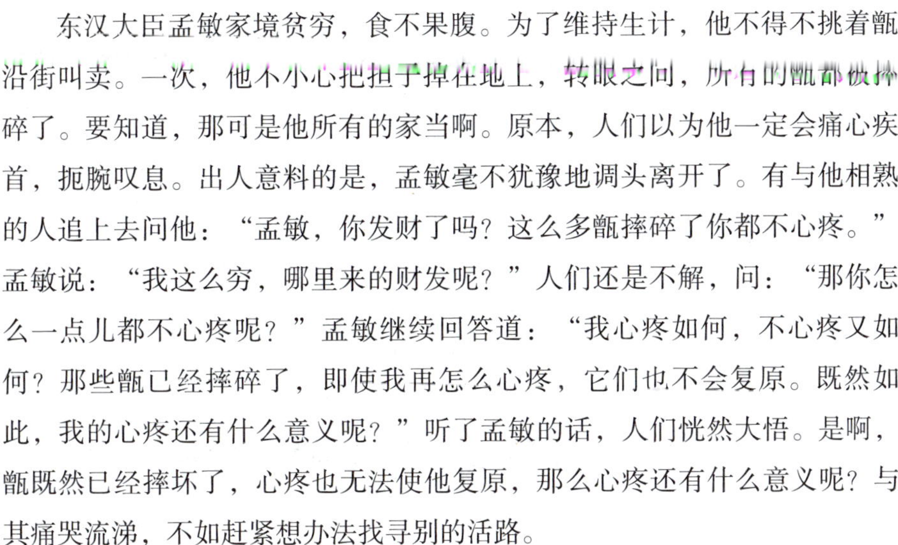

东汉大臣孟敏家境贫穷，食不果腹。为了维持生计，他不得不挑着甑沿街叫卖。一次，他不小心把担子掉在地上，转眼之间，所有的甑都被摔碎了。要知道，那可是他所有的家当啊。原本，人们以为他一定会痛心疾首，扼腕叹息。出人意料的是，孟敏毫不犹豫地调头离开了。有与他相熟的人追上去问他："孟敏，你发财了吗？这么多甑摔碎了你都不心疼。"孟敏说："我这么穷，哪里来的财发呢？"人们还是不解，问："那你怎么一点儿都不心疼呢？"孟敏继续回答道："我心疼如何，不心疼又如何？那些甑已经摔碎了，即使我再怎么心疼，它们也不会复原。既然如此，我的心疼还有什么意义呢？"听了孟敏的话，人们恍然大悟。是啊，甑既然已经摔坏了，心疼也无法使他复原，那么心疼还有什么意义呢？与其痛哭流涕，不如赶紧想办法找寻别的活路。

孟敏的心态无疑很好。他是一个有大智慧的人，能够在得失之间找到平衡点，想明白很多人终其一生也无法悟透的道理。人生中有太多的东西值得我们珍惜拥有，即便如此，我们也未必能够永远地拥有。当事实无法改变的时候，我们与其扼腕叹息，不如学会淡然地放弃，去追寻更加美好的未来。

六十多岁的布斯·塔金顿曾经说："我能接受命运安排的一切，除了失明。"然而，命运似乎想考验他，他真的失明了。面对着这件自己无法接受的事情，大家都以为他会歇斯底里，但是，他的态度却出乎所有人的意料。有时，他甚至会拿自己的病痛开玩笑。在彻底失明之前，他常常因为眼前浮动的"黑斑"担忧不已，如今，他却说："哈哈，今天天气晴朗，老黑斑爷爷却出来了。他这是想去哪里串门呢？"失明之后，他才发现自己能够像承受其他任何事情一样忍受失去视力的现实，就算所有的感觉器官都不能用了，只要还能够思考，他就自信还能很好地生活。

为了恢复视力，在短短一年的时间里，布斯·塔金顿做了12次眼科手术。人们难以想象他的勇敢。他就像一个开心果，即使住在病房里，也总是想尽办法使人开心。尽管始终在黑暗的禁锢中，他却非常乐观，从来不徒增烦恼。正是因为他的乐观和豁达，他才能够始终拥抱生命。

生活既有幸运，也有不幸，既有满足，也有无奈。每个人在生活中都会遭遇各种不幸和灾难，如果能够坦然地面对，我们就不会感到绝望，而是始终充满希望。人生需要的不是逃避，而是面对，勇敢地面对。我们常常自以为脆弱，实际上，我们是无比坚强的。只要学会面对，我们就能坦然地接受和战胜一切。

生活是一面镜子，心态决定一切

生活中，常常有人抱怨，有人不满，却很少有知足的人。细心的人会发现，人们越是抱怨，生活就越是不如意。而那些知足常乐的人，不管什么时候，都是笑呵呵的。其实，生活就是一面镜子，你要是想从生活那里得到笑脸，你就要对着他笑。你要是给它以哭脸，它就会回报你哭脸。看到这里，聪明人肯定知道自己应该怎么做了。即你想从生活的镜子中看到怎样的面孔，你就应该以怎样的面孔对待生活。不管什么时候，一味地抱怨是不能改变生活的，只有积极乐观地笑对生活，生活才会馈赠于你。

如果你是一个脑力劳动者，那么每天都端坐在办公室里对着电脑，你一定会觉得十分疲劳。其实，并不是工作超量使你感到疲劳，而是你的工作量根本不够，所以你显得疲惫不堪。举例而言，每到忙碌的周一，总是有很多工作等着你去处理。当你正准备把这些乱无头绪的工作一一完成时，又总是有一些突发状况需要你应对。所以，整个上午，你非但没有完成计划的工作，反而把大量时间和精力用于处理突发问题。到了下午，当你回家之后，你会觉得头痛欲裂，筋疲力尽，甚至觉得很沮丧，连话都不想说。假如情况发生了变化，即没有突发状况，你按照原计划完成了自己所有的工作，而且还有闲暇，能在下班之前悠闲地喝一杯咖啡，那么，当你下班时，你一定觉得神清气爽，很有成就感。晚上，你甚至还有兴致陪伴家人看一场电影，或者进行晚餐后的散步。难道第一种情况下做了更多的工作吗？还是第二种情况下你很轻松？事实恰恰相反。第一种情况下，你明明没做什么工作，却很疲劳；第二种情况下，你做了大量的工作，甚至还承担了额外的工作，却精神抖擞。从这件事情中我们不难得出一个结论，即并非是工作本身使我们感到劳累，而是紧张恶劣的坏情绪使我们倍感疲劳。所以，我们只有调整好自己的情绪，才能把疲劳从我们的工作和生活中赶走，才能使我们积极乐观地面对生活和工作。

艾米丽在一家小公司担任文秘。每到月末的时候，她都必须在一份已经印好的销售报表上填写各种统计数字。在艾米丽心里，这无疑是最枯燥无聊的工作。每次填表的时候，她都很痛苦，将那几天称为自己的受难日。为了提高工作效率，艾米丽想出了一个好办法，即每次填表的时候都跟自己竞赛。早晨，她首先统计出需要填的报表数量，然后，整个下午她都全神贯注地工作，为的是打破自己前一天创造的纪录。到了第二天，她再想办法打破前一天的记录。这么一个看似平淡无奇的办法，给她带来了很大的好处。如今，她不仅不再觉得填表的工作枯燥乏味了，而且工作效率也得到了很大的提高。上个月，总经理在开会的时候特意表扬她，说她的表现很出色，还号召大家都向她学习呢！

对于艾米丽来说，这真是个一举两得的好办法。她不仅快速地处理完了工作，获得了总经理的好评，而且还保持了工作的兴趣，把一件枯燥乏味的工作变成了一件能够使自己振奋精神的工作，赶走了工作中的疲劳感。因为提前完成了工作，她还节省了自己的精神和体力，使自己有了更多的闲暇可以支配。这简直是莫大的收获。

其实，不仅仅是工作，生活中的很多方面都可以被改变，只要我们改变自己的心态。面对生活，只要我们能够改变自己的心态，我们就能变被动为主动，最终改变生活。当然，人非圣贤，不可能始终保持积极乐观的心态。在这种情况下，我们就要学会适时放松，调节自己的情绪。中国有句古话叫做“磨刀不误砍柴工”，说的就是这个道理。生活中，很多人总是把自己心里的弦紧紧地绷着，从不放松，殊不知，这样做非但无法使

我们一直保持最好的状态，还有可能使我们的状态变得越来越糟糕。人是需要休息的，精神也需要放松。只有学会调节自己，我们才能始终神采奕奕，精力充沛，精神愉悦。

法国雕塑大师罗丹曾经说过，生活中并不缺少美，而是缺少发现美的眼睛。我们要说，生活就是一面镜子，你在镜子里看到的永远都是自己的影像和你对待生活的态度。

不做欲望的奴隶

生活中，每个人都有欲望，只不过，有人是欲望的主人，而有人则是欲望的奴隶。面对这个繁华的花花世界，很多人在欲望的海里沉沦，无法上岸。正是因为如此，他们才会离快乐越来越远，生活也渐渐成为不见光明的一片暗黑。所以，我们应该牢牢记住一句话，即“贪婪就像糖果，虽然美味，能够让你感到一时的甜蜜，却会蛀蚀你的牙齿，让你的快乐渐渐消逝。”毫无疑问，贪婪是这个世界上最可怕的慢性毒药，总是在不知不觉之间蛀蚀人们的心灵，使人们的心变成欲望的深渊。如果你允许贪婪驻扎在你的心里，你就永远与快乐隔绝了。一个人如果贪婪，就会产生无数无法满足的欲望，并且被其驱使着去追求永无止境的东西。在贪婪之心的驱使下，人们变得不知疲倦，从不满足。如果女性朋友们被贪婪所奴役，就会在生活的道路上满怀绝望。所以，聪明的女人会控制自己的欲望，使自己远离贪婪的魔爪。

印度佛教中有一个关于非常孝顺的懂得法术的佛教徒的故事流传很广。这个佛教徒非常孝顺，他的母亲去世后，他非常牵挂母亲，所以就施展法力去看另一个世界里的母亲。他惊讶地发现他的母亲已经变成了饿鬼，饿得皮包骨头。看到母亲饥饿的样子，他很想拿些东西给母亲吃，但

是，只要他的手一碰到东西，那些东西就会变成灰烬，母亲根本吃不到那些东西。后来，一位高人让他别再徒劳无用地拿东西给母亲吃，而让他想办法净化母亲的灵魂，使母亲得以解脱。果然，母亲的灵魂被净化之后，饥饿再也无法控制她了。

实际上，吃是人类最大的欲望。那些饿鬼就像是生活中那些被欲望所奴役的人，在欲望的驱使下，他们即使得到的再多也依然不知满足。要想使他们不被欲望奴役，最好的办法就是净化他们的心灵，降低他们的欲望。否则，他们将永远也不知道满足。

在现实生活中，很多人都像这些饿鬼一般。面对着自己深切想得到却又苦苦得不到的，他们承担着莫大的痛苦。然而，在这种情况下，我们唯一能做的不是抱怨，而是反思自己是否索求无度。我们应该把自己的欲望控制在合理范围内，成为欲望的主人，而不是被欲望驱使着生活，成为欲望的奴隶。只有这样，我们才能快乐地生活。

在无边无际的大沙漠中，很多人都去淘金。有一群人在历经千辛万苦之后终于找到了金矿，他们欣喜若狂，赶紧把金子都装进了自己的口袋中。回程的路上，几乎每个人的行囊中都装满了沉甸甸的金子。刚开始的时候，他们怀揣着狂喜，恨不得马上回到家里享受富裕的生活。然而，经过一天的长途旅行之后，他们一个个都累得气喘吁吁，疲惫不堪。第二天，几乎每个人都步履维艰。眼看着走出沙漠的路途还很遥远，他们不由得开始绝望起来。这时，只有一个人轻松地走着。同行的人们看到他如此愉悦，都问他为什么不感到累。这个人的回答很简单，他说："因为我仅拿了够用的金子。"

在黄金面前，人们贪婪的本性显露无疑。每个人都争先恐后地拿金子，生怕自己拿的少了。然而，他们却没有想到如此沉重的金子会影响他们在沙漠中行进的速度，甚至危及他们的生命。仅拿了够用的金子的那个人无疑是明智的，他知道，只有走出沙漠，拿到的金子才能改善他的生活。很多人被欲望拖累，以至于无法达到生命旅程的终点。

很多时候，贪婪并不仅仅限于物质，而是指人们对于某种事物永远持

不满足的态度。例如，有的人争名，有的人求利。人生而自由，然而，贪婪却使我们失去自由，成为被欲望驱使的奴隶。要想永远地拥有自由，我们就要控制自己的欲望，得到真正的快乐。聪明的女人知道驾驭自己的欲望，使自己成为欲望的主人，甚至真正地主宰人生。

告诉自己“没关系”

生活中，有很多人非常在乎外在的事情，小到柴米油盐酱醋茶，大到金钱、名利、官位等。其实，当我们为了这些身外之物熙熙攘攘的时候，真正重要的是我们对其视若无睹的生命。我们之所以对生命视若无睹，并非因为觉得生命不重要，而是因为生命就那么存在着，使人忘记了它的存在是多么重要。一旦我们的生命受到威胁，一旦我们失去宝贵的健康，我们才会猛然意识到，没有健康作为1，其他一切的0都是没有意义的。意识到这一点，我们才会醒悟，和生命比起来，一切都无所谓。所以，女性朋友们，请告诉自己“没关系”。的确，真的是没关系。失恋了没关系，天涯何处无芳草；大学没考上没关系，条条大路通罗马；婚姻不幸福没关系，好好经营就好，或者离婚也能开始新的生活。当然，我们这里并非是主张离婚，因为婚姻就像是我们的身体一样容易有小灾小病的，有病就要积极治疗，治好了比什么都强，不能一有不满意就放弃。有谁敢说自己的婚姻是十全十美的呢？谁又敢说自己的人生是十全十美的呢？和自己的生命比起来，我们几乎可以接受一切的不完美。

一次上课，一位教授告诉学生：“同学们，走过了风风雨雨的人生，如今，我把自己从人生中提炼出来的三字箴言送给你们每个人。这三字箴言非常有效，对于我们的人生有着很大的益处。每当你遭遇人生困境的时候，它不仅能使你们心境平和，而且将对你们的学习和生活产生非常大的

帮助。”听到这里，坐在下面的同学们都窃窃私语，怎样的三个字居然有如此大的魔力呢？怎样的三个字居然能对人生的种种境遇都有神奇的作用呢？教授似乎看穿了同学们的心思，只见他不紧不慢地说：“这三个字就是‘没关系’。”是的，一切都没关系。如果你能时时这样对自己说，你就会看淡人生的起起落落。

他的人生可谓坎坷至极。高考那年，他明明考上了大学，但是却被镇里的领导偷梁换柱，由镇领导的侄女代替他去上了大学。后来，他正准备与谈了两年的女朋友结婚，女朋友却认识了一个富家子弟，把他甩了。再后来，他自己办了一家工厂，却因为金融危机的影响破产了。在别人看来，他几乎没有活路了。如此多的打击接踵而至，使他的人生始终被乌云遮盖，不见天日。但是，他丝毫没有气馁，总是乐观地面对生活。每当身边的人因为他遭受打击而安慰他的时候，他回报大家的只有三个字：“没关系。”就是这一个个或者轻描淡写或者勉力坚强地说出来的三个字，伴随他走过了人生之中一个又一个的坎。也许苍天终究是公平的，40岁那年，他终于迎来了人生的春天。他和一个品貌俱佳的老姑娘结了婚，并且工厂也被收购，被盘活。他成了这家中外合资企业的负责人，并且在第二年生了一个大胖小子。

假如事例中的主人公没有在这些磨难面前说“没关系”，而是动辄就痛不欲生，歇斯底里，他还能坚持等来人生的春天吗？答案是否定的。其实，很多时候并非是灾难把我们打倒了，而是我们的内心不够坚强。试想，在一艘航空母舰面前，小小的冰川算什么？但是如果只是一叶扁舟，那么只需要一个大点儿的浪就能把它打翻到海底。我们要把自己的心修炼成航空母舰，而不是一叶扁舟。

在人的一生之中，的确有些事情是对我们至关重要的。例如，价值、荣誉和存在的意义。但是，与心情的平和与人生的快乐比起来，有更多的事情是不值得计较的，是我们完全可以以“没关系”应对过去的。换言之，很多事情并没有我们想象得那么重要。假如每个人都能深刻地记住这一点，人生将会拥有更多的幸福与快乐，而少了很多无谓的烦恼与忧愁！

希望还是绝望，你说了算

记得有这样一个寓言故事：

一个富商有两个儿子，大儿子天生悲观，似乎这世上从来没有什么事能使他开心快乐；而小儿子却恰恰相反，他一天到晚都乐呵呵的，似乎从来没有为什么事而烦恼过。为了让两个儿子调整一下个性，以便更好地适应社会，富商送给了大儿子满满一屋子高级玩具，而送给小儿子的却是满满一屋子的马粪。然而当富商分别推开两间房门时，他却看到了迥然不同的情景：只见大儿子满脸悲伤地坐在一大堆玩具中间，看见父亲，竟然哭起来了。问他为什么，他说："这么精美的玩具，要是玩坏了怎么办？"而另一个房间里，小儿子却兴高采烈地在马粪堆里掏着什么，问他，他开心地说："爸爸，我想这里面一定藏着一只小马驹！"

这就是悲观者与乐观者最大的差别。生活都是一样的，各人有各人的幸福，各人也有各人的不幸，但不同的是每个人对待生活的态度，态度不同，心情自然大不相同。就如同面对半杯水，乐观的人会说："太好了，再来半杯水，杯子就满了。"而悲观的人却说："太糟了，只剩下半杯水了，杯子马上就要空了。"乐观者看到的是希望，而悲观者看到的却是绝望。希望还是绝望，完全取决于你的态度和看问题的角度。

一个女人跟随当兵的丈夫来到沙漠驻地，白天，丈夫外出训练，女人一个人待在闷热的铁皮房中。周围除了沙漠就是仙人掌，邻居也都是不会讲英文的印第安人，女人连个交流的人都没有。很快，女人就受不了恶劣的气候和难耐的寂寞，写信给自己的父母，请求他们将自己带回城市。

不久，父亲的回信寄到了，只有简短的几行字，上面写着："两个犯人从牢房的铁窗往外望，一个看到的是泥土，而另一个看到的却是星星。"

父亲的话如同醍醐灌顶，令女人豁然开朗。从此以后，她满怀着热情和希望投入到生活中去。她跟当地人学习印第安语，并教他们学习英语；她开始研究沙漠里的神奇物种，并收获颇丰；她和当地的人们交朋友，当

他们将舍不得卖给客人的手工艺毯和陶器无偿地送给她时，她的心被深深地感动了；她还和当地的孩子们到沙漠中寻宝——那儿万年前当沙漠还是一片海洋时遗留下来的海螺和贝壳……

女人爱上了沙漠，也爱上了沙漠中的人们，原本难以忍受的生活如今变成了难言的快乐和幸福。丈夫惊异于她的变化，而她则将自己的这段经历写下来，并出版了一本书，书名就叫做《快乐城堡》。

原来改变就在一念之间，有时我们无法改变生活，但是我们可以改变自己。沙漠还是那片沙漠，但是由于女人对待它的态度不同，所以她就有了两种截然不同的生活。可见，事物的本身并没有悲乐，但人们感受事物的内心却有着悲观和乐观之分。悲观还是乐观，绝望还是希望，完全在于你的心态。人生就是如此，即便面临更多的无奈和困苦，只要保持一颗乐观的心、积极向上的态度，就能扭转命运、改变人生。就如德国哲学家叔本华所说的那样："生命的幸福与困厄，不在于降临的事情本身是苦是乐，而要看我们如何面对这些事。"

每个女人在一生中都会遇到种种不如意，有的女人被不如意击垮，从此怨天尤人，甚至自暴自弃；而有的女人却从不放弃希望，她们总是笑着面对生活给予的磨难，并将之当做一种难得的阅历和财富，令自己在挫折和磨难中更加从容、更加睿智。不言而喻，后一种女人更令人愉悦，也更令人敬重。生活就像一扇门，有人为门内的黑暗枯燥而悲观绝望，而有人却为门内的宁静祥和而乐观向往。不难想见，当这两种人走进门内后，他们的生活和境遇必定是截然不同的，无他，唯心态不同耳。

心理学上有一个很著名的现象叫做"自我实现预言"：假如我们对未来充满希望，预见的是美满和幸福，那么内心的力量就会推动我们向预期的方向去发展；反之，假如我们对未来的态度是悲观绝望的，并预见的是不幸和痛苦，那么也会有一种看不见的力量将我们拉入绝望的深渊。所以，女人要记住：任何一个人的人生都是自己推动的结果，因此，希望还是绝望，自己说了算。

第15章　做一个自信的女子，你若盛开蝴蝶自来

很多时候，我们都太在意别人的目光。我们就像是为别人而活，而不是为自己。但丁曾经说过："走自己的路，让别人去说吧。"不管别人怎么看，我们都要看好自己。即使全世界都否定你，只要你自己不放弃，你就一定能够获得成功，活出属于自己的精彩人生。

自信，是你坚强的武器

生活中，我们不喜欢盲目自信的人，也同样不欣赏盲目自卑的人。自卑，使人们蒙蔽了自己的眼睛，无法发现自己身上的优点和长处。自卑的人似乎有着各种各样的理由，他们的内心通常都很脆弱。例如，很多女人因为自己眼睛不够大或者皮肤不够白而自卑；有些女人因为自己的身材不够高挑自卑；还有些女人因为自己没有显赫的家世而自卑……其实，这些都是先天的或者是无法改变的，只要我们足够努力，根本没有必要因为这些事情而自卑。这个世界之所以如此精彩纷呈，五彩斑斓，正是因为有高矮美丑的区别。如果每个人都长成一样的，那岂不是无所谓美了吗？即使长得丑，也无需自卑，因为美还分为内在与外在。只要我们的内心是美的，又有什么人会因为这些理由笑话我们呢？如果有人嘲笑，那只能说明

他的内心是邪恶的。很多时候，并非别人瞧不起我们，只是因为我们不够自信。因为自卑，我们总是觉得自己不如别人，觉得别人处处高我们一等。其实，每个人都是平等的。只要我们放宽心态，积极乐观地面对生活，生活就一定不会辜负我们。只要拥有了自信的武器，原本怯懦的我们很快就会变得强大起来。试问，谁敢说自己是没有任何缺点和不足的呢？只要你用心，就一定能发现自己的优点和长处，这样才能拥有最精彩的人生。

自古以来，中国人就说“是金子总会发光的”。这个道理不仅仅适用于中国人，全世界范围内都是同样的道理。钢铁大王安德鲁·卡内基也曾经说过：“与人相处，就像在泥沙里寻找金子。你的目的很明显，就是寻找金子，根本无需在意旁边的泥土。如果我看不到一个人身上闪闪发光的金子，而只看到他身上的泥土，那么我永远也没有收获。相反，如果我们一心一意地只盯着金子，那么早晚有一天，我们肯定能发现泥土下的金子。”实际上，我们不仅仅要以发现金子的态度对待别人，也要以发现金子的态度对待自己。对于自己，卡内基还说：“虽然我知道自己有很多缺点和不足，但是我却从不因此而自卑，因为它们不值得我放在心上。我知道，要想战胜它们，我就必须克服他们，努力发挥自己的优点和长处。正是因为这样，我根本没有时间因为自己的缺点和不足顾影自怜。”我们也应该像卡内基学习，努力地找到自己的优点和长处，使自己自信地面对一切，只有这样，我们才能变得坚强，才能勇敢地面对人生。

波尼已经五十多岁了。她看上去状态很好，精神矍铄，信心十足。十多年前，波尼可不是这样的。那时，四十多岁的她是一名教师，因为某些原因，她失去了工作。起初，她非常焦虑，觉得自己失去了人生的方向，不知道每天应该干什么。为了维持生计，她整日奔波着找工作。直到一个偶然的机会，她参加了培训班，渐渐树立了自信。后来，她找到了一份给幼儿园的孩子讲故事的工作。由于以前是教师，所以她做起这份工作来得心应手。她每天晚上都精心地挑选故事，第二天上班时讲给那些天真可爱的孩子们听。为了使孩子们喜欢听故事并了解故事的情节，她还自己利用

课余时间制作了很多幻灯片放给孩子看。看着孩子们高兴的样子，波尼越来越自信了。

在朋友的建议下，波尼辞掉了其他兼职工作，决定把为孩子讲故事这个工作当成自己的事业。她很有信心，坚信自己一定能够把这份工作做好。回想起自己刚刚失去工作时的彷徨自卑，波尼很庆幸自己找到了一份能够使自己充满信心的工作。当时，她因为年龄大被很多用人单位拒绝，如今，她的年龄却成了她的优势。丰富的生活体验和曾经的教师生涯，使她把故事讲得生动灵活，而且具有一定的启迪性。

对于大多数女性朋友而言，现在肯定都没有到五十多岁呢。和波尼比起来，你们有着更大的优势。既然波尼都能找到自己的优势和长处，你们为什么不能呢？试想，如果波尼当初在遇到困难的时候止步不前，那么，如今又怎么能够充满自信地面对工作和人生呢？每个人都应该像波尼一样充满自信，战胜人生中不期而至的困难，成就自己的精彩人生。

记住，对于任何人而言，如果没有自信，人生就没有进步。现代社会尽管提倡男女平等，但是男性依然在工作中占据着一定的优势。作为女人，我们必须甩掉自卑的包袱，拿起自信的武器，勇敢地面对人生。

从各个角度了解自己

传说在古希腊的奥林匹斯山上有一座神庙，神庙里竖立着一块石碑，上面刻着一行大字——人，认识你自己！这是众神之神宙斯给予人类的忠告，而对于女人来说，这更是必须牢记在心的箴言。

认识自己、了解自己是拥有快乐人生的前提。无论婚姻也好，事业也好，还是女人的一生，若是无法清醒地认识自己、了解自己，不但会走许多弯路，而且会令自己的心情一直沉浸在牢骚不满和自怨自艾中无法自

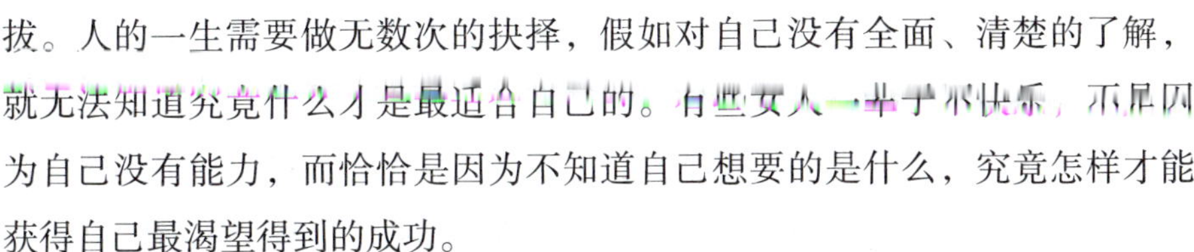

拔。人的一生需要做无数次的抉择，假如对自己没有全面、清楚的了解，就无法知道究竟什么才是最适合自己的。有些女人一辈子不快乐，不是因为自己没有能力，而恰恰是因为不知道自己想要的是什么，究竟怎样才能获得自己最渴望得到的成功。

小蓉出身贫寒，她一心想考上大学、跳出农门，改变自己的命运。然而连续参加了三年高考都名落孙山，小蓉泄气地对妈妈说："我不是读书的料，我出去打工了。"

到了大城市，小蓉找过很多工作，但都屡屡碰壁：到服装厂打工，人家嫌她手脚太慢；去复印社做打字员，老板嫌她没受过专业训练，连最基本的文档都不会做；去应聘做推销员，别人都有很高的提成，但她到月末竟然一样产品都推销不出去……小蓉心灰意冷，回到乡下，正好村里小学在招代课老师，小蓉从小作文写得好，便应聘做了一名村小学的代课教师，教三、四年级的语文。

然而只过了一学期，放寒假时，校长很"客气"地对小蓉说："你的态度很认真，文字功底也很不错，但是……"校长一边说，一边翻看着学生们的试卷。小蓉知道这次期末考试，自己教的班级在全乡垫了底，便羞愧地说："我对不起孩子们，对不起校长您对我的信任，我……下学期不来了！"

小蓉艰难地说完这句话，一路哭着跑回了家。妈妈看着女儿泪流满面，心里也很难过。小蓉哭着对妈妈说："我真没用！什么都做不好！我就是一个废人！"妈妈讲不出什么大道理，她种了一辈子庄稼，只会讲如何种地。于是她对女儿说："一块地，如果不适合种水稻，那就试着种种麦子；如果也不适合种麦子，那就试着种种豆子；如果还不适合，那就种玉米试试看；假如连玉米也不适合，那就种瓜果试试看。无论如何，地总是地，总有适合它的种子，也总会获得丰收，但前提是你一定要了解它。"

妈妈的话朴实而蕴含着深刻的道理，小蓉听了心中不由豁然开朗。是啊！要了解自己，才能找到适合自己的工作，才能获得成功。

于是小蓉静下心来仔细分析了自己这些年来在各项工作中屡屡失败的原因，并结合了家人、朋友的建议与意见，认为自己手脚不灵活，不适合做手工方面的活；而自己不善言辞，也不太适宜做与人打交道的工作；自己虽然文字功底好，但由于不善表达，所以不适合做教师；但自己喜欢孩子，热爱教育，所以可以试试做聋哑学校的教师。

于是小蓉再一次离开了家乡，到一家聋哑学校做了一名心理辅导员。用手语和孩子们交流，小蓉感到从未有过的开心和放松。小蓉热爱工作、热爱孩子，工作之余，她常常在灯下耕耘，将自己在教育过程中的探索和心得写成文字。如今，小蓉不但成为聋哑学校的副校长，还是全国颇有名气的特殊教育专家。

全面而客观地认识自己、了解自己是比较困难的，它不但要求女人要有一颗敢于面对自我的平常心，而且要求女人要有正确认识自己的途径和方法。不要因一时的失败而妄自菲薄，也不要轻易被他人的意见左右。小蓉的经历告诉我们，人的一生难免会有成功和失败，要学会在成功中总结，更要学会在失败中学习。

让我们记住心理学家罗伯特·安东尼曾经说过的这段话："将自己的每一条优点都列出来，以赞赏的眼光看看它们，经常看，最好背下来。将注意力集中于自己的优点，你会在心里树立信心：你是一个有价值、有能力、与众不同的人。无论什么时候，你只要做对一件事，就要提醒自己记住这一点，甚至为此酬谢自己。"

相信自己，相信世界

很多女人在面对人生时总有一种惶惑不安的感觉，无论是对婚姻还是事业，她们总是患得患失、焦虑担心，而这种担心和不安随着年龄的增长

会呈现几何倍数的增长。这种心态不但影响自己的心情甚至健康，也会给周围的人带来压力和不安。究其根源，其实原因很简单，那就是因为她们缺乏足够的自信——怀疑自己，怀疑世界。

女人不自信除了自身原因，当然还有社会深层次的原因在内，比如世俗的偏见、世人的歧视等。然而，无论什么原因都不应该成为女人妄自菲薄的理由，要知道，自信是人生的最初驱动力，这一点对于女人来说尤为重要。因为自信，所以才有积极的态度和向上的激情；因为自信，所以才有挑战的勇气和成功的信心；因为自信，女人才会散发出由内而外的光彩和迷人的魅力；最重要的是，因为自信，女人才会相信世界是美好的，而同样，世界也会用美好来回报女人。

提起“雅诗兰黛”这个名字，相信没有女人会不熟悉。这个名字，早已成为了时尚的代名词，1998年，她被《时代周刊》选为20世纪最具影响力的20位“商业天才”中的一名，并且是唯一的女性；2003年，她所创建的公司在美国500强中名列第349位，当年收益47亿多美元；她拥有数不清的房产，并且都分布在纽约曼哈顿最繁华的街区、棕榈滩的海边、伦敦的富人区和法国南部别墅带；即便她去世后，也留下了令世人瞩目的庞大遗产。

然而谁能相信，就是这样一个创造奇迹的女人，在她40岁的时候，也不过是一名美容院的普通推销员而已。但是，她会将自己研制的产品带到美容院中，给那些夫人们做免费的展示；她还会在曼哈顿第五大道上拦住那些时尚的女性，给她们介绍自己的产品。在推销的过程中，她难免会遇到一些刁难和难堪，比如，有一次她想向一位衣着华丽的夫人推销自己的产品，于是便赞美对方的服饰并随口询问服饰购自何处。不料这位自以为是的夫人冷冷地说了一句：“告诉你又有什么用？难道你穿得起这样的衣服？”

雅诗兰黛夫人遭遇尴尬，但是她并没有失去自信，她微笑着对那位夫人说：“假如您用了我的化妆品，相信您一定会更加高贵、迷人。”或许是她的自信打动了那位傲慢的夫人，她竟然同意让雅诗兰黛在自己的脸上

试用产品，当然，最后她也成了雅诗兰黛的忠实顾客。

雅诗兰黛夫人出身卑微——她出生于纽约贫民区一普通工人家庭，但是她却成为世界所有女性心目中的偶像。提起她，人们会不约而同地想到“美丽”“优雅”“高贵”“聪慧”“迷人”“精致”“时尚”等美好的字眼，然而她身上最迷人的却是她的自信。一个真正有魅力的女人从头到脚都散发着自信的光芒，而这光芒令她无论身处何境都是最令人瞩目的一颗明星。正如雅诗兰黛夫人曾经说过的那样：“世上没有丑女人，只有不关心自己或者不相信自己有魅力的女人。”

有人说，“自信”是女人最美的妆容，这句话用在雅诗兰黛夫人身上最贴切不过。女人的魅力首先来源于自信，你可以不漂亮，但你不能没有自信，没有了自信，就谈不上气质，更谈不上魅力。如果说“一切的失败都源于不自信”，或许有些片面，但“不自信的女人永远没有未来”，却是一句颠扑不破的真理。

非但事业上如此，婚姻生活也是如此。传统观念让女人觉得越是表现得小鸟依人，男人就会越喜欢自己，然而调查却显示，男人的观点也正在悄悄地发生变化：45岁以下的67%的男人更喜欢自信的女人。心理学专家艾威塔的话可以解释这一心理，他说：“现代男士认为，女性过分向自己‘示弱’，只能让男人产生压力。而适度显示女人的能力，才能使男性感到对未来有安全感。”

自信是一种态度，或许你在某些方面的确不如他人，但是要记住，每个人都有自己的特长，要善于发现并要充分地相信自己，并从不放弃对未来的憧憬和希望，只有这样，才能开创美好的未来，世界才会敞开怀抱拥你入怀。

离婚不是终结，而是开始

“离婚”，这个字眼对于中国女性来说是可怕的，即便在思想解放的今天，一旦听说某个女人离婚了，种种不怀好意的猜测、莫名其妙的同情以及各式各样的困扰便纷至沓来。正是因为如此，所以很多女性宁愿委曲求全也不愿迈出“离婚”这一步。然而婚姻是爱情的延续，爱情需要的是两颗心的碰撞，假如心都已经冷了、情也散了，那么只用一纸婚书将两个早已没有感情和共同语言的人捆绑在一起，痛苦的不仅仅是对方，自己更会陷入婚姻名存实亡的痛苦深渊。

在婚姻中，很多女人往往选择做“弱者”，企图用眼泪和软弱挽留男人那颗早已变质的心；也有的女人豁出性命“捍卫”自己的婚姻，“一哭、二闹、三上吊”。然而法律并不同情弱者，男人变心后会比石头还冷酷无情。无论是无可奈何的离婚也好，还是名存实亡的婚姻也好，都不会给女人带来幸福，能创造幸福的只能是女人自己。很多女人不肯离婚、不愿离婚、不敢离婚，归根究底其深层次的原因就是因为“害怕”二字。

宣宜做梦也想不到原本最爱自己的老公竟然会提出离婚。

宣宜为了这个家可以说付出了一切，包括她自己。当初宣宜不顾家庭地位的悬殊，毅然嫁给这个乡下的穷小子，就是因为看中了他的踏实、憨厚，对自己掏心掏肺的好。婚后为了支持丈夫的工作，她还辞职做了家庭主妇，只让他在外安心打拼，自己则全力照顾好家庭和孩子。

然而现实不是神话，恶俗的肥皂剧竟然在自己身上验证了：老公有了外遇，并提出离婚，理由竟然是她与社会脱节，两人完全没有共同语言。宣宜从小好强，她不愿意对一段早已没有意义的感情死缠烂打，于是毅然在离婚协议书上签了字，当然，她也没有那么傻，争取了儿子，还尽可能地争取了最大的利益：房子，还有大部分的存款。老公毕竟有些心存愧疚，只要她的条件不过分，基本都满足了她。

离婚后，宣宜托人将儿子送到最好的寄宿学校，然后自己报名参加外

语培训。宣宜原本就是外语系的高材生，只不过因为这么多年没接触，所以有些生疏而已。因此，别人需要一两年才能学完的课程，她半年就学完了。完成培训之后，她开始应聘工作，良好的外在形象、流利的英语对话能力以及她充满自信的言行举止都令她在一群青涩的大学生中脱颖而出。很快，宣宜就找到了一份满意的工作——在一家世界500强企业做总经理助理。

事业成功的同时，宣宜也不忘重新开始自己的感情生活。她不像那些“一朝被蛇咬、十年怕井绳”的离婚女子，对男人耿耿于怀、咬牙切齿，她认真分析了自己婚姻失败的原因，更反省自己的过失，她认为如今的自己更有能力把握婚姻的幸福。所以她勇敢地再次追求爱情、追求幸福的婚姻生活。

多次相亲之后，宣宜遇见了如今的老公——一位知名大学的教授。虽然年龄比她大10岁，但是他温文尔雅、善解人意，由于妻子和女儿在车祸中不幸去世，所以他更加渴望幸福、稳定的婚姻生活。他对自信坚强的宣宜十分欣赏，更怜惜她在婚姻中所受的伤害，他也很喜欢宣宜的儿子，主动提出由于自己工作比较自由，所以从此由他接送孩子，让孩子回归家庭。儿子欢呼地跳起来，搂住教授的脖子，宣宜的眼中泛起了泪光。她知道，自己新的幸福终于再度启程了。

卢梭曾经说过：“人要是惧怕痛苦，惧怕折磨，惧怕不测的事情，那么他的人生就只剩下‘逃避’二字。”然而悲剧并不会因为你“害怕”，所以它就绕道而行。有人说，女人要善待爱人、善待婚姻，才能守住爱情、守住幸福。但幸福并不是守护就可以长留身边的，如果婚姻已经走到了尽头，不如潇洒一点，放掉对方，也放掉自己，或许会有更大的幸福在前方等待着你。宣宜是聪明的，她选择了放弃一段腐朽了的婚姻，却开始了另一段充满新鲜活力的幸福，其奥秘就在于她不“害怕”。

女人的外表可以柔弱，但内心一定要强大。不要认为离婚了，天就塌了，要相信自己，更要相信未来。将离婚作为埋葬过去不幸的终点，并将其作为开始新的幸福的起点，只有这样，你才有再次幸福的希望。

幸福把握在自己的手中，别人不是你命运的主宰。不要奢望世界会因为你的痛苦而改变，而要点燃对未来的希望和信心才能收获成功、收获幸福。记住这一点：你，才是自己的主宰！

没人像你那样在乎你

“女人，要善待自己。”这是一句不知道什么人说过的话，但却是一句至理名言。是的，女人要学会善待自己，因为只有善待自己、爱自己，才有能力善待家人、爱人和他人。

然而，很多女性却不知道如何关爱自己，她们将所有的爱甚至生命都献给了丈夫和孩子，然而“回报”往往却是可悲的：丈夫对她的付出毫不在意，甚至指责她俗气、无法交流；孩子对她的付出无动于衷，认为这本是天经地义。当岁月蹉跎、时光逝去，皱纹悄悄爬上额头、改变了容颜时，女人常会揽镜长叹。与其将命运交到他人的手中，不如自己多爱惜自己，要知道，若连女人自己都不心疼自己、爱惜自己，那么又有谁会爱惜你、在乎你呢？

沫沫和男友分手已经快一年了，但她依然没有走出失恋的阴影。

这天是“白色情人节”，也是沫沫和男友相识三年的纪念日。沫沫独自一人在家，翻看着那些曾经甜蜜的老相片，听着熟悉的老歌，沉浸在悲伤和失落中无法自拔。

这时，门铃响了，进来的是沫沫的好友小琪。小琪一见沫沫的样子，便气不打一处来，大声嚷嚷说：“你又在祭奠你那死去的爱情？”

这是沫沫心中不能触碰的伤口，她大声说：“别管我，你走！”

“我偏不走，我要让你看看你心目中的‘男神’究竟是怎样的一副嘴脸！”小琪边说边从背包里掏出一大堆照片：“你看看吧！这全是那个口

口声声说只爱你一个的‘痴情种子’和别的女人的合影，你自己看！”

女人各不相同，而男主角却只有一个，那就是沫沫心心念念、难以忘却的前男友。沫沫一声惊呼，掩面不敢再看，而小琪却硬掰开她的手，将照片塞到她的眼前：“你沉溺在悲伤中无法自拔，而他却在左拥右抱。你看你现在的样子，不要说男人，连我都不愿意看见你！”

小琪将她拖到镜子前，沫沫看着镜中那个脸色苍白、形销骨立的女子，连自己都难以相信这就是一年前那个光彩照人、明媚动人的自己。

“他不在乎你，你又何必将自己弄成这个样子？你就算死了，他也不会掉一滴眼泪。难道你敢否认我说的不是事实吗？”小琪的话如同锥子一般扎进沫沫的心里。“一个不爱自己、不在乎自己的女人，怎么可能让别人爱你、在乎你？”

是啊！镜子中的人连自己看了都厌恶，更何况别人？小琪的话虽然伤人，但却句句在理。一味地沉浸在悲伤中，除了让自己迅速地憔悴、枯萎，又何尝有别的任何一点好处呢？

沫沫虽然不能一下子摆脱失恋的痛苦，但是她决定从今天起好好爱惜自己。被别人爱的女人是幸福的，但被自己爱的女人却是睿智的。岁月匆匆，人生短暂，只有珍惜自己，才能让别人爱上你、在乎你。

善待自己的女人懂得如何让别人欣赏自己，只有学会善待自己的女人，才能将生命活出精彩。失恋的沫沫沉浸在悲伤中难以自拔，但她却忘记了不爱的人早就不在乎你的心有多伤、有多痛。别期望用眼泪让男人回心转意，爱情不等同于怜悯，当对方的爱已不在时，要记得自己爱惜自己、自己在乎自己。

曾经有人做过一项调查，问女人：“你最想从另一半那里知道的是什么？”大多数的女人选择：“他还爱我吗？”其实对于女人来说，最重要的问题不是他是否还爱你，而是你是否还爱自己。每个人其实都是一样的，假如一个连自己都厌弃自己的人，又怎可能会有动力去爱他（她）呢？

爱情会破灭，婚姻会解体，世界对弱者没有同情，只有嘲笑。作为女

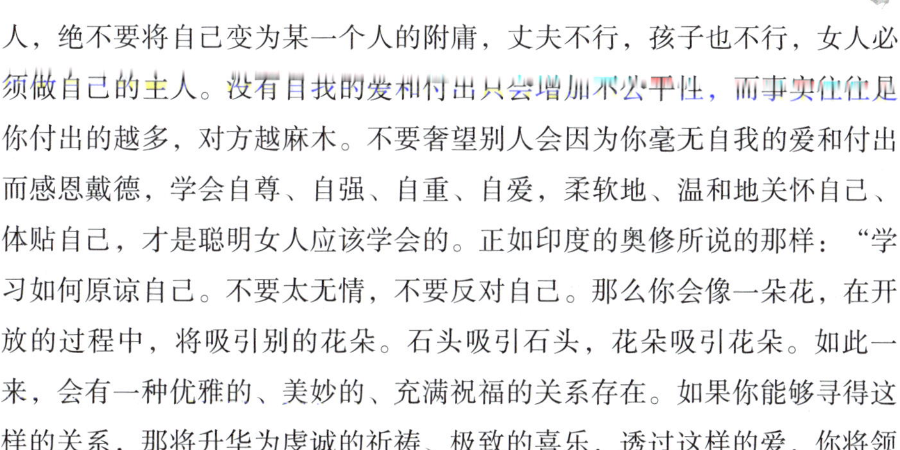

人，绝不要将自己变为某一个人的附庸，丈夫不行，孩子也不行，女人必须做自己的主人。没有自我的爱和付出只会增加不公平性，而事实往往是你付出的越多，对方越麻木。不要奢望别人会因为你毫无自我的爱和付出而感恩戴德，学会自尊、自强、自重、自爱，柔软地、温和地关怀自己、体贴自己，才是聪明女人应该学会的。正如印度的奥修所说的那样：“学习如何原谅自己。不要太无情，不要反对自己。那么你会像一朵花，在开放的过程中，将吸引别的花朵。石头吸引石头，花朵吸引花朵。如此一来，会有一种优雅的、美妙的、充满祝福的关系存在。如果你能够寻得这样的关系，那将升华为虔诚的祈祷、极致的喜乐，透过这样的爱，你将领悟到神性。”

走自己的路，让别人说去吧

世上的路千条万条，有阳关大道，有独木小桥，适合自己的，才能最正确的。

然而很多女人在选择道路时，考虑最多的并不是哪一条路是最适合自己的，而是被太多外界的因素所干扰，无法平心静气地做出最正确的选择。虽然古人说：“得言不可不察。”但在听取他人建议和意见的同时，也要有自己的主见和分析。没有人比你自己更懂你自己，如果凡事按照别人的思路去思考问题，那么你永远都无法得出正确的结论，也永远与成功擦肩而过。走自己的路，做自己想做的事，努力实现自己的人生使命，女人才不枉活一场。

“走自己的路，让别人去说吧！”这句但丁的名言流传了千百年，几乎人人都会说，然而现实生活中有这般勇气的女人却并不多见。因为女人的细腻、因为女人的柔弱，所以在选择道路时，女人往往比男人更多了一

层顾忌和疑虑。芸芸众生，每个人都有自己的秉性和特征，女人要根据自身的条件，听从内心的召唤，选择自己想要的生活，用自己的脚踏出光明的前程，这才是真正聪明女人的抉择。

在众人眼里，冰冰是一个十足的“幸运儿”。她出身于一个建筑商人的家庭，父亲有着庞大的房地产产业，而她自己也是国内知名大学的建筑系毕业，与土木工程系的高材生结为夫妻。父亲病逝后，作为唯一的女儿，冰冰继承了父亲的事业，成为身家过亿的大老板。

但是冰冰却始终不快乐，令人意想不到的是她竟然被诊断得了忧郁症，每天都必须服用大量的安眠药才能入睡。刚刚年过三十的冰冰看起来要比实际年龄大好几岁，虽然老公一如既往地爱着她，但她却总是疑神疑鬼，不但令老公烦扰不堪，也令自己心力交瘁。

一场突如其来的车祸令冰冰昏迷了整整三天三夜，当她从医院的病房醒来时，突然发觉生命竟然如此脆弱，而自己几乎从未享受过真正的快乐就差点离去。其实她早就知道自己不快乐的原因：她讨厌建筑，尤其是看到人们为了买自己开发的楼盘而债台高筑、节衣缩食时，她就不由自主会有一种犯罪感。而她的一生都不是为自己而活，大学时选择专业，是为了今后继承父亲的事业；如今从事着自己并不喜欢的建筑业，是因为害怕对不起父亲临终的嘱托。因此她突然决定要换一种活法，无论人们怎么想、怎么看，她要活出自己。

于是她将公司交给丈夫打理，而自己却去了印度学习瑜伽。两年后她学成回国，自己开了一家瑜伽馆。认识她的人都无法理解，她那么富有，竟然要靠教授别人瑜伽课程来谋生；更有人担心她将事业交给丈夫，丈夫会卷走她的财产。然而冰冰却毫不以为意，因为她发现自己终于找到了自己的兴趣所在，也找到了生活的真正意义。建筑并不是她的理想，她想要的是心灵的修养。事实证明，她的选择是正确的：如今的冰冰虽然已年近四十，看起来却比前些年更加容光焕发；而她与丈夫之间的感情也更加融洽了，她的自信、淡定和从容不但赢得了丈夫的心，更赢得了丈夫的尊敬。

台湾著名心灵作家张德芳曾说过："说到底，人要对自己负起全责，大自然的最高力量就在于我们的内心，人只有找到真正的自己，才能和自己和平相处。"一个不知道自己想要什么的女人是可怜的；而一个知道自己想要什么、却不敢去做的女人则是可悲的。在旁人的眼中，冰冰是"幸运儿"，但是只有冰冰自己内心知道自己的痛苦。所以，与其内心挣扎痛苦，不如勇敢做回自己。别人的羡慕算什么？别人的嘲笑算什么？别人的不理解又算得了什么？走自己想走的路，过自己想要的生活，内心才能找到真正的快乐，生命才能实现真正的意义。

勇敢、智慧的女人要学会拨开各种社会关系所造就的层层迷雾，听从内心的召唤，破除他人强加于自己身上的意志和命运，做一个真实的自我，这才是做成功女人的真正秘诀。因为你就是你，只有你才能对自己负责，别人又岂能决定你的选择呢？

第16章　做一个明媚的女子，淡忘忧伤直面阳光

很多时候，疼过了就是疼过了，没有必要时时记起。要知道，人生就是由无数个疼痛和甜蜜组成的，如果你牢牢地记住每一次疼痛，那么甜蜜也就不显得甜蜜了。对于人生的伤痛，我们要学会忘记。就像阴雨天气总会过去一样，只要你积极地去淡忘，你就终究能够走出人生的伤痛，迎来人生的晴天。一旦人生的天晴朗了，你也就温暖明媚了。

原谅别人，就是放过自己

几乎每个女人都曾有过被伤害的经历：或是被最信任的朋友出卖，或是被最亲密的爱人背叛，或是遭受一个陌生人的欺骗……这些伤害令女人痛苦、伤心、愤怒，那或多或少的委屈、不甘与怨恨常常会令女人陷入负面的情绪中难以自拔。于情，当然可以理解；然而于理，这样做未免有些太傻。记恨他人除了给自己的心灵带来无休止的折磨之外，其实并不会对你所记恨的人造成多大的损失。因此，不如学会原谅，因为原谅别人，就是放过自己、善待自己。

一个对他人的错误念念不忘的女人总是生活在阴霾和黑暗之中，永远

看不到明媚的阳光；固执地不从怨恨的心理中解脱出来的女人无异于作茧自缚的蚕，最终只会在沉重的压力中无法呼吸。其实对于一个女人来说，快乐并不是因为她得到的多，而在于她计较的少。人非圣贤，孰能无过，相信犯错的人心中也会有懊恼与后悔。既然如此，不如学会原谅，既减轻了他人的过失，又化解了自身的压力，两全其美，何乐而不为呢？

《圣经》上有这样一句话："怀着爱心吃青菜，也会比怀着怨恨吃牛肉要好得多。"虽然我们或许无法做到像圣人一样爱自己的仇敌或对手，但我们可以学会原谅和遗忘，因为这有益于我们的身心健康。

景云本是一个高傲的公主，但由于父亲破产、突发心脏病而死，丈夫又转移了财产，留下一纸离婚协议后和"小三"私奔，她一下子从云端跌入了地狱。为了养活年幼的儿子，她不得不走出家门，重新寻找工作。

然而养尊处优惯了的景云哪里能那么容易找到适合自己的工作，碰了无数次壁之后，她不得不"屈尊"到一家五星级酒店做服务员。但景云没料到竟然在这里看见了静芝，她被一大群人拥簇着，眼光从自己身上掠过，景云不由心中一抖。后来她才知道，原来静芝就是这家连锁酒店的大中华地区CEO。景云想高中时，静芝由于家境贫寒经常受到自己的嘲笑，自己还给她起了个外号叫做"土包子"，心中不由忐忑不安，生怕她认出自己。但庆幸的是，静芝似乎并没有认出她来。景云本想换份工作，但又怕找不到合适的，所以只有硬着头皮做下去。

还好，天道酬勤，景云的努力渐渐获得了认可，她逐步被提升为领班、主管、部门经理，直至酒店副总。

景云一直以为是自己的努力换得的这一切，直到有一天总经理无意中问她："你和林总（静芝）是什么关系？她这样帮你？"她才突然明白过来，原来静芝早就认出了她，并且一直在暗中帮助她。

怀着愧疚之心，景云推开了静芝的办公室门。静芝亲切地拉着她在沙发上坐下，就好像两人是多年未见、再度重逢的好友一般。当景云问她为何要在暗地里帮助自己时，静芝说："我知道你是个好强的人，你的情况我听说了；再加上我的位置特殊，不方便直接出面，所以只能暗中

帮帮你。”

“高中时候……”景云迟疑地问：“你不记恨我吗？”

“高中？一晃20多年了，我哪里还记得那么清楚？”静芝微笑着回答。“再说，一个人的心灵就那么大，如果总背负着不愉快的事，不肯忘却、不肯原谅，那么累的岂不是自己？”

看着静芝温和的双眼、明朗的笑容，景云终于明白为什么当年男生评选“最可爱的女生”时，自己会输给这个其貌不扬、穿着土气的女孩了。她，的确是最可爱的。

世界很小，人们生存共处，难免会熙熙攘攘、磕磕碰碰，假如凡事斤斤计较、耿耿于怀，最后伤害的只会是自己。所以，一个女人，就应该像静芝一样拥有一颗宽厚的心灵、一副宽容的胸襟，多一些理解、多一些温和、多一些善意，便会多一些宠辱不惊的气度，也更容易获得心灵的宁静和生活的幸福。

美国前纽约州长威廉·盖洛被精神和肉体的攻击折磨得几乎丧命时却说了这样一段话：“每天晚上都原谅所有的事和每一个人，第二天当太阳升起的时候，我照样以快乐愉悦的心态迎接新一轮的太阳。不要因为你的敌人或对手而燃烧起一把怒火，它会烧伤你自己。”女人们都应该记住这段话，面对他人的侵犯而难以释怀的时候拿出来读给自己听。其实宽恕这种美德最大的受益者应是自己，因为一个愿意原谅和宽恕他人的女人必定有着强大的内心和极高的思想境界。这样的女人是值得尊敬的，也是可爱的。

怨恨是一把双刃剑，学着原谅吧

就如同一枚硬币永远有正反两面一样，人类的感情也有正反两面。有人说“爱”的背面是“恨”，但事实恰恰相反：“爱”可以给双方带来美

好，而“恨”却如同一把双刃剑，当你刺向对方的时候，也会伤了自己。

电影《伤城》讲的是两个男人复仇的故事，但由于他们选择了不同的方式，所以也得到了不同的结局：

梁朝伟扮演的男一号为报家门之仇，手刃了仇家——自己的岳父之后，又打开了煤气，对无辜的妻子痛下杀手。然而妻子并没有死，而是意外地成为了植物人。望着躺在病床上的妻子，相恋时的美好一点一滴复苏，梁朝伟开始后悔。他尽心尽力地照顾妻子，但是却为时已晚。妻子醒来后，投向他的也是充满仇恨与绝望的目光，她问他：“你是为了杀我爸爸才跟我在一起的吗？”这是妻子留给他的最后一句话。仇恨将梁朝伟赶到了绝望的悬崖边，他最心爱、最亲密的人却因为他而死。最终对人生了无留恋的梁朝伟将最后一颗子弹射向了自己的头颅。

男二号金城武的复仇却有着截然不同的结果。他为了找出令自己的女友怀孕、自杀的负心男，带着满心的伤痛日夜守候在女友生前最后出现的酒吧，发誓一定要让他付出代价。然而当他得知对方因出车祸而变成植物人时，他选择了宽恕。金城武的明智和大度也为自己赢得了美好的结局：美女舒淇的真爱开启了他新的人生。

两个主角不同的命运完全是由于他们对待仇恨的不同态度而造成的。当仇恨被无限扩大为大规模的杀伤性武器时，伤害的不仅仅是敌人，自己也会被无情地葬送。所以，女人请学会宽恕，因为当你放下怨恨的同时，你不仅救赎了他人，也救赎了自己。

小云的心中对父亲一直充满着怨恨：当初他无情地抛弃了自己和妈妈，与“小三”比翼双飞。妈妈一个人为了抚养小云，什么苦都吃过，还落下了一身病根。好在小云争气，以优异的成绩考取了名牌大学，毕业后又进入上海一家银行工作，凭着自己的勤奋与天赋，小云很快成为单位的中层领导，年薪数十万。小云在上海买了房子，把妈妈接过来一起居住，母女俩生活无忧，过得十分自在幸福。

然而这平静很快被一个突如其来的消息打破了：有人捎信给小云的妈妈——小云的父亲病重，“小三”卷跑了他所有的积蓄，如今他正躺在出

租房中等死。

妈妈得知消息后显然有些心绪不宁，但当她提出要去看望小云的父亲时，却遭到了小云的一口回绝。

“我死都不会原谅他！”小云冲母亲喊出这句话后，跑回自己的房间。她想起了这些年来自己和妈妈所受的苦，心里的仇恨就像大火一样在熊熊燃烧。但是每当夜深人静的时候，小云的眼前总会浮现出小时候父亲将她扛在肩头、逗得她一次次哈哈大笑时的情景。小云用力地甩头，企图将回忆从脑海中抹去。她一遍遍告诉自己：“他不配做你的父亲，他不值得你同情！你要记住仇恨，至死都不要原谅他！”然而，小云还是失眠了，一夜夜辗转反侧令小云迅速憔悴下去。

有一天，小云在桌上发现了妈妈留的一张字条，上面写着：“他是我的老公，也是你的父亲。我去看他，等你！”

妈妈的话很简单，却为小云找到了一个可以原谅的最好理由。当小云踏进父亲居住的出租房，并将多年的积蓄放在父亲枕边，要求他积极治疗时，父亲眼中落下的泪水击中了她内心最柔软的地方。她恶声恶气地对父亲说：“你别想这么轻易死掉，你欠我和妈妈的要用你的下半辈子慢慢还！”

如今小云的父亲已经病愈出院，他用自己所有的爱补偿他对妻子和女儿的亏欠。小云也摆脱了童年的噩梦，慢慢放下对男人的反感与戒备，接受了追求她多年的优秀男孩，并组成幸福的家庭。小云感慨地说：“放下怨恨，成就的是自己。”

如同上文中的小云一样，每个人都可能会遭受伤害或不公平的待遇，但德国哲学家叔本华曾告诫人们：“如果可能的话，不要因为别人对你造成的伤害或者别人忘恩负义而不开心，人活在这个世上，就应该以平和的心态潇潇洒洒地为自己活着。永远不要试图报复我们的仇人，因为如果那样做的话，我们只会更深地伤害自己。”所以，放下怨恨，学会原谅，女人才会因为宽容而变得美丽，女人的人生也才会因此而获得更多的回报。

永远不要绝望，明天总会来

人的一生总会遇到无数的挫折与磨难，懦弱的人选择退缩、放弃与绝望，而坚强的人则选择勇往直前、坚持希望。有一句话说得好："世界上没有绝境，只有对处境绝望的人。"因此只要心中存有坚定的信念，并永不放弃，那么最终都能走出所有的困境，所有的难题最后都能迎刃而解。绝境，考验的并不是你的能力，而是你的意志。

无论身处多么恶劣的环境，无论遭遇多么巨大的挫折，只要不被绝望所击倒，坚持积极进取的人生态度，那么就会有一种无穷的力量帮助你克服困难、冲出绝境。这种力量来自内心，只有你才掌控它、运用它，并让它改变你的命运，女人尤其如此。相对于男人而言，女人能从小便是被呵护、被娇宠的对象，但正如一位名人所言："顺利是偶然的，挫折才是人生的常态。"这世界不相信眼泪，只有依靠自己内心强大的力量，才能战胜一切。因此，永远不要绝望，要相信只要希望在，明天就一定会来临。

蒙妮坦国际集团董事长郑明明被人们称为"美容教母"，但她还有一个美丽的称号却鲜为人知，那就是——蒙妮坦不倒翁。

郑明明不倒的是她的精神，从业40多年来，外人看到的是她的成功、她的荣耀，而她所遭受的挫折与困境却也是常人所难以想象的。

1973年，郑明明打算到印度尼西亚雅加达开设蒙妮坦的分支机构，在那里开拓自己的事业。于是她在当地租了一个储存仓库，精心挑选了一批美容产品，并带了6名美容顾问来到雅加达。不料就在她踌躇满志、打算大干一场时，一场大火将所有的产品烧得精光。本钱没了，银行贷款欠了一大笔，还要赔偿仓库的损失，郑明明被逼到了山穷水尽的地步。一切梦想都化成了灰烬，郑明明伤心绝望，几乎要自杀。然而就在此时，她突然看到了墙角的不倒翁，想起父亲曾经对她说过："要敢于面对现实，应该学习不倒翁的精神，遇到挫折时不能绝望，要懂得如何再次站起来。"

郑明明带着不倒翁回到香港，她的心中不再被绝望所充斥，而是满怀着希望和信心投入到重振事业的忙碌中。经过一年的打拼，郑明明首先还清了银行的贷款，然后继续扩大事业。几十年的风雨历程中，她始终记得父亲的那句话，无论多大的挫折和磨难，她都坚持了下来，从来没有绝望过，更没有放弃过。她的事业越做越大，产品销往中国大陆、香港甚至全世界其他国家或地区。

郑明明成功了，在回顾自己几十年的风雨历程、总结自己的成功经验时，她说道："踏足内地的头八年，工作并不顺利，到处碰壁。就当时的中国大陆来说，开办美容学校是很难被接受的事情。阻碍很多，但每当要打退堂鼓时，我就想到了父亲的那句话，于是就给自己打气，在心里描绘未来的美好蓝图，给自己一个成功的希望。以后我最大的心愿是建立中国的民族品牌，让中国的美容产品在海外同样得到认同……"

古往今来，众多成功的女性都如郑明明一样遭受过挫折和磨难，但她们都有共同的一点，那就是：从不放弃希望，从不陷于绝望。因为她们知道，一切困苦和灾难，在拥有坚强的意志与笃定的信念的人面前，其实脆弱得不堪一击。

宋丹丹曾经说过："最好的女人是受过挫折的女人，一个比较有能力的女人，你经历了挫折之后会悟出很多道理。任何人在生活中不可能不犯错，挫折给你带来的经验一定会在你今后的人生旅途中发挥作用的。"因此，女人不但要学会坚强，更要学会聪明，要将自己所受过的苦、经历过的痛化作养分，用以滋养自己的心智，让自己变得更加成熟、更加睿智。

人生就像一场旅途，不要被暂时的泥泞所吓倒，而忘记了远方美丽的风景。如果仅仅因为一时的苦难和挫折就黯淡了目光、丧失了斗志，我们的人生就会在绝望中戛然而止；相反，假如我们即便身处逆境，也能保持昂扬向上的积极心态，那么就一定能够拨开云雾、重见光明，实现人生的种种可能。

欣赏人生峰回路转的美丽

刘德华有一首歌，歌名叫做《峰回路转》，歌声优美、旋律动人，但歌词所富含的哲理却更令人深思：“没有牵挂不能放，没有创痛不能忘，唯有豁开才能超越沧桑……与其整天去怨对，不如专心去面对，唯有宽怀方能微笑入睡……坦坦荡荡月华星光，一片清辉相映入眼宜然；简简单单轻风云淡，伴我上路潇洒远走四方；近水绕远山，芳草连着天边长，人间处处尽是峰回路转。”

的确，人生不乏奇迹，好运到来时，“不幸”很可能潜伏在一旁；而当你认为已无路可走时，说不定却会峰回路转。淡然地面对一切，身处逆境时也不要放弃希望，人生就会迎来新的转机。

在大多数时候，人们觉得走入了死胡同、没有出路时，其实只是自己的心陷入了绝望。换个角度看问题，换种心态面对现实，一切的难题或许就可以迎刃而解。所以，心态是最重要的，无论什么时候，都不要轻言放弃，都要以一贯平和的心态面对问题，或许奇迹就会出现，人生就会呈现峰回路转的美丽。

梅子大学毕业后进入一家公司的企划部做文员，上班的第一天她就对自己立下了规矩：“一定要认认真真工作、踏踏实实做人，哪怕只有一天，也要将自己的分内工作尽心尽职地完成。”

然而梅子的勤奋与努力却引起了部门中另一人的嫉恨与恐慌，那人就是企划部的副经理章程。因为部门经理即将退休，章程是最有可能接班的人选。但是梅子初生牛犊般的干劲却让章程感觉到了危险。于是他明里暗里给梅子设置障碍，让梅子的工作难以开展，目的就想挤走梅子，为自己消除威胁。他还联合部门其他员工一起对付梅子，由于他资历老，大家自然也不想为一个新人得罪未来的经理，于是便和章程站在了同一战线上。梅子在部门里的处境变得很艰难，她很苦恼，也有过辞职的念头，但终因种种原因而放弃了这个想法。

然而，不久之后由于公司精简人员，梅子在部门中所得的测评分竟然最低，理所当然地被踢出局。梅子知道这是章程搞的鬼，但当事情真的发生时，她却很平静，因为她知道总有人要离开，甚至还有了一种“我不入地狱谁入地狱”的壮烈心怀。离结算工资还有两天，章程故作同情地让她回去休息，两天后来领工资就可以了。但梅子记得自己当初的誓言，坚持将自己手头的工作做完，虽然只剩下两天，但她说只要在岗一天，就要对得起自己的工资。

最后的那个下午，梅子一丝不苟地完成了所有的工作。她是最后一个离开公司的，但她并不知道，老总早已安排人悄悄注视着即将离职的每一个人。有的人一知道测评结果就不来了；有的人虽然还来上班，但也只是磨洋工、等着结工资而已；只有梅子依然兢兢业业、勤勤恳恳地照常工作。她不但完成了所有分内的活，还将自己的工作做了详细的标注，以便后来接替她的人能很快上手。

第二天，梅子接到了人事部门的通知，但送到她手上的并不是解聘书，而是一纸调令——她被任命为总经理助理。梅子问人事部经理这是为什么，人事部经理笑着对她说：“因为老总说了，我们公司需要的就是你这样认真的人。”

梅子是不幸的，因为她一上班就莫名地遭到了小人的暗算；但梅子又是幸运的，因为她坚持了做人的原则，以平常心对待得失，最终反而峰回路转，迎来了生命中的转机。

人生之路，不可能一直一帆风顺，但假如因为一时的挫折而低迷沮丧，那么你或许永远都走不出人生的低谷。心理学家武志红在他的著作《心灵的七种兵器》中说道：“任何真切而纯粹的情绪、感受和体验都是大自然的馈赠。假如你学会敏锐捕捉并坦然接受它们，就会发生不可思议的成长。”这种成长不仅可以带来现实中的可喜变化，也会令我们的心智更加成熟，更能坦然面对生活中的种种不如意。

可见，正如歌中所唱的那样：“人间处处尽是峰回路转。”最关键的是要让心态保持淡泊、平和，无论身处何种境地都不要失去希望和信念。

若能做到如此，那么险峰过后，便会峰回路转，风光无限，你的人生也会因此而呈现别样的美丽。

以平常心面对发生的一切

“平常心”三个字简简单单，但说起来容易，做起来却很难。尤其对于细腻敏感的女人而言，因为在乎得太多、计较得太多，所以更难“拿得起、放得下”。

平常心其实就是一种心态，如同慧能大师所说：“本来无一物，何处染尘埃。”他的这种超脱物外、超越自我的境界正是平常心最好的解释。但教女人拥有一颗“平常心”并不是要她们“看破红尘”、消极遁世，恰恰相反，而是要用一种积极的心态来对待世间万事万物，用平常心来享受生活中的简单和平凡，“不以物喜，不以己悲”，才能快乐、无忧。

生活总是充满了起起落落，有成功，就会有失败；有得意，就会有失意。若是将得失看得太重，累的只会是自己。沉溺于已经失去的，会看不到未来的美好；太在意现有的荣耀，就会患得患失。无论是“为碰翻的牛奶而哭泣”也好，抑或“杞人忧天”也好，除了给自己增添无尽的烦恼之外，没有任何好处。所以成功也好，失败也好；得意也好，失意也好，作为女人，不如保持一颗平常心，以淡泊的心智、超脱的态度对待世间一切人与事，就会令自己的心宁静而快乐。

人们总喜欢将女人比作花，然而俗话却说：“花无百日红。”的确，即便是锦簇繁花开得正艳，却也既有红得耀眼之时，也有暗淡萧条之日。人的一生要比花儿的一生漫长得多，期间所经历的快乐、悲伤、成功、失败自然数也数不清。人生之路并非康庄大道，有荆棘，也会有坎坷，甚至会有令人防不胜防的陷阱。唯一要紧的是必须记住：一时的成功代表不了

什么，无需得意忘形；一时的失败也说明不了什么，不必妄自菲薄。用一颗平常的心应对人世沉浮、风云变幻，才能拥有恬淡的心境、快乐的人生。

平常心其实是一种自信、一种淡泊、一种定力、一种觉悟。女人若是能以一颗平常心来对待一切，那么在任何时候都能坦然面对喧嚣尘世中的一切伤害与困扰。胜者不骄、败者不馁，拥有博大的胸怀、广阔的眼界和淡泊的心性，那么这样的女人才是真正的强者，才能真正做到“宠辱不惊、去留无意”。

生气是拿别人的错误惩罚自己

“生气，是拿别人的错误惩罚自己。”这是德国古典哲学家康德的名言，的确，明明是他人做错了事，令你心中不快，但是若你因此而生气，那么愤怒之火烧伤的不仅仅是别人，更是你自己。

在现实生活中，总“喜欢”用别人的错误来惩罚自己的女人不在少数：工作中受了委屈，你愤懑憋屈、愤愤不平，伤的是自己；遭同事排挤、落井下石，你怒火中烧、针锋相对，伤的也是自己；丈夫花心，对家庭不负责任，你暴跳如雷、争吵不休，伤的还是自己；孩子不听话，你生气烦躁、指责斥骂，孩子哭，你伤的依然是自己……别人犯的错误，你却用生气来惩罚自己，这不是天底下最愚蠢的做法吗？

《愤怒，备受误解的情绪》是一本专门解析人们愤怒情绪的著作，文中有这样一句话：“生气并不是一种先天性的情绪和行为，而是后天学到的。人们生不生气是自己决定的。”既然如此，那么女人应该学会做自己情绪的主人，而不要将主动权交到别人的手中。把别人的过错和愤怒都还给对方，自己却开开心心、轻轻松松，这才是最明智的做法。

小玫和小凌是一同进入公司工作的大学毕业生，两人年纪相仿，学历相当，但是性格却迥然不同：小玫活泼开朗，大大咧咧，一副对什么都毫不在意的样子，整天笑嘻嘻，似乎从来没有烦恼；而小凌则沉默寡言，敏感而多疑，一般人很难走进她的心扉。时间长了，活泼外向的小玫自然获得了更好的人缘，公司上上下下都很喜欢她；相对而言，小凌的受欢迎度就远远不及小玫了。

小凌见小玫每天都那么开心，又有那么多人喜欢她，心中慢慢滋生了妒忌，于是便在工作中故意制造麻烦，千方百计地去刁难小玫。只有两人在场的时候，小凌还会讲一些很难听的话，刺激、挖苦小玫，目的就是想破坏小玫的好心情，让她暴跳如雷，毁掉她在人们心目中的好形象。然而，每当这时候，小玫似乎就是个聋子，她充耳不闻，一笑而过，照样开开心心、明朗开怀。相反，由于目的达不到，小凌心中被嫉妒和怨恨煎熬着，却越来越不快活。

这一天是小玫的生日，小凌受不了内心的煎熬，在小玫的生日宴会上，她借着酒劲悄悄问小玫："为什么不管我怎样对付你、攻击你，你都从来不生气呢？而我却越来越不开心。这是为什么？"

小玫微笑着回答："你对付我、攻击我，那是因为你心中有气，而我却没有气。生气，就好像礼物一般，你送给我，我不要，所以这'礼物'还是你的。相反，你却将没送出去的'礼物'积攒起来，留给自己。这样的'礼物'越多，你就越生气，自然就不开心了。"小玫说到这里，狡黠地一笑，说："你对付我、攻击我，是你不对，我为什么要牺牲自己的好心情为你的错误埋单呢？"

小凌恍然大悟，她终于明白为什么这个女子这么招人喜爱，而自己却永远不是她的对手了。

诚然，现实生活中令我们生气的事实在很多，像小玫一样，我们也会遇到各种来自对手的刁难、打击甚至羞辱，但若是都能像小玫一样拥有豁达开朗的心胸，对任何事都一笑而过，那么难过、失落甚至愤怒的就不会是自己，而是对手。将愤怒的情绪像"礼物"一样统统还给对方，这才是

最聪明的女人的做法。

当然，还有一种更聪明的做法，那就是——为自己的愤怒找一个向上的出口。所谓“向上的出口”，就是将愤怒化为促人奋进的原动力。以牙还牙、以眼还眼的报复行动是最愚蠢的，因为当你让别人付出代价的时候，自己必定也要付出相应的代价，而这代价甚至可能是监狱生涯。所以，不如将他人的轻慢和欺辱化为激发自己的原动力，生气不如争气，翻脸不如翻身，积极进取，用实力说话，才能赢得他人的真心尊重。

女人要宽容，尤其对于冒犯自己的人，更要胸怀大度，因为最终受益的是自己。不计较并不证明好欺负，小事不计较，大事争口气，才是懂得善待自己的真女人。尤其对于自己亲密的人，如家人、朋友、亲戚等，更不要斤斤计较，凡是都要分出对错，因为这并无意义。就算你是对的、你赢了，最终又能得到什么呢？

所以，作为一个新时代的女性，面对他人的过错、面对愤怒的情绪时，一定要用冷静浇灭愤怒之火，不要置修养和礼仪于不顾，让自己成为他人的笑柄。记住泰戈尔的那句话：“不让自己快乐起来是人的最大罪过。”因此他人气我我不气，笑对人生，才是生活的智者。

第17章　做一个从容的女子，风轻云淡笑对困境

很多时候，付出未必有回报，但是不付出就一定没有回报。如果人人都能调整自己的心态，愿意为了百分之一的可能付出百分之百的努力，那么，人人都将无愧于自己的一生。人生，难免遭遇困境，如果陷入困境的泥沼无法自拔，那么，你一定无法走上坦途。面对困境，无需悲伤，无需羞愧，只要你努力过，你就活出了自己。

不经磨砺女人难成器

走到竹林，小小的一根竹子，要经历严冬酷寒，风霜雪雨，才能做成一支小小的笛子，只因为经受过风雨洗礼，质地才愈发坚硬，品格才愈发贵重，血肉筋骨内丝丝缕缕全部升华，才能吹奏出蓬勃流长的动人韵律。

笛子如此，女人何尝又不是如此？人的一生，总要经历无数的挫折、失败和磨难，懂得将苦难当做财富、修炼内心的女人就如同那经历严冬酷寒，风霜雪雨的竹子，意志愈加坚定，品格愈加高贵，心智愈加成熟，就如同经历磨砺的宝剑、饱经风霜的腊梅，一丝丝、一缕缕散发着馨香，散发着迷人的光芒。

秦怡是中国最著名的电影演员之一，然而她的一生，泪水多于欢笑、

痛苦多于快乐、不幸多于幸福。

秦怡的丈夫是当年著名的“电影皇帝”金焰，但婚后不久便卧病在床，从此缠绵病榻数十年。家庭的重担全都压在了秦怡一个人身上，然而雪上加霜的是，秦怡的儿子金捷小小年纪竟然得了精神分裂症。秦怡一个人既要照顾丈夫，又要照顾患病的儿子，艰难度日。但是她并没有放弃自己的事业，先后拍摄了《女篮5号》《浪涛滚滚》《青春之歌》《铁道游击队》《林则徐》《倔强的女人》等多部炙手可热的影片，赢得了广大影迷的热爱。

然而命运的魔鬼并不放过这个不幸的女人，1976年，秦怡被查出患了肠癌。但秦怡就像一株永不低头的腊梅，即便生活的风刀霜剑严相逼，她依然不屈不服。她一边用顽强的毅力战胜了病魔，一边佳作不断，《征途》《风浪》《海外赤子》《千里寻梦》等影视作品令她的事业攀上了新的高峰。

厄运再度袭来，金焰病故后，与自己相依为命的儿子金捷也离开了人世。所有的人都为这个命运多舛的老人而暗自叹息，但秦怡并没有被不幸击倒，她以80多岁的高龄再度出演《我坚强的小船》等多部电影及电视剧，并热心参加公益活动。2008年，秦怡再度感动国人：她将自己的全部积蓄、原本打算留给儿子的20万元捐给了汶川地震灾区。

有人说，秦怡是中国最美的女人，这种美，历经风霜却益发动人。年过90的秦怡，虽然已是满头白发，但是岁月与不幸在她身上积淀下来的美却令她永远光彩照人，令人仰慕。她无愧于她所获得的一切称号：“慈善之星”“国家有突出贡献电影艺术家”“德艺双馨电影艺术工作者”“中国十大女杰”以及“华语电影终身成就奖艺术家”等。

秦怡历经磨难，她一生所经历的任何一个打击都足以使常人一蹶不振，但是她没有向命运屈服，反而将苦难和挫折当做了磨砺自身的财富。生活即便有再大的风浪，她也积极面对，永不低头。这便是她取得如此耀眼的成就的秘诀，也是她人到暮年却依旧美丽的奥秘。

女人的一生，有太多自身无法左右的东西，既然无法决定命运，那

就试着改变命运，用自己的智慧、勇敢和坚持。当苦难来临时，不抱怨、不放弃；当打击袭来时，保持淡定、坦然面对。生活的坎坷，假如避不过去，那就笑着面对，并将之作为上天的恩赐。记住：苦难对于懦弱的人来说是万丈深渊，对于勇敢的人来说则是垫脚石。苦难是一种财富，你经历得越多，你拥有的就越多，终有一天，你会发现原来你是一个富人，你的富有就是心灵所折射出来的魅力。

女人，可以拥有宁静的美丽

有人说，从容淡定的女人是最美丽的，美国心理学家弗洛姆在《爱的艺术》中用诗一般的语句描绘了从容的女子形象："她不一定漂亮，但一定有在众人中被你一眼认出的气质。她自给自足，放纵自己、尽情地享受生命的乐趣，又清醒地保持灵魂的明净。她会为一瓣花而心醉，像一棵树感受清风，树叶摇曳着一声叹息，在简单中蕴藏着最深的宇宙。她看到了生命背后的黑暗，深知阳光与夜的交替，死亡如影随形，但永不绝望。她本能地拒绝贪婪，她的心像埋藏了千年的莲子，历经沧海桑田，洞彻世事烟云，依然会鲜活地从沙土里开出花来。笑声和细语如冬日暖阳，化解心中坚硬的冰峰。"

多么令人神往的女子，云淡风轻、从容自若，如一幅清新隽秀的山水画，无论外界如何风卷云涌、世事变迁，内心总是一派处事不惊、安详宁静的意境。

但并不是每个女人都能做到从容淡定的，因为有的女人心太小，小得装不下世间的一切悲伤和愤懑，小得容不下一点委屈和不平。虽然俗话说"人生不如意事十之八九"，但在某些女人的心中，却将这不如意放大成了几倍甚至几十倍，然后时时抱怨、刻刻唠叨，硬生生将自己变成一个人

见人厌的“怨妇”。这样的女人不但令他人厌烦，更将自己的生活弄得一团糟，可以说是愚蠢之极。

而从容的女子却知道自己要的是什么，当苦难来临时，她坦然面对、从不抱怨；当鲜花和荣耀降临时，她也毫不贪婪、淡然处之。从容的女子能够在浮华的世界中坚守自己的道德标准，抗拒所有的利益和诱惑，静心面对生活，即便命运坎坷，也能活得潇洒，活得精彩。

主持人可以说是一种风险性极高的行业，美女如云、新人辈出，可以说淘汰率极高。但是有这样一位女子，她虽然早已过了主持人的黄金年龄，但却依然拥有不可动摇的地位；她没有漂亮的脸蛋、火爆的身材，但却是观众心目中无可替代的“主持一姐”。她，就是被称为中国主持界“常青树”的敬一丹。

敬一丹给予观众最深刻的印象便是她如同邻家大姐一般的主持风格。她端庄、典雅，浑身洋溢着知性女人的从容和淡定。无论面对的是世界政要，还是平民百姓，她都是那样平和、亲切。这是她不同于其他女主持人的地方，也是最吸引人们的地方。

或许有人会说她的主持风格有些“土”，不够“酷”，但敬一丹却有自己的见解。她说：“我觉得我穿着是挺土的，也挺随便的。但是，在节目里头，穿什么样的衣服也不是一点想法都没有，但是《焦点访谈》这样的节目，是很大众的，它大众到了有的时候要有意识地远离时尚。《焦点访谈》的观众中平民百姓居多，甚至有一大半是农民，尤其是有相关内容的时候，我都要求自己在穿着上，包括发式，都尽量大众化，人家都说，你这发式怎么十几年如一日啊———我连剪头发都不希望观众能看出来，就一点点地剪，让屏幕上的形象稳定。”对于一些年轻主持人所做的节目，敬一丹坦言自己做不来。这并未影响她的形象，相反，她的坦诚和淡定却赢得了更多人的敬重。

女人一过40岁，难免会有些焦虑心情，然而敬一丹却并没有将之当做负担，反而将之当成了自己特有的财富。她一直记得外公对她说的一句话：“女人到了80岁也是女人。”因此她坚持自己的主持风格，并淡然在

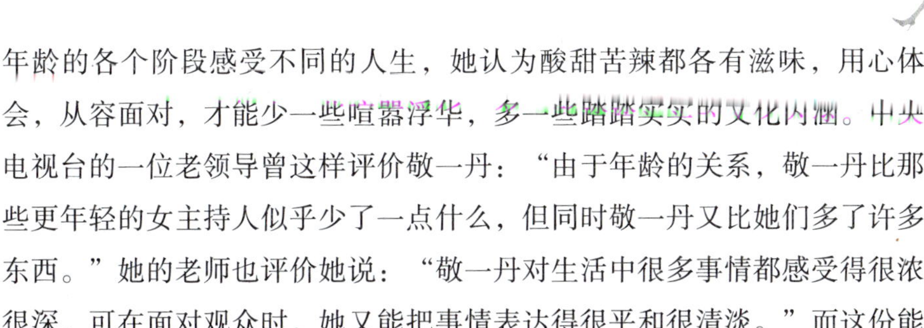

年龄的各个阶段感受不同的人生，她认为酸甜苦辣都各有滋味，用心体会，从容面对，才能少一些喧嚣浮华，多一些踏踏实实的文化内涵。中央电视台的一位老领导曾这样评价敬一丹：“由于年龄的关系，敬一丹比那些更年轻的女主持人似乎少了一点什么，但同时敬一丹又比她们多了许多东西。”她的老师也评价她说：“敬一丹对生活中很多事情都感受得很浓很深，可在面对观众时，她又能把事情表达得很平和很清淡。”而这份能力和内涵，正是敬一丹从容、淡泊的心境所赋予她的最可贵的财富。

的确，从容就是一种心态，一种境界，一种人生的态度。无论面对何种境遇，都不愠不怒、不慌不忙、不惊不惧、不暴不弃，这就是从容女人的可贵之处。

“天地万物之理，皆始于从容，而终于急促。”一切顺其自然、从容淡定是最好的处世之道。不再斤斤计较，不再耿耿于怀，生活的一切馈赠和亏欠，都可以用从容来一一化解，人生就能变得潇洒而轻松。

不经历风雨怎能见彩虹

“把握生命里的每一分钟，全力以赴我们心中的梦，不经历风雨，怎么见彩虹，没有人随随便便成功……”曾几何时，这首歌红遍了大江南北，激励了无数人从逆境中奋起、从跌倒中爬起，重新迎来了生命的曙光，再度与成功握手。

作为女人，也必须具有这种百折不挠的精神。不要因为一时的挫折而悲观，不要因为一时的困境而悲泣，挫折，算得了什么？苦难，又算得了什么？风霜雪雨只会令腊梅更加幽香；千锤百炼只会让宝剑更加锋利。女人不仅要有柔弱的外表，更要有坚强的内心。柔弱是女人的天性，而坚强却是女人的资本。女人，要将自己放在生活的熔炉里锻炼，要让生活的

苦难打磨自己的心性，要让自己“百炼钢化为绕指柔”，成为一个坚强独立、内柔外刚的女人，才能让自己的生命如雪莲般傲然绽放，折射出无人能比的美丽。

很多人大概都还记得在2004年春节联欢晚会上那支震惊全场的舞蹈——《千手观音》，当人们得知这支与音乐配合得天衣无缝的舞蹈者竟然都是平均年龄不足17岁的聋哑人时，内心的震撼更是无以复加。尤其领舞的那位姑娘，她神态圣洁、舞姿高雅，是整个舞蹈的灵魂，更令观众留下了深刻的印象。她，就是感动中国100位人物中的邰丽华。

邰丽华生来便是不幸的：家境贫寒，不到两岁便被疾病夺去了听力。然而这个生活在没有声音的世界中的女孩，从小就表现出顽强的毅力和不屈的精神。她自强、奋发，7岁进入聋哑学校，是个品学兼优的好学生；15岁时，她考上湖北美术学院，听不见老师讲课，她就靠老师的口型、板书以及同学的笔记刻苦自学。四年的寒窗苦读，不但让她拿到了美术专业的学位，还获得了文学学士学位。

与求学的艰难相比，邰丽华学习舞蹈的艰辛更是常人难以想象。由于耳朵听不见，她只能凭借节奏的震动来感知音乐。自从迷上舞蹈之后，每天不论学习多紧张，她都要抽出时间来学习舞蹈，即便练得浑身肌肉酸痛，甚至青一块、紫一块，也从不叫苦。

后来，武汉市歌舞团一位老师看中了她的天赋，想收她为徒，但又担心她听力障碍影响交流，于是想先考一考她。考题是难度极大的舞蹈《雀之灵》，没有受过正规训练的邰丽华跳得并不如人意，老师拂袖而去。然而这个外表柔弱、内心倔强的小姑娘并没有轻言放弃，她默默地一个人练习。在短短半个月的时间里，她就从最初的只能转几圈，到最后能一口气转上几百圈。听不见音乐，她就全靠记忆，将《雀之灵》长达700多个音节全部记住，并且分毫不差。终于，辛勤的付出有了回报，连当初创编《雀之灵》的著名舞蹈家杨丽萍看到邰丽华跳这支舞蹈时，都无比惊讶地说：“如果听不见音乐，我都不知道自己能不能跳出那种味道来。你竟能跳得这么好，真不简单！”

邰丽华成功了，她将舞蹈的艺术传遍了祖国大地，并得到了世界人民的认可。她用自己优美的舞姿和不屈的灵魂赢得了所有人的尊重和敬佩。她被“无国界文明艺术节”的艺术总监誉为“美与人性的使者”，被世界残疾人代表大会称为“全球六亿残疾人的形象大使”，被联合国机构冠名为“联合国教科文组织和平艺术家”。她，终于凭借自己的辛勤与汗水从人生的谷底攀到了艺术的高峰。

古人说过：“天将降大任于斯人也，必先苦其心志，劳其筋骨，饿其体肤，空乏其身。”女人若是不经历风雨的捶打和锤炼，也难以从温室的小草成长为参天的大树。经不起磨难的女人永远只能做依附他人的藤蔓，而藤蔓势必会遭人轻视、受人践踏。所以，女人必须坚强，就如邰丽华一样，即便遭受再大的不幸，也绝不轻言放弃，而要笑对人生，奋发自强，才能在风雨之后看见绚烂的彩虹。

老鹰如果不经历无数次摔下山崖的痛苦，就无法锤炼出展翅高飞的双翼；砂石假如没有经历过蚌肉的积压和磨砺，就不可能变成璀璨夺目的珍珠；女人，若是在苦难袭来时便懦弱地退缩放弃，就永远无法体验到成功的快感。一个女人，一定要有一颗坚强的心，只有这样，当家庭出现问题，当工作遇到麻烦，当人生陷入困境时，才能镇定自若、临危不惧，才能勇敢地走出困境，迎接新的太阳。

享受生命，学会慢生活

原晓娟，一位媒体工作者和美食家，担任着令人羡慕的《时尚先生》和《美食与美酒》的编辑部主任，却在35岁生命正如花一般灿烂的年纪离世。罹患癌症之后，她在自己的博客中这样写道：“我们的生活太过于匆忙，以至于失去了生活的本来意义。我们甚至忘记了内心真正的需要，忘

记了身体的真实感受。生活像拧紧了的发条，我们恨不得把一分钟掰成十分钟来使，拼命地努力，只知道生活永远是下一刻，我们忘记了童话、忘记了四季更替，忘记了蓝天、白云、露珠……”

原晓娟如花般的生命黯然逝去，带给人们叹息的同时不由也引起了人们的深思：快生活，究竟让我们失去了什么？

社会心理学家刘铎说：“快生活让我们失去最多的其实是对生活的体验，而这恰恰是生活本身。”的确，快生活让我们失去的远远超过我们的想象：健康的身体、悠闲的生活、宁静的心态、淡泊的心境以及对一切美好事物的享受。

很多女人曾抱怨过，生在当今一切讲究“快节奏”的时代，就算自己想慢也慢不下来。其实真正作祟的是我们的内心，因为贪婪，因为想要的太多，所以才疲于奔命，总想以最少的时间收获最大的回报。但我们却常常忘记，这些回报似乎只是物质、名利和虚荣，而我们付出的却是精神、健康和快乐。

北京著名作家老布于2008年被确诊为膀胱癌晚期，医生断言他的生命最多不会超过两年。然而，数年过去了，老布依然快乐地活着。他的秘诀便是——慢生活。

老布在刚开始的时候也曾用过很多方法来克制癌细胞的生长：化疗令他痛不欲生；绝食7天，滴水不进，只喝下10多公斤的药液；用长达25公分的坚硬管子插入膀胱注射药液……然而这一切都低挡不住癌细胞的肆意生长，最后，所有人都断言：无论怎样治疗，都是死。

人总是在最绝望的时候才直面自己的人生，老布回首自己的人生路，突然发现原来自己一直疲于奔命：熬夜、酗酒、加班、迎来送往、算计、被算计，事业一点点扩大，金钱一点点积聚，而生命的大厦却即将坍塌。

老布在一瞬间豁然开朗：他突然明白这场绝症正是自己长期高压力、快节奏的都市生活所造成的，如果想要活下去，只有改变生活方式，改变过去的心境。

于是老布离开了京城，把家搬到了河北的农村，如同一个乡村老汉一

般过着最简单的生活：日出而起，日落而歇；喝山间清冽的泉水，呼吸没有污染的空气，吃最简单的事物，过最简单的生活。每一天，他通络[illegible]爬山，与鸟儿对视，与大山对话，远离网络，远离喧嚣。繁华的欲望越来越少，脚步越来越慢，而心却越来越宁静、越来越开阔。

如今，老布依然悠闲地活在河北的乡下，他的身体已与常人无异。根据自己的亲身经历，他完成了三部著作：《走向天国第九台阶》《穿过死亡生死线日记》以及《活着就是幸福》。

诚然，老布的自然疗法并不一定适用于每一个癌症患者，但是对于生活在压力大、节奏快的都市人来说，却有着很好的启示意义：熙熙攘攘、浮华人世，功名利禄，生不带来、死不带去，何不停下追名逐利的脚步，让自己的心灵停顿一下，获得修复呢？

当然，提倡慢生活，并不意味着要人们消极懒惰地对待工作和生活，而是要学会找到生活的平衡点。睡一个自然醒的懒觉，和家人说说家常，和闺蜜逛逛街，哪怕在音乐中喝一杯咖啡、发一会儿呆，都可以使紧张的心情放轻松，让绷紧的弦暂时松弛。女人要学会宠爱自己，慢生活就是对自己最好的犒赏。

林宥嘉有一首歌，名字叫做《慢一点》：“花如果一夜之间开成花园……梦如果上网下载就能实现，是很方便，但这样会不会太可怜？把人生弄得像一碗泡面。别急着抵达终点，过程才是关键。是那些琐碎细节，才最值得纪念。就让我们慢一点，光阴已经似箭，多危险。就请明天慢一点，每天度日如年，多新鲜。”所以，女人，请放慢你的脚步，在爱人温柔的怀抱中多沉溺一会儿，在孩子天真的笑脸中再陶醉片刻，哪怕听一听小鸟的呢喃，看一看路边新绿的小草。慢一点，再慢一点，细细品味生活的点点滴滴，那不正是生命中最幸福的时光吗？

只要你不放弃，世界就不会遗弃你

《水滴石穿》的故事几乎每个人都耳熟能详，一滴看起来微不足道的水珠，日积月累、坚持不懈，竟然可以穿透坚硬的顽石。人人都说“女人似水”，女人不但拥有水一般的柔情，也应具有水一般的柔韧。无论顺境还是逆境，只要坚持到底，就一定能够成功。

古人云：“锲而舍之，朽木不折；锲而不舍，金石可镂。”人生贵在“坚持”二字，古往今来，多少杰出人物、成功人士皆因“坚持”二字实现人生的逆转，将“不可能”变为“可能”。司马迁遭受宫刑之辱、牢狱之苦，但他依然坚持著作、还原历史，终于写成千古巨著——《资治通鉴》；贝多芬饱受疾病的折磨，失去了作为音乐家最宝贵的听力，但他并未屈服于命运，坚持创作，终于“扼住了命运的咽喉”，奏出了震惊世界的《命运交响曲》；桑德斯上校为推销他的炸鸡配方而被拒绝1009次，遭受了无数的嘲笑和白眼，但他始终默默坚持，最后创造了餐饮行业的奇迹——肯德基连锁店遍布全球……因坚持而成大业的事例数不胜数，作为一个平凡人、普通人，我们又有什么理由遭受一点挫折就轻言放弃呢？

有人说：“坚持不一定就能成功，但放弃一定不会成功。”的确，假如你自己都已经放弃了、承认失败了，那么别人又怎会对你有所眷顾？命运总是垂青那些意志坚定、坚持不懈的人，只要你不放弃自己，命运就绝不会遗弃你。

逆境并不可怕，灾难也可以战胜，可怕的是没有坚持的勇气、没有战斗的决心。女人的一生，不可避免会遇到人生的种种磨难与不幸，但又有多少人的遭遇和苦难如同桑兰一般沉重和不幸呢？要记住：世界上只有一种失败是无可战胜的，那就是——放弃。扭转逆境、战胜苦难的唯一法宝就是“坚持”，做一棵石缝中顽强探出脑袋的小草，做一只在暴风雨中勇敢翱翔的海燕，女人要相信逆境只会激发自己无限的潜能。只要不放弃，就一定有希望；只要多一点坚持，多一点顽强，就一定能赢得命运的转机。

做一个淡定从容的女人

现代社会，快节奏的生活使人们的脾气越来越暴躁。我们在不知不觉中失去了耐心，再也无法冷静地面对人生的坎坷际遇。很多时候，为了一些不值得计较的小事，我们就会大发脾气，甚至火冒三丈、歇斯底里。从生理的角度来说，和男人比起来，女人的脾气应该更加柔和。然而，生存的现状却使女人越来越缺乏忍耐。和男人一样，女人也要出去工作，除了工作以外，女人还要照顾家庭。面对着这一切琐碎的事情，女人总是情不自禁地就发起脾气来，不但使身边的人感到无所适从，也伤害了自己的身体。科学家曾经研究发现，怒气简直堪比毒药。再加上现代的人际关系非常复杂，如果因为生气、发怒而影响人际关系，就更加得不偿失了。当然，每个人在受到委屈和遭遇不公正的待遇时都会发脾气，这是人之常情。不过聪明人在发脾气之前会首先考虑到发脾气能否解决问题。试问，这么多的事情，哪件事是通过发脾气的方式解决的呢？脾气发得再大，也得等到怒气全消的时候再静下心来解决问题。很多时候，发脾气非但于事无补，还会使事情更加糟糕。所以，聪明女人从来不会乱发脾气，而是淡定地解决问题，从容地应对人生。

菲菲住在市区的一所公寓中。前段时间，菲菲因为工作变动，所以经济方面非常紧张。屋漏偏逢连夜雨，就在这时候，房东又提出来要涨房租。值此焦头烂额之际，菲菲简直要崩溃了。虽然她明明知道房东在租赁到期的时候涨房租是合理要求，但是她却在盛怒之下觉得房东是在“趁火打劫”。在那段时间里，菲菲抓狂了，恨不得把一切都撕成碎片，连同自己。然而，菲菲终归还是理智的。她控制住自己没有在第一时间打电话和房东争吵，而是在盛怒之后进行了一番冷静的思考。最终，她决定给房东写一封信：

潘先生：

您好！很愉快地在您家里度过了两年美好的时光。如今，咱们的租

赁即将期满，所以，我觉得你完全有理由给我涨租金。然而，最近因为工作有了变故，所以我实在没有能力承担涨价后的房租。如果您能再按照原价给我延期一段时间，等我经济稍有缓解，我一定会按照您要求的房租支付。对我而言，您是一个很好的房东，在相处的这两年里，咱们之间从未有过摩擦，一直都很愉快。所以，我才提出这个不情之请。如果您能帮我渡过这个难关，我想，我非常愿意继续住在您的房子里。

在接到菲菲的信之后，房东很快就来拜访了菲菲。当然，菲菲十分热情周到地接待了房东。在房子里，菲菲没有说任何不愉快的话题，而是一直强调自己非常喜欢现在居住的房子，而且，菲菲也没有说房东的租价太高了，只是说自己目前的生活遭遇了经济危机。当然，菲菲也没有忘记赞美房东。最重要的一点是，菲菲暗示房东自己希望能够继续住在这所房子里。在菲菲的赞美之下，房东非常高兴。他主动提出给菲菲按照原价续租一年，等到一年之后再涨房租。

这件事情之后，菲菲很庆幸自己当时没有火冒三丈地找房东吵架，更没有指责房东，而是采取了平和的态度，把争吵变成了对房子和房东的赞美。

无疑，这是平和的心态带给菲菲的好处。如果菲菲当时没有控制住自己，那么，等待她的肯定不是这么美好的结局。如今，菲菲不但省却了搬家之苦，还能够在不涨房租的情况下继续住一年。这就给了菲菲时间去找工作，缓解自己经济紧张的情况。

曾经，我们总是为了一些小事情而大发怒火，其实，这些怒火非但没有帮助我们解决问题，反而把问题越弄越糟糕了。如果我们能够像菲菲一样保持淡定的心态，坦然面对人生中遇到的各种困境，那么，我们一定能够找到更好的解决问题的办法，在烦躁的生活中拥有属于自己的那份宠辱不惊的幸福。

第18章　做一个知足的女子，学会选择懂得放弃

人生固然需要坚持，然而，很多时候，人生也需要放弃。一味地坚持既能够帮助我们走向成功，也会于不经意间使我们变得执拗。反而，适时的放弃往往带给我们弥足珍贵的轻松。在这个世界上，人们总是有着太多的欲望，想要得到健康、金钱、官职、名利。只有学会适时地放弃，人生才能豁然开朗。

坚持固然值得赞许，也需要适时放弃

女人的一生，总要面临很多抉择，当需要果断做出决定的时候，必须要有壮士断腕般的刚毅和果敢。太过犹豫，太难取舍，最终只会令自己背负得太多，越来越不快乐、不幸福。所以，女人要学会适时放弃，不要在人生的十字路口彷徨犹豫，错失良机，蹉跎一生。

有一个寓言故事：一个农夫要出远门，临行前给他的毛驴准备了足够的饲料，分别堆在它的左右两边。然而当主人返回家中时，却发现毛驴已经死了。更可笑的是，毛驴竟然是饿死的。原来，毛驴面对两堆饲料，不知该先吃哪一堆，它犹豫不决，始终不知该先从哪边下嘴，最后终于被活活饿死。女人在嘲笑毛驴的贪婪时，不妨也静下心来问一问自己：自己是

否也同这毛驴一般，面对太多的诱惑和抉择时，不知如何决断，总想什么都不放弃，最终却一无所获？

聪明的女人必定知道什么是自己应该坚持的，而什么却是应该适时放弃的。人若是有太多的贪婪和欲念，必然会使自己不堪重负。正如报纸上所报道的，女人常常因为恋人的变心、爱人的抛弃而选择自杀或者报复行为，最终伤人伤己。其实对于早已不爱自己的人来说，又何必执着？不理智的执着只是一种浪费和执迷不悟，只会成为生命的桎梏和人生的负担。爱情如此，事业、生活也是如此，有时你会发现，放弃了一棵小树，而你收获的却是整片森林。

马西·卡塞尔是美国著名的节目制作人，和很多人一样，她的一生也曾经历过很多次要做决断的时候，而正是因为懂得适时放弃，坚持自己的梦想，所以才成就了她辉煌的人生。

马西·卡塞尔的第一份工作是在ABC国家广播公司做参观讲解员。凭借自己的努力和出色表现，几个月后，她就升任了《今夜》节目的制作助理。但是马西·卡塞尔并不喜欢这份工作，因为她的主要内容是做一些办公室的杂务、给影迷回信等琐碎的事情，所以尽管这份工作令人羡慕，她还是果断地放弃了。

接下来，她去了一家广告代理公司的电视部门工作，她每天的工作主要是观察哪个频道、哪个节目的收视率高，然后仔细分析节目的分镜时段等，给客户提出广告建议。虽然她的建议大多都能被客户采纳，她的收入也很不错，但她却出人意料地再次辞职：因为她始终知道自己的兴趣在哪里——制作自己的电视节目上。

于是马西·卡塞尔去了好莱坞，并认识了正打算开设制作公司的罗吉。马西·卡塞尔主动提出愿意帮助他审核那些堆积如山的剧本，并且是无偿服务。后来，罗吉正式聘用了她，但是一连几年，她都没有机会接触到自己最喜欢的电视制作工作。于是，她再次果断放弃，因为她得知ABC公司要找一些有才气、有创意的人组成庞大的制作群，共同经营频道。

在ABC工作了7年之后，马西·卡塞尔已经升任“黄金时段节目制作资

深副总经理”，可谓是春风得意，前途一片光明。然而，马西·卡塞尔又给人们带来了“惊喜”——她再度辞职，自己创办了一家电视制作公司。

马西·卡塞尔决定在没有制作出一个令自己满意的节目之前，绝不轻易推出。经过三年的精心策划和准备，一个喜剧系列节目——《天才老爷》上映了，并且取得了辉煌的成功——收视率最高，并且一连播出8年，也是美国历史上播出时间最久的电视连续剧。《罗斯安娜》《不同的世界》以及《来自太阳系的三次元》等都获得了如潮的好评，并多次获得大奖。

马西·卡塞尔的成功就在于她始终坚持自己的梦想，但同时也懂得适时放弃。成功的人生，的确需要这样的理智和勇气，假如沉溺于金钱、名利等一切虚幻的东西，为世俗的观念所束缚，那么马西·卡塞尔或许永远都无法拥有自己的事业。

放弃需要勇气，放弃更是一种人生的智慧，它既是理性博弈的表现，也是豁达从容的展示。俗话说：“小舍小得，大舍大得，不舍不得”。对金钱的欲求、对权力的觊觎、对情感的贪恋，都是禁锢人生的枷锁，只有勇敢地放弃这一切，并始终坚持自己的梦想，听从内心的呼唤，努力去尝试、去拼搏，人生才不会留有遗憾。所以，女人请学会适时放弃吧！用你的豁达、冷静、温情与大度去营造人生，你会发现在放弃中，你得到的反而会更多。

降低欲望，女人更能安享幸福

现实生活中，常常可以见到这样一些女人：在旁人的眼中，她们衣食无忧、工作出色、家庭美满，但是她们的眉头却常常紧锁，嘴中怨言不断，似乎从来没有快乐开心的时候。难道真的事事不如他人，所以才愤愤不平、闷闷不乐么？非也！只是因为她们的心太大，想要装下的东西太多，心中的欲望永远得不到满足，所以才永远也体味不到快乐的感觉、幸

福的滋味。

托尔斯泰曾经说过："欲望越小，人生就越幸福。"孩子的欲望很小，所以一颗糖就能让他感到快乐。然而随着年龄的增大，欲望也像难以填平的沟壑一样，越来越大、越来越多：骑自行车的羡慕开私家车的；住公寓楼的羡慕住别墅的；做公务员的羡慕当大老板的……眼中看到的只是自己没有而别人有的，或者是自己不如别人的，于是便被欲望所煎熬着、折磨着，渐渐失去了笑容，失去了快乐，失去了幸福的感觉。

其实，幸福很简单，降低你的欲望，满足自己所拥有的，就能知足常乐。老子在《道德经》中说："祸莫大于不知足。"欲望越多，心中的烦恼就越多。即便一个欲望满足了，但新的欲望又会出现，所以对于不知足的女人来说，永远与幸福无缘。

黄美廉，这是一个在台湾家喻户晓的名字。出生时，由于医生的疏忽，造成了她脑性麻痹症，脸上以及四肢的肌肉全都失去了作用，就像一个软绵绵的"棉花人"。她面部畸形，嘴角歪向一边，一直流口水，甚至不能开口说话。在旁人的眼里，她就像个丑陋的怪物，但是她却凭借着坚忍不拔的毅力和对人生无比的乐观，取得了一个又一个的成功：她是美国南加州大学的艺术博士，同时也是世界著名的画家和作家。她的故事就像一个传奇，激励着人们、鼓舞着人们。

由于语言功能的障碍，黄美廉在做演讲的时候总是以笔代嘴，以写代讲，人们亲切地称她为"写讲家"。在台南市的一次演讲中，有个学生问了她这样一个问题："黄博士，您从小就长成这个样子，您会认为老天不公吗？在人生的旅途上，您有没有怨恨？"

这个问题对于一个残疾人来说实在太尖锐，甚至有些残酷，人们在心中暗暗责怪孩子的不懂事的同时，不禁也为黄美廉而担心。然而谁都没有想到的是黄美廉不但没有尴尬，反而嫣然一笑，转过身在黑板上龙飞凤舞地写下了这样几行字：

（1）我很可爱！

（2）我的腿很长很美！

（3）我的爸爸妈妈很爱我！

（4）上帝会公平地对待每一个人！

（5）我会画画，我会写稿子！

（6）还有很多的生活方式让我热爱……

黑板上写满了黄美廉几十条热爱生活的理由，所有的人都被她深深地感动了，教室里鸦雀无声。最后，黄美廉在黑板上重重地写下了她的名言："我只看我所有的，不看我所没有的……"

这时，全场爆发出了一阵热烈的掌声，这掌声不仅仅是送给黄美廉的，更是送给她脸上自始至终洋溢着的幸福和满足。

一个不幸的残疾女人都可以说出几十个让自己幸福的理由，那么健康的女人，你们又有什么理由让自己不快乐、不幸福呢？还记得《渔夫和金鱼》中的那个老太婆吗？她贪得无厌，无休止的欲望令她一次次提出更过分、更离谱的要求，可最后，一切都回归原形，她依旧在破旧的木屋前守着自己的破木盆。现实生活有时比童话更加残酷，如果女人不能控制自己的贪欲，不但会烦恼缠身，甚至连眼前的幸福和快乐也会消失殆尽。

追求幸福是每个女人的本能，可是生活若总是在无休止的追求中度过的话，那么生活也就失去了其本身的意义。人的欲望是没有止境的，你得到的越多，想要的也会越多，永远不会满足，所以永远也不会幸福。因此，女人不妨停下追逐的脚步，细细感受你目前所拥有的一切，你会发现，其实幸福早就握在你的手中。

有时候，女人要懂得随遇而安

"随遇而安""随波逐流"这样的词语多用于批判一些不思上进、自甘庸碌的人，然而，从另一种角度讲，"随遇而安"也是一种积极的人生

态度，关键在于对待何种问题之上。

对精神的追求而言，永无止境是值得赞赏的，但对于物质的要求，随遇而安也不失为一种境界。俗话说："人到无求少烦恼，人到无求品自高。"一个人的心中少了凡俗的欲望，就会少去很多不必要的烦恼；一个人如果学会不再锱铢必较、斤斤计较，自然就会养成淡泊宁静的心性。所以，在现实生活中，"无求"总比无休止的"要求"要好得多。

人生在世，总会经历各种各样的境遇，有的是顺境，也有的是逆境。然而无论身处何种境地，都要泰然处之，这样方显气度和胸怀。人生也会遇到很多凭借自身能力无力改变、无法可施的事情，徒劳无益的挣扎或许只会令事情往更糟的方向发展，甚至将自己弄得遍体鳞伤。既然人力不可改变，不如顺其自然，让事情按照其本身的规律去发展，说不定会有意外的惊喜。

有一首很美的小诗叫做《随遇而安，随性而求》：

"幸福/就像一只蝴蝶/当我们刻意追求的时候/它总是飞来飞去/欲捉不能/欲罢难休/静下来/安享当下的拥有/该做的用心去做/该止的忍痛去止/随遇而安/随性而求/在知足之上/行进取之心/静静地/静静地/蝴蝶就会落在我们身上。"

有一个女孩生下来一只脚就是跛的，所以，从小她受到很多小朋友的嘲笑。她很不服气，为了证明自己并不比任何人差，她决心爬上家乡那座最高的山峰，以此向世人证明别人能做到的，她也一定可以。

于是她开始了艰难的历程。由于这是一座荒山，没有上山的路，于是她便自己开路。披荆斩棘、千辛万苦之后，她终于开辟出一条小路。但路有了，并不是一切就都顺利了，经过几番尝试，她依然一次次失败。家人劝她，朋友劝她，但她都不为所动，只想一心攀上高峰。最后一次，她总结了之前所有失败的经验，并做好了一切准备，本以为这一次一定是万无一失，不料就在她快要攀上山顶时，突然刮起一阵大风，她失足从山坡上滚下来，虽然性命保住了，但另一只脚也跛了。

当她意识到自己可能再也攀不上那座高峰时，绝望攫住了她的心灵。

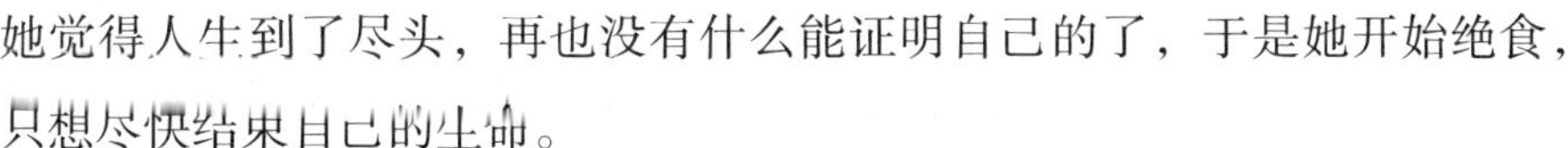

她觉得人生到了尽头，再也没有什么能证明自己的了，于是她开始绝食，只想尽快结束自己的生命。

这时，村里来了一位高僧，家人请他来开导这个倔强的女孩。高僧问她："你为什么非要攀上山顶？""我要向世人证明自己，我要实现自己的人生价值。"

"人生属于自己的，你不需要向任何人证明，况且人生的价值并不一定只有上山一条路可以实现。上不了山，就站在山脚下，你会发现人生一样可以很美丽。"

高僧的话令女孩恍然大悟，是啊，自己没有攀上山顶的能力，却非要豁出性命去攀登，最后非但享受不到胜利的喜悦，反而让自己受伤。峰顶的风光固然美丽，但山脚也有自己的魅力，安于现状、随遇而安，未尝不能实现自己的人生价值。

于是她四方奔波，引资在山脚下办了一个风景区，并且大获成功。

女人或许没有改变环境的能力，但一定要有适应环境的能力。女孩想攀上山峰，就是想证明自己的人生价值。然而如果一种方式超出了自己的能力范围，那么不如换一种方式随遇而安，或许会有更大的收获。

处世也好，为人也好，凡事不可强求，佛学认为世间一切都应"万事皆缘、随遇而安"，就是主张人们应该顺应事物的内在规律，随着天定的因缘来对待一切事情，不可一意孤行、恣意妄为。假如客观条件不够成熟，那么无论主观上如何努力，都不足以成大事。女人要满足自身所处的现实环境，不要好高骛远、不要虚荣攀比，安于现实，方能快乐度过一生。反之，如果对现状总是心怀不满，这山望着那山高，整天牢骚满腹、愤世嫉俗，最终反而害人害己。

有一句话说得很好："假如你是铁砧，静静地支住自己；假如你是铁锤，尽情地发挥自己。"女人也是如此，无论身处什么境地，都要尽心尽力地扮演好你的角色，尽好你的本分，既来之，则安之，才能在起伏跌宕的生活中守住心灵的一方净土，安然自得。

女人要明白放弃就是得到

有人曾经说过："聪明的放弃是人生最难掌握的智慧。"的确，有时人生需要坚持，因为坚持方能守得云开；但有时人生又需要放弃，因为放弃才能柳暗花明。"放弃"和"得到"虽是一组反义词，但是在人生的字典中，有时它们却会并肩而行。现实世界永远都是这么奇妙。

举一个很简单的例子：假如你现在有5个苹果，那么即便你将5个苹果全都吃下去，你也只是吃到了一种水果；而假如你愿意和其他人交换，放弃其中的4个苹果，去和另外四人换葡萄、梨、桃子和香蕉，那么现在你就得到了5种水果。放弃的同时，你得到的更多、更丰富。然而你所得到的或许还远远不止这些，你会有意外的惊喜——得到其他4人的友谊，这比区区的4个苹果的价值要大得多、重要得多。

女人在生活中，总是渴望得到更多、占有更多，认为只有得到才是幸福，而放弃则必定就是痛苦。让我们看看俞敏洪在博客《留白天地宽》中是如何说的吧："留白天地宽，让我们为自己留出足够的时间和天地，放弃一些我们自以为绝对不能放弃的东西。对生命本身而言，很多执着实在是毫无意义的。当我们的生命充满了无谓的执着，生活就会陷入没有星星和月亮的黑夜，黑得伸手不见五指，黑得我们看不见生命的方向。这样的生活对我们又有什么意义呢？"

"留白天地宽"，多么好的一句话，蕴含着多么丰富的人生哲理。绘画大师从来都不会将自己的作品全部用墨迹涂满，人生就像一张宣纸，如果你想将自认为的美好涂抹满一整张纸的话，那么这必定会是一张不堪入目的废纸。所以女人要学会选择，也要学会舍弃。舍弃生命中的细枝末节，人生才会变得从容生动，简约传神。

安徽桐城有一条著名的"六尺巷"，巷子的由来有一段脍炙人口的动人故事。

清朝康熙年间，桐城有一个权势显赫、两代为相的家族——张英、张

廷玉父子两朝名相的张家。

张家的府邸与一吴姓家族为邻，两家在宅子中间有一块空地，以供两家交通往来。后来吴家要建房，想占用这块空地，张家人不肯，两家相持不下，告到县衙。因为吴家也是当地的名门望族，且也有人在朝廷做大官，而张英当时则是当时的文华殿大学士、礼部尚书，所以县官左右为难，迟迟不敢判决。

张家见有理难诉，于是便派人快马传书，将此事告知京城的张英，让他给地方官施加压力。不料张英接到家书后，淡然一笑，提笔在纸上写了一首诗：“千里来书只为墙，让他三尺又何妨？万里长城今犹在，不见当年秦始皇。”然后派人将此回信送回家中。张家人一见此诗，顿时明白了张英的用意，主动到县衙撤了诉状，并将地基让出三尺给吴家。吴家被张家的大度豁达所感动，便效仿张家，也往后让出了三尺地基。这样，六尺巷就形成了，并且保留至今。

张英让出三尺地基，但是得到的却是吴家的尊敬和礼让，也让张家获得了千古传诵的美名，实在是“得大于失”。中国有一句古话：“失之桑榆，收之东隅。”有时候放弃就是得到，并且得到的或许比失去的多得多。

宋丹丹曾经有过3次婚姻，前两次都是闪婚。与前夫英达的感情似乎是她心中最大的痛。她曾经在书中这样写道：“在我的3次婚姻中，英达这一段总好像不可触碰。”但是宋丹丹是明智的，当她感觉两人的感情和缘分已经都到了尽头时，她没有固守这份错误的不幸婚姻苦度时日，而是勇敢地选择了放弃。可以说，如果没有这次痛苦的放弃，她就不可能遇到现在的丈夫赵玉吉，也不可能拥有如今幸福美满的婚姻和家庭。

可见，放弃不一定就是失去：放弃虚名，你得到的是真实；放弃情人，你得到的是家庭；放弃权位和金钱，你得到的是心灵的平静和淡泊；放弃过去的伤痛，你得到新生的喜悦；放弃曾经的成功，你会迎来新的辉煌……“得”与“失”并不总是对立，爱情、生活、事业，都要学会该放弃时就放弃，固执地坚守错误，你就永远无法走对人生的方向。

所以，女人要在不断地选择和放弃中成长，学会放弃那些你应该放弃的东西，你就会成为生活的智者。

不攀比，女人不可能事事争先

嫉妒或许是人类感情中最为可怕的一种，尤其对于某些女人来说，因为虚荣、嫉妒、看不得别人比自己强，于是便会心生嫉妒。嫉妒像一把熊熊燃烧的大火，在给别人造成伤害的同时，必然焚烧的是自己的内心。

好强的女人容易产生嫉妒之心，因为她们总想事事争先，总想压过别人一头。假如别人比自己强，就会失落、痛苦、愤怒、乃至仇恨。女人因为嫉妒而常常会夜不能寐、暴躁易怒，无论做什么都无法让自己快乐起来。嫉妒就像一剂毒药，不但毁坏女人的健康，更会腐蚀女人的心灵。很多女人因为嫉妒而做出过伤人伤己的事情，最后甚至因此而身陷囹圄、丢掉性命。

被嫉妒之火焚烧的女人是可怕的，可怕得甚至令你难以想象。有这样一则故事：一个女人总想比自己的邻居强，因而想方设法见到了上帝。上帝经不起她的软磨硬泡，答应实现她的任何一个愿望，但前提是她的邻居将会得到她愿望的双倍。女人一开始很高兴，但转念一想："假如我要一箱珠宝，那么邻居就会得到两箱；假如我要美貌，那么她就会比我漂亮两倍；假如我要一个帅气又有钱的老公，那么她就能找到一个更帅气、更有钱的老公……不行，我绝对不能输给她！"最后，这个女人咬牙切齿地对上帝提了一个要求："请挖掉我的一只眼睛！"

故事以悲剧收场，嫉妒就像抱在怀里的炸药包，顷刻间令双方灰飞烟灭。其实女人这是何苦呢？世上"第一"只有一个，你又何必事事争先？把心胸放宽一点，心性放淡一些，不与他人争先，不做无谓比较，自在生

活、自得其乐，不是更好吗？

清朝雍正年间有个武术高手名叫白泰官，他武艺高强，但心胸却十分狭窄，尤其看不得别人比他强。

白泰官痴迷武术，新婚不久便离开了家乡，四海云游去了。他四方学艺，与人切磋交流，待到他回到家乡时，已经过去了八九年。

还未进村，白泰官看见村口一片开阔的场地上有个八九岁大的孩子正在练武，不由停住了脚步。只见那孩子一招一式练得有板有眼，而且骨骼清奇，是个练武奇才，日后必定武艺非凡。在一旁观看的白泰官越看心中越惊：这孩子小小年纪，在武术上已经造诣不浅，日后必定会超过自己，那么自己在这方圆数百里武功第一的名号就难保了。“不行！”白泰官恶向胆边生，“趁这孩子羽翼未丰时除掉他，免留后患！”

他打定主意，故意上前寻衅，孩子哪里知道他的险恶用心，两人言语不和，便动起手来。可怜那孩子虽然身手不凡，但毕竟年幼，没多久便被白泰官一掌击中心口，嘴中吐出大口鲜血，眼见是活不成了。

那孩子强撑着抬起头，盯着白泰官，咬牙切齿地说：“等我爹爹白泰官回来，一定会为我报仇的！”说完便咽了气。

孩子的最后一句话如同五雷轰顶，将白泰官打入了十八层地狱。原来他因嫉妒而打死的竟然是自己的孩子！

白泰官的悲剧令人唏嘘，然而现实生活中这样的悲剧比比皆是，其起因正是因为嫉妒之心，无法忍受别人比自己强，看不得别人比自己好。然而世界之大，人的能力总是有限的，你又怎可能事事比别人强、处处超越别人？嫉妒、生气、烦恼，伤的只是自己，那又是何苦来哉呢？正如宋丹丹所说：“嫉妒这东西最没有用，最无聊，因为它除了影响你自己以外，丝毫不改变任何事情，可是自己就过得特别焦虑，特别不幸福，因为你根本无法控制你嫉妒的那个人。你越嫉妒她，她越好，你就根本没法活了，整天愁眉苦脸闷闷不乐，这又有何意义？”

女人要知足，不要事事与别人攀比，凡事若有了比较、计较之心，就会导致心理上的不平衡，就会产生烦恼。有的女人喜欢用“有压力才有动力”这样的话来鼓励自己竞争，有上进心自然是好的，但也要适可而止、量力而行。如果不顾自身能力的限制、不顾客观实际，只是一味逞强的话，就会徒增烦恼，令自己痛苦。

所以，不要强求我们无能为力的事，即便屈居第二、第三，也要让自己笑得明朗、笑得灿烂。人生不是用来攀比的，明白这个道理的女人一定能活得轻松自在、风轻云淡。

第19章　做一个清醒的女子，学会随缘不去强求

自古以来，爱情就是人类永恒的史诗。不管是在古代、近代，还是在现代以及遥远的未来，人类都无法脱离爱情而活着。可以说，爱是人存在于世的主题。没有爱，人类作为万物灵长的存在还有什么意义呢？在漫长而又艰难的人生之中，我们有太多的苦要吃，有太多的磨难要经历，爱恰恰是调味剂，帮助我们把人生变得甜蜜。即便爱情如此重要，我们也依然要保持清醒和理智，做到爱得恰到好处。

强求总无果，爱需要缘分

“缘分”是一个很美好的词，但有时也是一个很凄凉、无奈的词。男女之间的爱情是讲求缘分的，人们常说：“有缘千里来相会，无缘对面不相逢。”有些男女，相识了一辈子，但就是擦不出半点火花；而有些男女，第一次见面，便如同前世相识，一刹那电光火石，两心相许。这便是缘分，无从琢磨，却又确实存在。

有人曾讲过这样一个故事，很能解释究竟什么是“缘分”：三个男子走过沙滩，看见沙滩上躺着一位受害的女子。第一位男子叹息着摇摇头，走开了；第二位男子将衣服脱下盖在女子身上；第三位男子亲手挖了个坑

将女子掩埋。后世轮回时，第一位男子与女子是陌路人，因为他们没有缘分；第二位男子与女子成为了恋人，但因为缘分不够，所以一段时间后分手了；第三位男子与女子结成了夫妻，相伴一生，因为他们前世有缘。

也曾有科学家用精密的仪器和现代的科技手段来分析这神奇的“缘分”，比如有一位名叫伯特纳的电磁学专家就发表过一篇文章，专门解析了为何有的人可以一见钟情、两情相悦，而有的人却一辈子冰炭不相融的奥秘。他说：“每一个人的体质不同，脑细胞分裂与组成的速度，不但决定一个人的思维能力以及情感的深浅，同时还有一种电磁发生。这种电磁可以使异性产生爱慕或憎恨，这种电磁常在第一眼看见对方是就有了感应，彼此之间，磁力辐射，尺度愈是接近，就愈是发生爱情。所谓一见钟情，那是可能有的，两个人发生的电磁非常接近，就自然有喜悦之感。”

相信很多女人看到这里，肯定有恍然大悟之感，原来我爱他、他不爱我，或者他爱我、我却不爱他，都是有原因的，用中国的传统观念来解释：那就是缘分不够；用国外的科学来解释，那就是两人的磁场不同。如此一想，之前因为失恋而耿耿于怀的心就放下来了，不是自己不够优秀，也不是因为自己用情不深，原来一切皆是缘分天注定。既然如此，不如坦然接受上天的安排，从此多一份坦然和潇洒，少一些强求与痛苦，相信真爱一定在不远处等待着自己。

这是一个真实的故事：

霞面容姣好、身材秀美，她和军是同一年大学毕业，并同时应聘到公司的。军博学多才，温文尔雅，大家都说霞和军是天生的一对。霞一见到军就心生爱意，在她的追求下，军最终答应和她交往。

但是经过半年多的深入接触，军越来越发现霞的个性偏执，脾气暴躁，并不是自己理想中的爱人，于是便提出了分手。霞自然不肯，先是哭哭啼啼，后是大吵大闹，最后竟然以死威胁。军不胜其烦，留下一封分手信，自愿去了西北分公司，希望时间和地域的分隔可以让霞冷静下来。

军在分公司工作很勤奋，并且取得了不俗的成绩。更令他开心的是，他在那里遇见了莲，一个如莲花般温柔、娴静的女子，正是他心目中爱人的形象。[illegible]年的相处之后，军和莲结为了夫妻。

又过了两年，军升任为公司的副总，并调回总部上班。霞依然单身，见到比以前更加成熟儒雅的军，霞不顾对方已经结婚，再度苦苦追求。军断然拒绝了她，她便想方设法破坏军和莲之间的感情，不但逢人便说当年是莲插足他们之间的感情才使军移情别恋，还将自己和军以前的亲密行为写成文字，寄给莲。但这一切都没能破坏军和莲的婚姻，他们还有了可爱的儿子。妒火中烧的霞丧失了理智，她趁军出差的一天夜里，偷偷溜进莲的家中，在和莲发生口角时，她失手杀死了莲，并将军和莲的儿子从楼上抛下，孩子死于非命。

军得知这一切之后，精神失常，霞也受到了法律的严惩。

“爱，不是伤害的借口。”然而被爱烧婚了头脑的霞却将自己一厢情愿的爱当做了武器，刺伤了别人，也刺伤了自己。《京华烟云》中有一句话说得极好：“命里有时终须有，命里无时莫强求。”缘分如此，爱情亦是如此。虽然有人说这未免有些悲观宿命的意味在里头，但对于女人来讲，看开一些总比执迷不悟要好得多。理智上解不开的问题，情感上抹不平的伤痛，或许都可以用“缘分”二字来使自己释怀，只要能让自己想开、放下，即便是所谓的“阿Q”精神，那又何妨呢？

爱情不可不求，但绝不能强求，否则就是和自己过不去，平添烦恼和伤痛。相信缘分，在对待“求而不得”的爱情问题上，就可以平心静气得多。俗话说：“缘分到了莫放手，缘分尽了莫强求。”缘分已尽，就让他自由地飞，何必苦苦强求，束缚了他，也束缚了自己？随缘，女人就可以活得随性，活得自在，活得潇洒。

坦然面对月老的安排

关于“月老”，有一个很有意思的传说：

唐朝有个名韦固的人，到了结婚年龄，却迟迟找不到合适的对象。有一天，他夜间出行，发现一个老人坐在月下，翻看着一本簿子，于是便上前询问。老人回答，这是主管人间姻缘的本子。韦固问自己未来的妻子是谁，老人回答：“姻缘未到，你的妻子才3岁，要等到她17岁的时候才能嫁给你。”当韦固看到自己的妻子是卖菜人的女儿，并且相貌丑陋时，不由大怒，说：“那我就杀了她！”韦固叫仆人去杀她，不料仆人失手，只在她眉心划了一道，却并没将她杀死。

14年后，韦固做了刺史王泰的手下，王泰见他聪明能干，便将自己的女儿嫁给了他。夫人十分贤淑，韦固很满意，只是她的眉间总是戴着一块花钿，无论什么时候都不取下。经韦固再三追问，夫人才说这是小时候和奶妈陈氏到市场卖菜的时候被一歹徒刺伤的。韦固这才恍然大悟，原来夫人正是当年卖菜人手中抱着的三岁孩童。这时，他才真正相信“姻缘天注定”这句话。

这虽是个传说，但却表现了中国人朴素的爱情观和婚姻观。在追求爱情和婚姻自由的现代女性看来，这样听天由命的爱情和婚姻是消极、悲观的，更是被她们嗤之以鼻的。诚然，勇敢地追求爱情并没有错，但“惜取眼前人”则更是婚姻中应该具有的明智做法。

现代女性的婚姻通常有两种情况：一种是经过轰轰烈烈的恋爱之后，水到渠成地走入婚姻；还有一种则是年龄大了，随便找个条件还马马虎虎、过得去的男人结婚算了。第一种婚姻有爱情基础，但婚姻毕竟不同于爱情，柴米油盐、生活琐事渐渐代替了浪漫，而矛盾和摩擦却在一天天增加，于是便应了那句老话——“婚姻是爱情的坟墓”，女人的心中自然生出许多不满和愤懑；第二种女人更觉得憋屈，虽然结婚了，但总觉得生活亏欠了自己，对现在的丈夫横竖看不顺眼，哀叹命运不公，怀念逝去的初

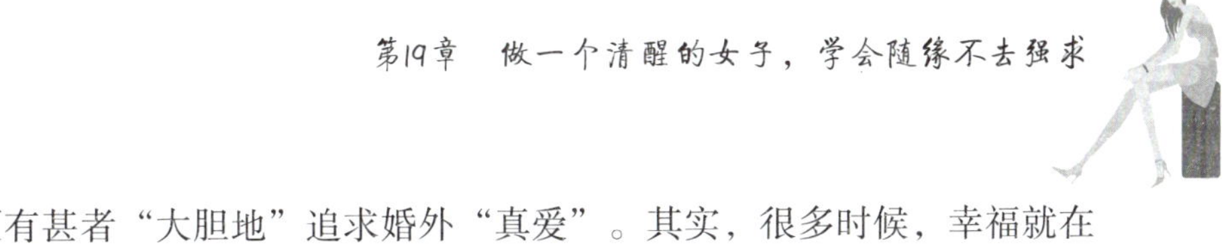

恋，更有甚者“大胆地”追求婚外“真爱”。其实，很多时候，幸福就在自己的手里，只不过自己并没在意，常常要等到失去才后悔莫及。

清朝有一女子名叫吴藻，才貌双全。22岁时，依父母之命嫁与一姓黄的富商。吴藻琴棋书画样样精通，而丈夫却是一个平庸寡淡的商人，她心中自然看不上他，日日绕愁萦恨，愁眉不展。

丈夫对吴藻却是百般宠爱，给她准备了宽敞明亮的书房，家中大小事务从不需要吴藻烦心。每日嘘寒问暖，百依百顺。但吴藻心中却并不快活，她渴望自由的生活，更渴望心灵的知音。在丈夫的默许下，她渐渐走出院墙，以诗会友，寻找那些懂得欣赏自己的人。一些有关吴藻不守妇道的风言风语传到了丈夫的耳中，但丈夫却始终一如既往地支持她，因为他知道她想要的是什么，而他只要她快乐、开心，便什么都可以忍受。

丈夫的怜爱和娇宠令吴藻更加骄纵乖张，她甚至身穿男装逛妓院，并夜不归宿。更荒唐的是，她还假借男儿身与青楼女子眉目传情、私定终身……

日子在吴藻的放浪形骸中慢慢流逝，对婚姻的不满令吴藻只顾享乐，却从不顾及丈夫的感受。然而有一天，丈夫身染重病，不治身亡。没有了丈夫的嘘寒问暖（过去在她的眼中是啰嗦絮叨）、没有了丈夫的关怀体贴（过去在她的眼中是婆婆妈妈）、没有了丈夫的怜爱娇宠（过去在她的眼中是窝囊无能），孤单和寂寞如同巨石一般压在了吴藻的心头，对丈夫的思念铭心刻骨。怀着无尽的悔恨与思念，吴藻写下了这样的诗句：

“门外水粼粼，春色三分已二分；旧雨不来同听雨，黄昏，剪烛西窗少个人。

小病自温存，薄暮飞来一朵云；若问湖山消领未，琴样樽，不上兰舟只待君。”

悔恨来得太迟，女人总是在失去时才后悔拥有时未曾珍惜。世间的很多婚姻都是如此，很多女人总埋怨婚姻的不如意，身边男人不是自己想要的，却忘记了切实握在手中的才是真实的幸福。俗话说：“百年修得同船渡，千年修得共枕眠。”月老的安排总有天意，能与你相守的必定是有着

千年缘分的，你又有什么理由不珍惜呢？

这山望着那山高的女人永远不会知足，而不知足的女人是永远得不到真正的幸福的。要记住：当你羡慕别人的时候，或许你也正是别人羡慕的对象。所以珍惜自己的姻缘，爱惜自己的枕边人，女人才能得到真正的幸福。

耐心等待你的真命天子

电视剧《我们结婚吧》在银屏热播后，引起了众多女性观众的共鸣。随着女性学历、才华、能力等各方面综合素质的提高，结婚反而变得越来越难了。女人之间甚至流传着这样一句话："为什么好男人都做了别人的老公？"其实这世界并不缺乏好男人，缺乏的是耐心。

不要因为到了结婚年龄却没有遇到令你心动的男人、不要因为外界的闲言碎语令你心烦、也不要因为父母的催促而急于交差就匆匆忙忙将自己嫁了，要知道，女人如果不为自己的婚姻负责，那么没人会为你的幸福买单。

嘉珍眼看着身边的同学、朋友一个个结了婚，而自己的另一半还在"天上飘"，心中不由得着了急。再加上家乡的父母催促得紧，又怕别人笑话自己是嫁不出去的"剩斗士"，于是便着急想把自己嫁了。她请亲戚朋友给自己介绍对象，又在各大相亲网站注册信息，希望早点找到自己的"真命天子"。

好友晓丹见嘉珍这段时间频繁相亲，心中有些担忧，委婉地劝她说："婚姻是要讲求缘分的，茫茫世界总有一个爱你的、你爱的人在等着你。不要太过匆忙就把自己嫁了，要擦亮眼睛，耐心等待。"

嘉珍却不以为意，她半开玩笑地对晓丹说："你是吃饱的人，哪知道

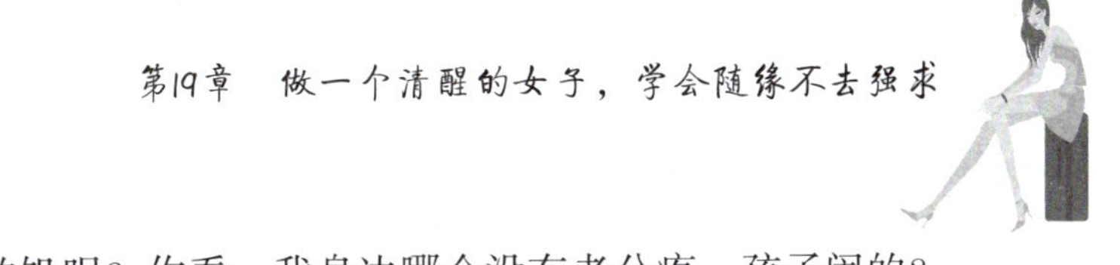

我们这些‘饿汉子’的饥呢？你看，我身边哪个没有老公疼、孩子闹的？我一个人孤零零、冷清清的滋味你哪能体会！”

于是嘉珍不顾好友的劝告，遇见一个条件还马马虎虎、过得去的人，并且正好对方也急着结婚，就匆匆忙忙结了婚。

正所谓“婚姻是爱情的坟墓”，何况这种本身就带有“凑合过”性质的婚姻呢？新婚刚过，嘉珍就感觉到了两人步调的不合拍：嘉珍喜欢热闹，而老公却性格沉闷；嘉珍有些文艺范，而老公却有些呆板，没有情调；嘉珍是城里姑娘，有些小姐脾气，而老公却是大山里出来的高材生，两人的金钱观、为人处世的观念以及家族观念都有着很大的不同。从生活琐事开始，两人渐渐发生了口角，从此后小吵、大闹三天两头发生，老公骨子里“男尊女卑”的思想作怪，有时竟将嘉珍打得鼻青脸肿。

嘉珍终于受不了这样的婚姻，三个月不到，便主动提出离婚。按照婚前协议，主动提出离婚的人要净身出户，嘉珍除了带上自己的衣服和杂物，什么都没带，就搬出了两人一起还贷的新房。晓丹劝她走法律程序，讨回属于自己的那一份财产，嘉珍却一刻也不想再等，她说：“让我再多看一秒钟那张嘴脸我就要作呕，我宁愿什么都不要。”晓丹心中暗暗叹息：“嘉珍啊嘉珍，要是婚前你愿意多一点耐心、多一点等待、多一些了解，也不至于草率走进令自己不堪忍受的婚姻啊！”

是的，爱情有时的确需要耐心的等待。并不是说女人不可以主动出击追求爱情，而是不能盲目、草率地决定自己的终身。2005年俞敏洪在对新员工的一次讲话中，这样讲道：“我们的人生是不可能完美的，所谓完美只不过是你在追求过程中的一种期待而已。有一个圆要去寻找自己缺失的一角，最后历经千辛万苦找到了，但发现完美的圆滚得太快、太远，以至于失去了生命的诗意，最后终于把那一角放弃，带着缺失一角的遗憾，继续走向天涯海角。生活中既然有很多遗憾，我们就要付出很多努力，争取让自己的人生更加丰富。我觉得最好的方法就是等待和珍惜。然而，生活中有很多东西是不能被动等待的。等待只是为了获得更多的主动，等待最好的时机需要最好的耐心。”

很多女人的婚姻不幸福就是因为在婚前没有想好自己究竟要的是什么。婚前要学会耐心等待，等待自己的真命天子；婚后要学会珍惜，珍惜婚姻、珍惜家庭、珍惜眼前人，这是一切幸福女子的根本。坚持等待、坚守信念的女子是值得敬佩的，她们就如同喧嚣城市中那一株空谷幽兰，宁愿高傲地发霉也不愿委屈地恋爱。如同刘若英，她在《一个人的孤单》中说道："我总是在为自己设计未来，所以轻易不愿把自己给嫁出去。我觉得结婚应该是两个人的事，不能只靠我一个人努力，我还在等待遇见一个值得我托付终身的男人。"因为她的耐心、她的坚持，所以她终于等到了一个疼她爱她的好男人、她如今的丈夫——钟石。

一切美好的事物都是需要耐心等待的，学会等待，爱情才会从世俗的尘土中开出花来。所以，女人，在你的白马王子、真命天子还未到来之前，请不要轻易将自己嫁掉，每当冲动的时候就想一想被誉为"所有男人的梦中情人"——林志玲说的话吧："别人都说'不可浪费一分一秒'，但我认为生命应该浪费在美好的事物上或值得等待的上面。等待真命天子呢？值得！"

守望，爱情不会辜负你

"你见，或者不见我，我就在那里，不悲不喜。
你念，或者不念我，情就在那里，不来不去。
你爱，或者不爱我，爱就在那里，不增不减。
你跟，或者不跟我，我的手就在你手里，不舍不弃。
来我的怀里，或者，让我住进你的心里。
默然，相爱。
寂静，欢喜。"

这首诗令多少痴男怨女情难自已。的确，在如今一切都讲求速度、一切都讲究效率的“快餐时代”，坚守爱情，似乎早已成为了一个传说。都市生活中灯红酒绿的诱惑实在太多，男人也好，女人也好，真正能够守住自己心灵的净土、守护自己的爱情、与相爱的人相伴一生的人又有多少？

讲究恋爱自由的西方人曾嘲笑东方社会的爱情——父母之言、媒妁之命，婚前连面都没见过，却在要一起过一辈子。然而，事实证明，西方追求爱情自主，离婚率却居高不下；而我们的父辈们，虽不会将“我爱你”三个字时时挂在嘴边，但是却牵手走过人生，相濡以沫一辈子。如今，虽然时代发展、思想进步了，但是对爱情的守望、对婚姻的坚贞，我们却依然要向父辈们学习。

当然，“守望爱情”不是教导女人要在婚姻中委曲求全，即便真的过不下去了也要忍辱负重、坚守婚姻，而是要让女人学会拒绝诱惑、守望爱情，要知道，“君当作磐石，妾当作蒲苇。蒲苇纫如丝，磐石无转移。”忠贞于爱情的女人，爱情必然也不会辜负于她。

1945年8月，二战期间。苏联红军21岁的情报官伊万·贝夫希赫因工作需要，来到德国中部的一个村庄。在那里，他与美丽的德国少女丽莎相识并相爱了。他俩私定终身，并约定一辈子相爱相守。由于当时苏联和德国是交战双方，他们的爱情是不被允许的，所以两人一直没有得到结婚的许可。后来贝夫希赫奉上级命令离开了丽莎的家乡，被派到其他城市；再后来，苏联军队撤回国内，贝夫希赫也随着军队撤离了德国。他们两人一分开就是10年，但10年里，他们全靠书信保持联系、互诉衷肠，并一直梦想有朝一日可以结为夫妻。

然而美梦在1956年的一个清晨被彻底粉碎了，贝夫希赫受到上级的警告：永远不许和德国人结婚，并且要立刻断绝和德国人的一切书信往来，假若不然的话，他就会被拘捕下狱。贝夫希赫绝望了，他给丽莎写了最后一封信，告诉她今后不要再给他写信了，因为自己马上就要结婚了。

丽莎收到信件后悲痛欲绝，她封锁了自己的爱情，靠着对贝夫希赫刻骨铭心的回忆一个人生活着。而贝夫希赫则经历了两次不幸的婚姻，并且

都很快离了婚。

时光飞逝，转眼40年的光阴过去了，一个偶然的机会，贝夫希赫的女儿发现了丽莎给父亲的信，于是鼓励父亲前往德国寻找自己当年的心上人。历尽千辛万苦，整整用了11年的时间，终于在2005年找到了丽莎。

两年后，这对跨越两个国度、历经60年风雨的恋人终于再度重逢，而当时，他们都已经年过八旬了。

幸福永远不会嫌晚，即便经过60多年的等待那又何妨？真正的爱情不仅仅是身体的吸引，更是心灵的交汇、意志的融合，那么时间又算得了什么呢？

恋爱中的人们总喜欢说“缘定三生”的话，似乎谈一辈子的恋爱还不够，要把自己的下辈子、下下辈子都交付给对方；然而这世界变化太快，人心的变化永远比世界的变化还要快上一步。花心、出轨、劈腿并不只是男人的专利，忠贞于爱情的女人也越来越少。有些女人喜欢用各种各样的借口为自己轻佻的情感和出位的行为开脱，然而，对待爱情和婚姻，感情和责任永远是并重的，坚守责任、保持专注的女人才配得到幸福。

罗曼·罗兰曾经说过：“婚姻的伟大之处，在于唯一的爱情，两颗心的互相忠实。”邓颖超也曾经说过：“男女的友情，应该讲忠实坚贞。爱情不应是占有，而应是双方互守的专一。只有专一的爱情，才能巩固婚姻，获得幸福和愉快的生活。”所以，女人，请做一个心灵与爱情的守望者，相信若你忠贞于爱情，爱情必定会回报你幸福和快乐。

爱不是捆绑，更不是束缚

一个女孩出嫁前，母亲说要送给她一份礼物。

女孩跟随母亲来到一座沙堆前，母亲对女孩说：“抓起一把沙子来。”女孩依言抓起一把沙子，由于害怕沙子从指缝间漏掉，女孩把手握

得很紧。可奇怪的是，她的手握得越紧，沙子漏得反而越多，最后女孩摊开手掌，手中的沙子已经所剩无几了。

这时，母亲轻轻捧起一把沙子，送到女孩面前，女孩发现，母亲的手松松的，但是沙子却在掌心堆得满满的，很少有漏下的。母亲看着女儿，淡淡地说：“这就是爱情和婚姻。”

一刹那，女孩明白了母亲的良苦用心，原来母亲是在告诉她：爱情也好，婚姻也好，幸福就像手中的沙子，你攥得越紧，它溜去得就越快；相反，假如给彼此一个宽松的环境，彼此信任、彼此宽容，那就一定能留住幸福。

人们常说：爱情需要坚守。但那是建立在两情相悦、两心相许的基础之上，如果对方对你没有爱情，而你却死打烂缠、纠缠不休，那就没有任何意义了。有时候，痴情也是一种罪过，因为过度的痴情就像一把烈火，不但烧毁了对方，也烧焦了自己。

云岚从未想过，竟然有一天，叶浩会向自己提出离婚。

云岚是当年的校花，父亲是大学副校长，母亲是第一人民医院的科室主任，不知有多少人追求，而她偏偏看上了老实巴交的乡下穷小子叶浩。父母虽不同意这门亲事，但拗不过倔强的爱女，最终还是同意了。叶浩在云岚父亲的帮助下，留校任教。后来学校和地方成立了一个合作项目，叶浩被委任为负责人。几年过后，叶浩积累了资金和人脉，离开了学校，自己下海经商，很快就小有成就。

云岚一直相信“男人有钱就变坏”这句话，再加上自己已年近四十，内心更加没有安全感。为防止叶浩“变坏”，她辞去了工作，变成了一个专门的“地下工作者”，不但经常翻看叶浩的手机通话及短信记录，甚至还常常跟踪、盯梢叶浩，并且经常对叶浩的公司实行“突击检查”。她整天疑神疑鬼，令叶浩不胜其烦，而他有“悍妻”的名声也传在外，朋友、客户经常拿这取笑他，令他感觉很没面子。

终于有一天，叶浩向云岚提出了离婚：他将一切财产留给云岚，自己除了公司，净身出户。云岚几乎崩溃，她立刻歇斯底里地叫道：“想甩了

我？没那么容易！我就是缠也要缠着你一辈子，要死大家一块儿死！”于是，一场“惨不忍睹”的“爱情、婚姻保卫战”就此拉开了帷幕。

云岚三天两头到叶浩的公司哭闹，上吊、割腕、跳楼的闹剧接二连三地上演。尽管叶浩告诉她：自己只是因为受不了她的疑神疑鬼才提出的离婚，并没有任何女人插足，但她根本不相信。为了找出那个破坏她家庭的“第三者”，她找到每一个和叶浩有联系的女性，不论是公司员工也好，朋友也好，甚至是客户也好，对人家大肆侮辱、无理纠缠。这一切令叶浩再也难以承受，他黯然关掉了公司，一个人从这个城市消失了。

叶浩走了之后，云岚才开始后悔自己的所作所为，没有叶浩的消息，云岚如同没有了魂魄的幽灵，一日日地憔悴下去。她的爱就像一把双刃剑，不但逼走了自己最爱的男人，也令自己痛不欲生。

爱一个人并没有错，但是当你的爱对对方来说已经成为一种束缚、捆绑、乃至伤害时，那便是大大的不应该了。爱并不只是一个人的事情，如果自己的付出得不到回应的话，不如果断放手。尽管当初两个人爱得死去活来，但是当爱已成往事时，不要让爱成为伤害他人、伤害自己的借口。爱情是祈求不来的，更是捆绑不住的，即便你留住了对方的人，却留不住对方的心，每日相对无言，每天彼此折磨、度日如年，这样的“爱情”要了又有何用？

所以，爱情最大的悲哀就是你爱的人不爱你，既然输了，就要输得漂亮，女人起码要保持自尊、自爱，不要胡搅蛮缠、死打烂缠，将自己贬低到尘埃里去。要知道，爱情是无法从卑贱的尘埃中开出花来的，因为它缺少养分。

有人曾说过这样一句话：“最爱你的人，往往离开的时候最决绝。爱和尊严的紧紧捆绑，用死缠烂打去挽留的，更多的就是一种好胜心。真正深切的爱情，会让人要强到宁肯独自伤悲、也不愿破坏掉曾经那些高贵的记忆……”所以，女人，请记住：真正的爱情是不需要束缚，更不需要捆绑的，你情我愿、两心相许，才是真正的爱情。爱情来的时候要珍惜，爱情走的时候莫强留，执着、纠缠、满地打滚地爱着，最后你会发现你给爱

情挖了个坑，而坑里埋葬着你和你爱的人，还有你不肯放手的爱情。

厮守，爱是恒久的忍耐

“最有用处的美德就是忍耐。”这是美国著名教育家、哲学家约翰·杜威所说的一句名言。的确，在条件不具备的时候坚持忍耐，可以为今后更大的成功创造条件。这句话同样可以运用于爱情和婚姻，因为忍耐并包容彼此的缺点，是维持爱情和婚姻的最好的保鲜剂。

爱可以是电光火石般的致命吸引，爱也可以是轰轰烈烈的生死相许，但一见钟情的爱情也好，天崩地裂的爱情也好，若要长久相守、一生相依，就必定离不开彼此的宽容与谅解。《圣经》中有这样一句话：“爱是恒久忍耐，又有恩慈；爱是不嫉妒，爱是不自夸；爱是不张狂，不做害羞的事，不求自己益处，不轻易发怒，不计算别人的恶，不喜欢不义，只喜欢真理，凡事包容，凡事相信，凡事盼望，凡事忍耐。”这是对爱最好的诠释。

两个相爱的人走到一起很容易，但若要一辈子厮守，就一定要学会忍耐和包容。不要因为对方的一点过错就指责不休，更不要企图将对方改造成你想象中的模样，这样的女人是最愚蠢的。爱一个人，就要学会包容他的一切，不管是好的，还是坏的；爱一个人，就要学会忍耐他与你的不同之处，要知道，你们本是来自两个完全没有交集的世界，小到生活习惯，大到思想观点，必定存在种种不同。想通了这一点，爱才有可能长久地继续下去，否则，大吵三六九，小吵天天有，不要说他，就是你自己也必定会厌倦这段感情。

一位名叫海伦的护士应聘看护一位生活无法自理的老人——史密斯太太。史密斯太太的脾气很糟糕，海伦第一次喂她吃饭便被她泼了一身汤

水。海伦很沮丧，她有了打退堂鼓的念头，决定当天的工作一结束就提出辞职。

晚上当海伦准备给史密斯太太以最快的速度洗澡时，史密斯先生回来了。他似乎觉察出了海伦的情绪，很温和地说："让我来吧。"他开始很温柔地对史密斯太太说话，并轻轻地将水撩到她的身上，以便让她适应水温。史密斯太太很快安静了下来。先生从海伦那里接过毛巾和肥皂，细心而缓慢地擦拭着太太那早已不再年轻的肌肤，他是那样专注、柔情，好像面对的是最娇嫩的少女情人。史密斯太太在爱人的安抚下渐渐闭上了眼睛，显得那样祥和、安静。海伦看呆了。

洗完澡后，先生将太太抱上床，给她读当天的报纸，和她温柔地说话，最后给她盖好被子，静静地走出了房间。

海伦不知道为什么史密斯先生要坚持做这些，因为工作了一天的史密斯先生看起来很疲惫。但史密斯先生的回答解开了她的谜团。他说："因为我爱她。爱需要忍耐和包容，这是她教会我的。年轻的时候，我仗着家里有点财产，游手好闲、无所事事，她一直包容着我；后来家庭出了变故，我们变得一无所有，她也忍耐下来了；我找不到工作，脾气变得很暴躁，有时候还打她，她还是原谅了我，因为她爱我，并且知道我也爱她……就这样，她一直陪伴在我身边，即便是我生命中最黑暗、最无助的时候，她都从来没有怨言，容忍着我的一切。如今她老了，生病了，就轮到我像孩子一样宠着她、让着她，忍耐着她的坏脾气，这一切，不都是应该的吗？"

海伦的泪水从脸上滑落，她想她明白了爱的真谛。

相濡以沫、牵手一生的爱情是最令人感动的爱情，就像例子中史密斯先生与太太的爱情一样。但也正如歌中所唱的那样："相爱容易相守难。"因为相守一生，需要的不仅仅是爱，更需要双方的宽容和体谅。人们常将女人比喻为水，那么女人不仅要有水的柔情，更要有海纳百川的包容和大度。

记得有这样一句话：成功就是做最真实的自己。那么成功的爱情和婚

姻也应该是如此——做最真实的自己。爱对方就要让他做最真实的自己，不要将你的原则或标准强压给对方，即使以“爱”的名义。要知道，没有人愿意按照模子生长，换做你也是一样，这对双方都是一件痛苦的事情。而当爱情包含了太多痛苦时，爱情就变了滋味。

当然，忍耐并不是无原则地迁就以及忍气吞声，爱的名义下的“忍耐”其实就是一种尊重与被尊重。爱情与婚姻都需要尊重、理解、包容和体谅，这就是“爱的忍耐”的全部含义。

参考文献

[1] 戴尔 · 卡耐基.淡定的女人最优雅[M].北京：中国华侨出版社，2013.

[2] 伊人.淡定：做内心强大的女人[M].北京：中国商业出版社，2009.

[3] 美芽.内心强大的女人最优雅[M].北京：中国商业出版社，2014.